Jetzt helfe ich mir selbst

Gwehenberger / Nagy

Oldtimer

Perfekte Restaurierung

Motor
buch
Verlag

Einbandgestaltung: Luis dos Santos

Die Daten und Fakten für das Buch wurden von den Autoren sorgfältig recherchiert und geprüft. Die Autoren weisen darauf hin, dass Angaben häufig Veränderungen unterworfen sind und inhaltliche Fehler oder Auslassungen nicht auszuschließen sind. Für die Inhalte der im Werk genannten Homepages Dritter übernehmen die Autoren, der Herausgeber und der Verlag keine Verantwortung.

Die Angabe von Kontakten bedeutet nicht, dass Autoren, Herausgeber oder Verlag mit den dort verbreiteten Meinungsäußerungen und Informationen oder mit deren Handlungsweisen übereinstimmen.

Autoren:
Dr. Johann Gwehenberger, Zsolt Nagy

ISBN 978-3-613-03205-7

1. Auflage 2010

Lizenznehmer des Motorbuch Verlags, Postfach 103743, D-70032 Stuttgart
Ein Unternehmen der Paul Pietsch Verlage GmbH & Co.

Sie finden uns im Internet unter www.motorbuch.de

Innengestaltung: IPa Verlag oHG, D-71665 Vaihingen/Enz
Druck und Bindung: Stürtz GmbH, 97080 Würzburg
Printed in Germany

Danksagung
Das Corpus Delicti dieser Lektüre war ein „Automobiles Wrack" aus dem wieder ein »Mobiles Kulturgut« entstehen konnte. Sowohl Restaurierung als auch inhaltliche Erarbeitung dieses Buches haben viele Freunde und Kollegen tatkräftig mit ihren Ideen und ihrer Fachkenntnis unterstützt. So mancher vielleicht sogar unwissentlich. Herzlichen Dank dafür!

Unser besonderer Dank gilt hier den Kollegen im Allianz Zentrum für Technik und der Firma Motor Classic sowie Johann Bader, Jürgen Bassalig, Manfred Brems, Andreas Glaubitz, Sepp Graf, Martin Grimme, Norbert Hermann, Michael Jaumann, Ulrich Link, Christopher Paul, Axel Schmidt, Hans Stöhr, Bastian Schonauer, Alfred Schwarz, Ingrid und Helmut Schwarzmann, Kurt Seitz, Peter Solti, Dr. Alexander Sporner und Viktor Tamas. Sie alle haben auf Ihre besondere Art und Weise zum Gelingen dieses Buches oder der Restaurierung beigetragen, sei es durch Ihr Fachwissen, Bildmaterial oder Ihre zahlreichen Anregungen.

Bei der Recherche nach fundiertem Fachwissen rund um die Restaurierung von Young- und Oldtimern sind wir auf exzellente Fachpublikationen gestoßen (vgl. Literaturliste). In diesem Zusammenhang bedanken wir uns herzlich bei den Kollegen im Mercedes-Benz Classic Center und Bosch Automotive Tradition, den Club-Freunden im Mercedes-Benz 190 SL Club Frank Erbeck, Wilfried Steer und Fritz Wallner sowie den Oldtimer Experten und Buchautoren Matthias Dingfelder, Günter Engelen, Christian Petzold, Dr. Marcel Schoch und Halwart Schrader.

Schließlich bedanken wir uns sehr herzlich bei unseren Familien, insbesondere bei Nagyné Bartos Katalin und Zsombor-Zsolt sowie Marlene und Heike Gwehenberger, die uns zweifelsohne so manche Stunden entbehren mussten, aber stets unser doch recht aufwändiges Hobby mittragen. Ihnen ist das Buch gewidmet!

Fürstenfeldbruck und Környebanya, Oktober 2010

Inhalt

Täter und Motiv

Bevor wir die zentrale Frage »Motiv für das Buch« klären und Einzelheiten über die »Täter« preisgeben, wird sich vielleicht der eine oder andere fragen:

Warum überhaupt restaurieren oder restaurieren lassen?

Es gibt doch genügend Oldtimer und Youngtimer im gut erhaltenen Zustand, die zum Kauf angeboten werden. Man braucht sich ja nur in den einschlägigen Zeitschriften und Internetmarktplätzen umzusehen. Auch auf zahlreichen Oldtimerveranstaltungen in Europa und USA werden immer wieder schöne Schmuckstücke in verschiedenen Preisklassen angeboten. Gleichwohl kann es doch für den Einzelnen gute Beweggründe für das Restaurieren geben. Ein paar davon sind nachfolgend aufgeführt:

- Restaurieren gilt zuweilen als das »rostigste Hobby der Welt«. Wenn man erst einmal auf den Geschmack gekommen ist, kann es richtig Spaß machen und zu einer Leidenschaft werden, ganz im Sinne von »Der Weg ist das Ziel«.
- Die sehr intensive Auseinandersetzung mit einem Automobil bis ins letzte Detail trägt zur Wissenserweiterung bei. Man lernt die Technik und die Funktion eines Klassikers mit all seinen Baugruppen und Einzelteilen umfassend kennen und verstehen.
- Am Ende weiß man was man hat! Im Gegensatz zu einem erworbenen fertigen Fahrzeug kennt man seinen Wagen nach einer Vollrestaurierung bis zur letzten Schraube.
- Man ist Besitzer eines Klassikers im eher mäßigen Zustand (Dreier oder schlechter) und möchte sein Schmuckstück durch Teil- oder Vollrestaurierung verbessern.

Bild 1: Restaurierung eines Austin Healey Sebring Sprite in »kultiger« Umgebung – noch ein Grund, sich dem »rostigsten Hobby der Welt« zu widmen (Bastian Schonauer, AvD Classic).

- Man ist Besitzer eines Wracks mit emotionalen Bindungen und möchte es wieder zum Leben erwecken.
- Der individuelle automobile Traum in einem guten oder sehr guten Zustand ist auf dem Markt nicht mehr zu haben oder ist bestenfalls nur zu unerschwinglichen Preisen käuflich erwerbbar.
- Beim Restaurieren werden Freundschaften mit Gleichgesinnten geschlossen und gepflegt.

Gründe für das Restaurieren gibt es genug. Die Liste ließe sich wohl beliebig weiter fortsetzen, das soll uns aber hier genügen. Kommen wir zur nächsten Frage:

Für wen ist das Buch?

Es ist in erster Linie für die Klassiker-Freunde gedacht, die entweder mindestens einen der oben genannten Beweggründe angeben können oder mit dem Gedanken spielen, sich einen Klassiker anzuschaffen, aber heute noch nicht genau wissen, ob es eher ein fertig restauriertes Fahrzeug oder ein Restaurierungsobjekt sein soll.

Das Buch ist selbstverständlich auch für die Leser gedacht, die sich allgemein für das Restaurieren von klassischen Automobilen interessieren oder für diejenigen, die sich allgemein ein Bild über die Restaurie-

Bild 2: Das Motiv für das Buchprojekt – der schwarze Mercedes 190 SL Roadster (*Martin Grimme*).

rung verschaffen wollen, beispielsweise weil sie ein fertig restauriertes Fahrzeug erwerben wollen. Die wenigsten können sich vorher ein vollständiges Bild machen, was bei einer Restaurierung auf einen zukommt, wenn sie nicht selbst die Erfahrungen gemacht haben. Uns ging es übrigens genauso.
Nähern wir uns schließlich der dritten und letzten Frage:

Täter und Motiv?

Mit Täter sind wir Autoren gemeint: Ein Ingenieur und Physiker, der irgendwann in »grauer Vorzeit« eine Kfz-Handwerkerausbildung absolviert hat und sich dann vor fünf Jahren an ein umfangreiches Restaurierungsprojekt wagte. Und mein Freund und Co-Autor Zsolt Nagy, der sich nach einer Kfz-Meister-Ausbildung und erfolgreicher Motorradrennfahrer-Karriere seit nunmehr über 20 Jahren mit Leib und Seele dem Restaurierungshandwerk verschrieben hat.

Erster Anstoß für das Buchprojekt war ein schwarzer Mercedes 190 SL Roadster, der heute vor allem deshalb in einem so perfekten Glanz erstrahlt, weil er mit der maßgeblichen Unterstützung von Zsolt Nagy restauriert wurde.

Ist ein Buch über die Restaurierung am Beispiel eines einzigen Oldtimermodells überhaupt interessant, in unserem Fall der Mercedes 190 SL Roadster? Kann so eine Lektüre nützliche allgemeingültige Informationen liefern für die Restaurierung anderer Marken und Modelle? Fehlt damit nicht die nötige Tiefe für das ausgewählte Modell? Müsste man sich nicht spezialisieren auf einen Hersteller oder sogar auf ein einziges Modell? Und findet so ein Buch überhaupt genügend Leser, die Interesse am Restaurieren von »alten Automobilen« haben? All das waren offene Fragen, die wir uns stellten, bevor wir uns an die Schreibarbeit machten.

Zweiter Anstoß für das Projekt war eine kleine Umfrage bei Freunden und der Gedankenaustausch im Expertenkreis. Deren Fazit war: So ein Buch wäre interessant und fände seine Leserschaft, denn schließlich wissen nur wenige Oldtimerfreunde, wie eine Restaurierung von der Idee bis zum fertigen Produkt wirklich abläuft, auf was man sich dabei einlässt und welchen Fallstricken man ausgesetzt ist.

Warum also nicht eine Art erweiterte Dokumentation über die Restaurierung schreiben, die nicht nur, wie sonst üblich, für die TÜV-Abnahme und zur Ermittlung des Marktwerts dient, sondern auch viele potenziell an der Restaurierung interessierte Leser partizipieren lässt.

Also war nun auch das Motiv für das Buch geklärt. Zusammenfassend in einem Satz: Wir wollen den Leser rund um die Restaurierung von Old- und Youngtimern allgemein informieren und gleichzeitig anhand eines Erfahrungsberichts die Praxis darstellen!

Auch wenn wir »nur« ein spezielles Fahrzeug repräsentativ für viele schöne Old- und Youngtimer der 50er- bis 80er-Jahre in den Mittelpunkt stellen, sind doch zahlreiche Belange bei der Teil- und Vollrestaurierung allgemeingültig für viele Marken und Modelle. Denken wir beispielsweise an die Projektplanung mit Zeit- und Kostenplanung, die Fahrzeug- und Teilebeschaffung, die Aufbereitung von Teilen oder die richtige Auswahl des Fachbetriebes zur professionellen Unterstützung für bestimmte Gewerke bis hin zur ersten Inbetriebnahme. Zu diesen und mehr Themen wollen wir informieren.

Außerdem möchten wir Ihnen, lieber Leser, die Scheu vor dem »Selbstrestaurieren« oder dem »Restaurieren lassen« nehmen. Im Gegensatz zum reinen Erwerb eines fertigen fahrbereiten Oldtimers oder Youngtimers hat Restaurieren den Vorteil, sein Auto am Ende genau zu kennen, sozusagen bis zur letzten Schraube! Nachahmer für das »rostigste Hobby der Welt« sind uns herzlich willkommen. Wir würden uns freuen, wenn möglichst viele alte Wracks irgendwann wieder fachgerecht restauriert zum Leben erweckt werden.

Zum Inhalt – allgemeine Leserhinweise

Zu Beginn erhält der Leser einen Überblick über den Oldtimer- und Youngtimermarkt (Kapitel *»Der Markt«*). Betrachtet werden vor allem der Bestand und die Wertentwicklung von Veteranen in den letzten zehn Jahren im guten sowie verbrauchten oder restaurierungsbedürftigen Zustand.

Anschließend befassen wir uns in Kapitel *»Was ist Restaurieren?«* mit der wichtigen Frage, was Restaurierung überhaupt bedeutet. Dabei greifen wir die heute bekannten Ansätze auf und diskutieren die Vor- und Nachteile. Erörtert wird hier vor allem auch die kontroverse Diskussion rund um »Restaurierung contra Konservierung« mit dem Ziel, dem Leser bei seiner individuellen Entscheidung zu helfen, welche Restaurierungsphilosophie für ihn und sein Fahrzeug am besten geeignet ist. Weiter widmen wir uns im Kapitel *»Lohnt sich Restaurieren?«* auch der immer wieder aufkeimenden spannenden Frage, ob sich eine Restaurierung denn überhaupt lohnt.

Im Kapitel *»Erfahrungsbericht«* beschreiben wir dann den ersten Kern des Buches, also das »Corpus Delicti«, das zu dieser Lektüre geführt hat, mit dem gesamten Ablauf der Restaurierung von der Idee bis zum fertigen Produkt. Gerade den Lesern, die zum ersten Mal einen Oldtimer oder Youngtimer restaurieren wollen, sei dieser Erfahrungsbericht empfohlen. Der Mercedes 190 SL Roadster stellt dabei zweifelsfrei ein Extrembeispiel dar und beschreibt alle erforderlichen Gewerke, die zum Wiedererwecken eines Wracks auftreten können. Erzählt wird der gesamte Restaurierungsverlauf über vier Jahre, beginnend mit A wie Anschaffung bis Z wie Zulassung. Dazu gehören u. a. die Fahrzeugzerlegung, der Befund, die Teilebeschaffung, die fachmännische Restaurierung der einzelnen Baugruppen sowie die Abschlussarbeiten wie Endmontage, TÜV, Zulassung und Korrosionsschutz. Damit sich der Leser ein Bild über Aufwand und Kosten einer Vollrestaurierung machen kann, weisen wir für die einzelnen Baugruppen die erforderlichen Arbeitszeiten sowie Teile-

Bild 3: Das Corpus Delicti (*Martin Grimme*).

und Materialkosten aus. In einer Übersicht wird außerdem dargestellt, was vom Auto noch original übrig geblieben ist und was ersetzt werden musste, um den gewünschten Top-Zustand zu erreichen.

Kapitel *»Allgemeiner Rat für den Restaurator«* umfasst den zweiten Kern des Buches. Darin sind wichtige allgemeine Themen zur Restaurierung zusammengetragen, wobei wir einerseits zurückblicken auf die erworbenen Erkenntnisse bei unserem Restaurierungsbeispiel und andererseits die langjährige Erfahrung von Zsolt einfließen lassen. Das Kapitel ist also ein allgemeiner Ratgeber für wichtige Belange rund um die Teil- und Vollrestaurierung von Old- und Youngtimern.

Einleitend schlagen wir zwei Projektmanagementansätze vor, die helfen sollen, den Überblick bei der Restaurierung zu bewahren. Anschließend geben wir Rat zu Auswahl und Kauf von Restaurierungsobjekten, beschreiben mögliche Fallstricke und wie man sich am besten vor Betrug schützen kann. Außerdem behandeln wir Themen rund um die Werkstattausrüstung und das Definieren der Restaurierungsziele, erläutern wie und wo man sich selbst qualifizieren und handwerkliche Fertigkeiten erwerben kann und wie man systematisch den Befund der Baugruppen und Teile durchführt.

Angesichts der hohen Komplexität einer Teil- und Vollrestaurierung und der Vielzahl unterschiedlicher Gewerke ist wohl in den meisten Fällen die Unterstützung durch Fachbetriebe erforderlich. Ein Kostenfaktor, der erheblich zu Buche schlagen kann. Der Leser erhält in diesem Zusammenhang Rat über die richtige Auswahl des Betriebs, Einholung von Angeboten, Erstellung eines Pflichtenheftes und notwendige vertragliche Vereinbarungen.

Dem Thema Restaurierung der einzelnen Baugruppen werden wir uns in diesem Buch nur allgemein widmen können, denn zu marken- und typenspezifisch sind die verschiedenen Gewerke. Dennoch informieren wir den Leser über wissenswerte Spezialthemen rund um die Restaurierung. Dazu gehören Rost und Korrosionsschutz, Räder und Reifen, richtiges Schrauben, Elektronik bei Young- und Oldtimern oder das Thema »besser machen als neu«.

In den Kapiteln *»Zulassung und Steuern«* und *»Versicherung«* informieren wir schließlich über die Zulassung und Versicherung für Oldtimer und fassen zum Schluss nützliche Informationen zu Zeitschriften, Verbänden und Kontakte zusammen, die für den Restaurator von Interesse sein können (Kapitel *»Kontaktadressen«*).

Noch zwei Hinweise:

1. Es versteht sich freilich von selbst, dass dieses Buch nicht im Ansatz in der Lage ist, Werkstatthandbücher oder Reparaturanleitungen für spezielle Marken und Modelle zu ersetzen. Zu verschieden sind die Arbeitsabfolgen beim Zerlegen und Zusammenbauen von Bauteilen und Aggregaten oder die fahrzeugspezifischen Einstellungen an Fahrwerk, Motor und Getriebe. Nicht einmal für unser Restaurierungsobjekt, den Mercedes 190 SL, würde dies gelingen. Umfassen doch allein die Werkstatthandbücher weit über tausend Seiten.
   Andererseits ist ein Werkstatthandbuch ausgelegt für Reparaturen und nicht für die Restaurierung. Diese unterscheiden sich teilweise erheblich (siehe Kap. »Was ist Restaurieren?)«. In diesem Buch konzentrieren wir uns also besser auf die Themen, die ergänzend zur vorhandenen Literatur sind und nicht in den einschlägigen Werkstatthandbüchern zu finden sind.

2. Der ursprüngliche Zweck der vielen hundert Bilder, die während der Restaurierung aufgenommen wurden, war die Dokumentation, vor allem um den Zusammenbau der Einzelteile zu unterstützen. Es ging uns damals weniger darum, Schadenbilder exakt zu zeigen und vor allem auch nicht darum, eine buchtaugliche Bebilderung zu schaffen.Hätten wir während der Restaurierung nur annäherungsweise gewusst, dass nach der Restaurierung ein Buch entstehen würde, so hätten wir viel mehr Augenmerk auf die Qualität der Fotos gelegt. Den Leser bitten wir daher, an der einen oder anderen Stelle die mangelnde Bildqualität zu entschuldigen.

Der Markt

»Oldtimer halten jung« heißt es. Woran liegt das? Die Beschäftigung mit Dingen, die wir aus der Jugend kennen und lieben, hat einen direkten Einfluss auf unser Wohlbefinden. Und wer sich an sein erstes Auto erinnert, an die ersten Ausflüge mit Freunden und das damit verbundene Lebensgefühl, verbindet damit positive Erinnerungen. Mit einem alten Automobil holt man sich also gewissermaßen ein Stück Erinnerung und Jugend zurück. Vielleicht ist das ein Hauptgrund für die ungebrochene und weiter wachsende Beliebtheit von Oldtimern.

Laut Kraftfahrtbundesamt waren zum Stichtag 1. Januar 2010 von den 41,7 Millionen in Deutschland registrierten Pkw über 335.000 älter als 30 Jahre. Das sind 0,8 Prozent des gesamten Pkw-Bestandes. Über die Hälfte (ca. 190.000 Pkw) davon ist mit dem so genannten Historienkennzeichen zugelassen. Ein H-Kennzeichen erhalten Fahrzeuge nur dann, wenn diese älter als 30 Jahre sind, sich in einem originalen Zustand befinden, gut erhalten sind und zur Pflege des kraftfahrtechnischen Kulturgutes dienen. Diese »Adelung« als anerkannter Oldtimer ist in der Fahrzeug-Zulassungsverordnung (FZV) festgeschrieben.

Info kompakt! Oldtimer und Youngtimer – Was ist das?

Oldtimer

Oldtimer ist ein Begriff, der den meisten Menschen im deutschsprachigen Raum im Zusammenhang mit alten Fahrzeugen geläufig ist. Ebenso bekannt sind Unterbegriffe wie Veteran, Klassiker oder Oldie. Das Wort Oldtimer bedeutet im Englischen aber etwas völlig anderes, nämlich alter Mann oder Opa. Für Fahrzeuge vergangener Epochen sind im Englischen vielmehr die Ausdrücke classic car, vintage car oder veteran(car) gebräuchlich. Im Duden ist beispielsweise unter Oldtimer nachzulesen: »altes, ehrwürdiges Modell eines Fahrzeugs«. Nur fragt man sich, wann und unter welchen Voraussetzungen denn ein Fahrzeug alt und gleichzeitig ehrwürdig ist. Fazit: Der Oberbegriff Oldtimer ist als solcher unscharf, ebenso verhält es sich mit seinen Unterbegriffen.

Bild 4: Viel rollendes Kulturgut bei der Durchfahrt einer Steilkurve (Bosch Oldtimer-Rallye in Boxberg).

Dennoch gibt es heute eine international anerkannte Definition des Oldtimer-Weltverbandes FIVA (Fédération Internationale des Véhicules Anciens), der seit dem 25.10.2008 historische Fahrzeuge folgendermaßen definiert:

Ein historisches Fahrzeug ist ein mechanisch angetriebenes Fahrzeug

- das mindestens 30 Jahre alt ist,
- das in einem historisch korrekten Zustand erhalten und gewartet wird,
- dessen Nutzung nicht auf täglichen Transport ausgerichtet ist und
- wegen seines technischen und historischen Wertes bewahrt wird.

In Deutschland ist der Begriff Oldtimer in der Fahrzeugzulassungsverordnung (§2 Nr.22 FZV) verbindlich definiert: Demnach muss mit Einführung des Historischen Kennzeichens im Jahr 1997 das Fahrzeug mindestens 30 Jahre alt sein. Außerdem hat der Gesetzgeber einen Rahmen vorgegeben, unter welchen Bedingungen ein Fahrzeug als Oldtimer (VkBl 1997, S. 515) zugelassen werden kann. Das Fahrzeug muss gemäß § 23 StVZO als »kraftfahrzeugtechnisches Kulturgut« positiv begutachtet werden. Ein Anforderungskatalog, der vom TÜV SÜD in Zusammenarbeit mit dem Bundesverband Deutscher Motorveteranen-Clubs e. V. (DEUVET) erarbeitet und bundesweit mit den Technischen Prüfstellen abgestimmt wurde, bildet die Grundlage für die Begutachtung von Oldtimern und ist bei den namhaften Prüforganisationen erhältlich.

Youngtimer

Bereits seit geraumer Zeit hat sich in der deutschsprachigen Szene die Bezeichnung »Youngtimer« etabliert. Dabei handelt es sich um Fahrzeuge, die zwischen 15 und 30 Jahre alt sind, aber noch nicht die Reife der Oldtimer erreicht haben. Dennoch bieten manche Versicherer bereits für diese Fahrzeuge besondere Versicherungstarife an. Spezielle Zulassungsvorschriften sind für diese Fahrzeuge nicht vorhanden. Youngtimer werden in einigen benachbarten EU-Ländern schon mit ermäßigten Steuersätzen belegt.

Wer es sich leisten kann, heute einen Youngtimer zu kaufen und gut zu lagern, hat eventuell in einigen Jahren einen wertvollen Oldtimer. Aber nicht alle Fahrzeuge werden als Oldtimer gleich große Beachtung finden. Ein klassischer Golf I in Erstausrüstungsqualität hat die Chance, ein gefragter Oldtimer zu werden. Der Golf I, der durch verschiedene Hobby-Tunerhände gegangen ist, wird es dagegen schwer haben. Die Grundaussage lautet daher: Ein originales Fahrzeug in gutem Zustand hat die besten Voraussetzungen, später als Oldtimer weiterzuleben. Wie die Preisentwicklung des VW Käfer zeigt, gilt dies sogar für millionenfach gebaute Autos.

* * *

Bild 5: Der VW Golf GTI – heute ein beliebter Youngtimer mit großem Potenzial, ein gefragter Oldtimer zu werden (VW).

Aber auch unter den Jüngeren sind Fahrzeuge zu finden, die noch längst nicht zum alten Eisen gehören. Sie gehören in die Kategorie der so genannten **Youngtimer** (vgl. Kasten auf Seite 14). Der Begriff ist zwar nicht exakt definiert, meist werden sie aber dem Alter zwischen 15 und 30 Jahren zugeordnet. 5,6 Millionen Pkw in Deutschland fallen in diese Kategorie, sie wurden in den 80er- beziehungsweise frühen 90er-Jahren erstmals für den Straßenverkehr zugelassen. So manche Raritäten könnten eventuell später eine gute Wertanlage werden.
Die Befürchtung, dass Oldtimer und Youngtimer in Deutschland durch die Umwelt- bzw. Abwrackprämie verschrottet werden, hat sich nicht bewahrheitet (KBA). Bei den Fahrzeugen, die in der Presse landeten, handelte es sich überwiegend um in die Jahre gekommene Massenware im Alter von 9 bis 15 Jahren (vgl. Bild 6). Also eher ein bereinigender Effekt, bei dem die echten Perlen des automobilen Kulturgutes noch besser zur Geltung kommen.

Ein Blick in die regelmäßig veröffentlichten Preisübersichten der Oldtimer-Zeitschriften und einschlägigen Seiten im Internet zeigt, dass Oldtimer in gepflegtem und gut gewartetem Zustand, also Zustand eins bis drei (siehe Kasten auf Seite 18) bereits ab einigen tausend Euro zu erwerben sind. Dazu gehören jüngere Fahrzeuge und Volumenmodelle mit großen Stückzahlen. Für 4000 Euro sind heute beispielsweise ein gut erhaltener Renault R4 oder ein Opel Kadett aus den 1970er-Jahren zu haben. Ein VW Käfer Cabriolet kostet im guten Zustand dagegen schon mehr als 14.000 Euro.

Bei Nobelmarken wie Aston Martin, Bentley, Ferrari, Mercedes-Benz oder Porsche sind die Preise weit höher und erreichen schnell Bereiche jenseits von dreißigtausend Euro. Kaum mehr vorstellbar für den Normalverdiener sind schließlich Preise, die über einschlägige Auktionshäuser in den USA oder Großbritannien erzielt werden. Der Mercedes-Benz 540K Spezial Roadster von Bernie Ecclestone, Baujahr 1937, wurde vom Auktionshaus RM Auctions im Jahr 2007 für 8,24 Millionen Dollar verkauft. Und das ist längst nicht die Obergrenze, die für Edel-Klassiker erzielt werden kann. Ein Auktionsrückblick der zwanzig teuersten Oldtimer der Jahr 2006 bis 2009 gibt einen Eindruck (Tabelle 1).

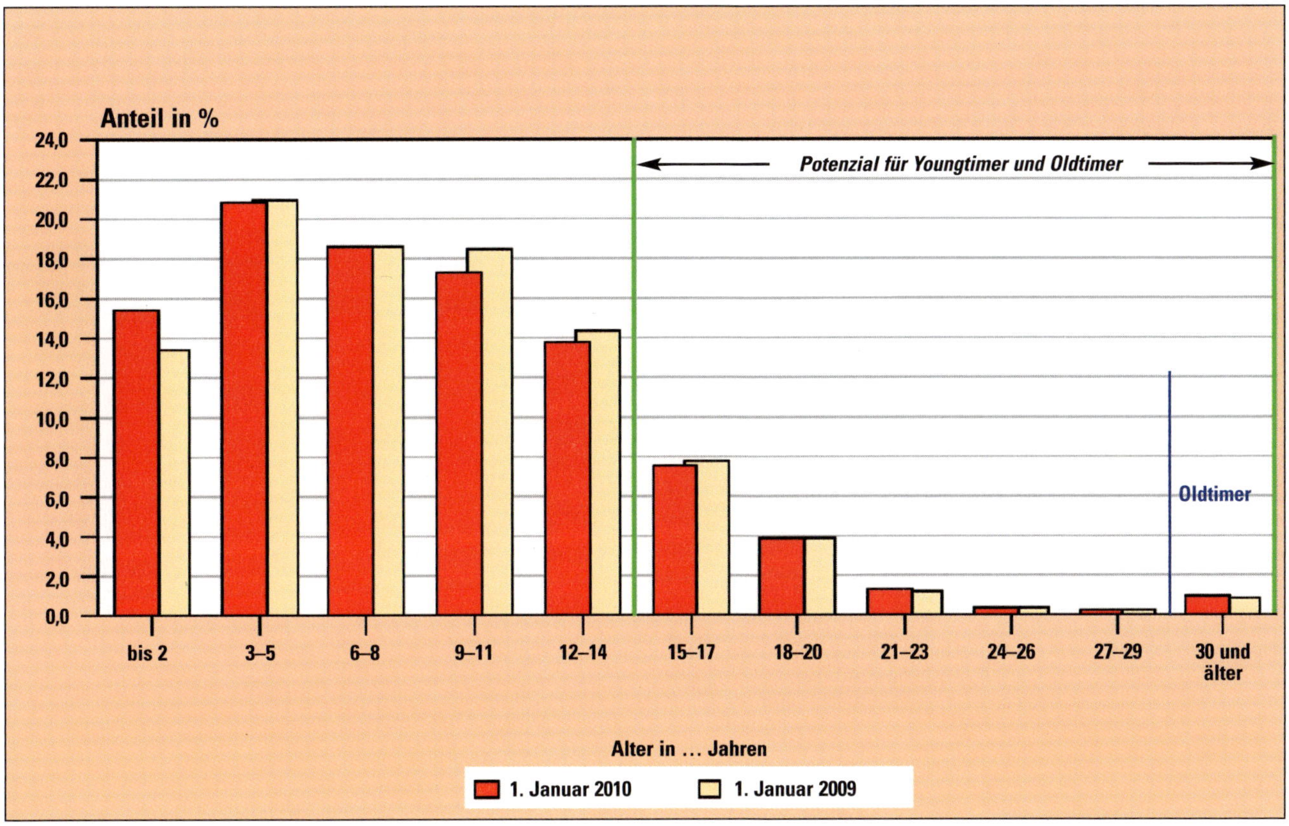

Bild 6: Bestand an Personenkraftwagen am 1. Jan. 2010 gegenüber 1. Jan. 2009 nach Fahrzeugalter (KBA).

Zuschlagspreis in $	Marke/Modell	Baujahr	Auktionshaus	Land
12.403.000	Ferrari 250 TR	1957	RM Auctions	Italien
10.894.400	Ferrari 250 GT California Spider	1961	RM Auctions	Italien
9.281.250	Ferrari 330 TRI/LM	1962	RM Auctions	Italien
8.235.112	Mercedes-Benz 540K Spezial Roadster	1937	RM Auctions	Großbritannien
7.920.000	Bugatti Typ 57SC	1937	Gooding & Co.	USA
7.685.000	Shelby Cobra Daytona Coupé	1965	Mecum	USA
7.254.290	Rolls-Royce 10HP	1904	Bonhams	Großbritannien
6.979.225	Ferrari 250 LM	1964	RM Auctions	Italien
5.717.250	Ferrari 340/375MM	1953	RM Auctions	Italien
5.610.000	Ferrari 412S	1958	RM Auctions	USA
5.500.000	Shelby Cobra	1966	Barrett-Jackson	USA
5.115.000	Ferrari 250 GT California Spider	1962	Gooding & Co.	USA
4.957.000	Jaguar E2A	1960	Bonhams	USA
4.950.000	Ferrari 250 GT California Spider	1960	Gooding & Co.	USA
4.950.000	Ferrari 250 GT California Spider	1959	RM Auctions	USA
4.847.000	Talbot-Lago T150 CSS	1939	Bonhams	USA
4.510.000	Ferrari 250 GT SWB	1961	RM Auctions	USA
4.510.000	Bentley 4.5 Litre Supercharged	1931	Gooding & Co.	USA
4.455.000	Ferrari 250 GT California Spider	1959	Gooding & Co.	USA
4.409.000	Bugatti Typ 57S Atalante	1937	Bonhams	Frankreich

Tabelle 1: Die zwanzig teuersten Oldtimer der Jahre 2006 bis 2009 – Auktionsrückblick (*Classic Data*).

Der Titel »Teuerster Oldtimer der Welt« ging bis zum Redaktionsschluss an einen nur dreimal gebauten Bugatti Typ 57SC Atlantic, Baujahr 1936. Über die Identität des Käufers und den Verkaufspreis vereinbarte das amerikanische Auktionshaus Gooding Stillschweigen. Die Kaufsumme soll zwischen 30 und 40 Millionen US-Dollar gelegen haben. Die Erfolgsformel für derartige Top-Oldtimer bleibt dabei stets gleich: aus möglichst gutem Hause, in geringer Stückzahl gebaut, schon als Neuwagen teuer und »schön«, dazu elegant und leistungsstark oder renommiert durch Erfolge im Motorsport.

Bild 7: Bugatti Typ 57 SC Atlantic von 1936 – Privatverkauf erbrachte einen Erlös zwischen 30 und 40 Millionen US-Dollar.

Allgemein lässt sich aber feststellen, dass Oldtimer nicht unbedingt teuer sein müssen. Im Gegenteil, der Oldtimer-Weltverband FIVA (Fédération Internationale des Véhicules des Anciens) hat in einer europaweiten Studie im Jahr 2006 herausgefunden, dass mehr als zwei Drittel der rund eineinhalb Millionen Oldtimer mit weniger als 10.000 Euro bewertet werden. Fast die Hälfte der Fahrzeuge weisen demnach sogar einen Fahrzeugwert von unter 5000 Euro aus.

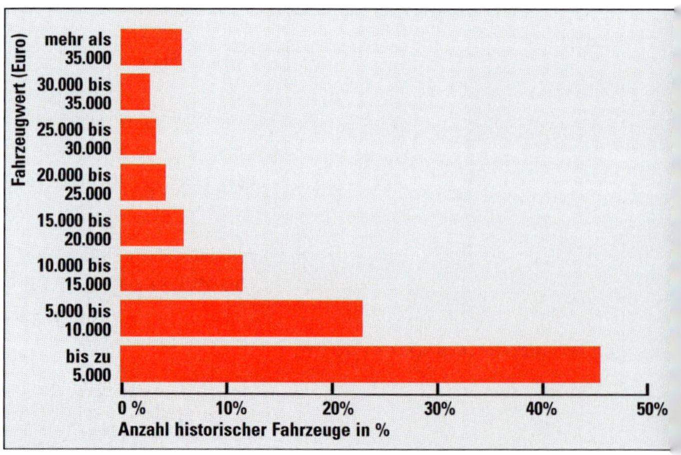

Bild 8: Der Wert historischer Fahrzeuge in Europa (*FIVA, 2006*).

Marke	Modell	Baujahr	Wert 2000 in Euro	Wert 2010 in Euro	Wertsteigerung in %
Audi	100 LS	68 – 71	2600	4900	+88
Ford	Capri 2.0 S	76 – 78	3000	5200	+73
Mercedes-Benz	200 (W123)	79 – 85	2200	6100	+177
Opel	Kadett C GT/E	75 – 77	3800	6700	+76
Volkswagen	Käfer 1302 S	70 – 72	4300	6000	+40
Opel Manta	Manta A 1900 S	70 – 75	5300	7900	+49
Alfa Romeo	Giulia Nuova Super 1300	74 – 78	5400	11.200	+107
BMW	2002 tii	71 – 74	7300	11.300	+55
Fiat	124 Sport Spider	72 – 76	8600	11.600	+35
Mercedes-Benz	450 SE	78 – 80	5900	9800	+66
Porsche	944 Turbo	85 – 88	7800	11.300	+45
Volkswagen	Käfer 1303 LS Cabrio	72 – 80	11.500	14.200	+23
Porsche	911 S	66 – 68	19.500	40.000	+105
Mercedes-Benz	300 SL Flügeltürer	54 – 57	210.000	450.000	+114
Ferrari	250 GT SWB	60 – 62	660.000	1.700.000	+158

Tabelle 2: Vergleich der Marktwerte von 2000 bis 2010 für ausgewählte Fahrzeuge im Zustand 2 (*Classic Data, 2010*).

Interessant ist auch die Wertentwicklung der Marken und Modelle. So manche Oldtimermodelle haben in den letzten Jahren eine erhebliche Wertsteigerung erlebt. Dabei sind es nicht unbedingt die hochwertigen Modelle von Ferrari, Jaguar oder Mercedes, von denen man höchste Anstiege erwarten kann. Im Gegenteil: Tabelle 2 belegt eindeutig, dass Fahrzeuge in allen Preissegmenten in den letzten zehn Jahren beachtliche Wertzuwächse erfahren haben.

Auch der im Jahr 2009 vom Verband der Deutschen Automobilindustrie und Classic Data erstmals herausgegebene Deutsche Oldtimer Index (DOX) zeigt die Chancen von Oldtimern und Youngtimern als Wertanlage auf. Der DOX berücksichtigt 88 unterschiedliche Oldtimer-Nachkriegsmodelle aus sieben Herstellerländern, ausgewählt aus rund 200.000 über die Classic Data-Bewertungskette erstellten Gutachten und Bewertungen. Seit 1999 hat sich demnach der Wert von Oldtimern in Deutschland jährlich im Durchschnitt um 5,7 Prozent gesteigert, was zu einem aktuellen Index von 1732 Punkten führt. Den höchsten Wertzuwachs weisen Fahrzeuge deutscher Marken auf, deren Index heute 2116 Punkte beträgt. Dagegen haben englische Fahrzeuge offensichtlich im Moment den Zenit der Wertsteigerung mit 1486 Punkten annähernd erreicht, und italienische Oldtimer liegen mit einem Index von 1740 etwa im Durchschnitt. Ausdrücklich erwähnt sei, dass sich der DOX auf den deutschen Markt bezieht und damit die deutschen Hersteller einen Heimbonus verbuchen. Ähnlich verhält es sich in anderen Ländern wie Frankreich, Italien oder Großbritannien. Dort werden wohl auch die inländischen Marken eine bevorzugte Wertentwicklung erfahren.

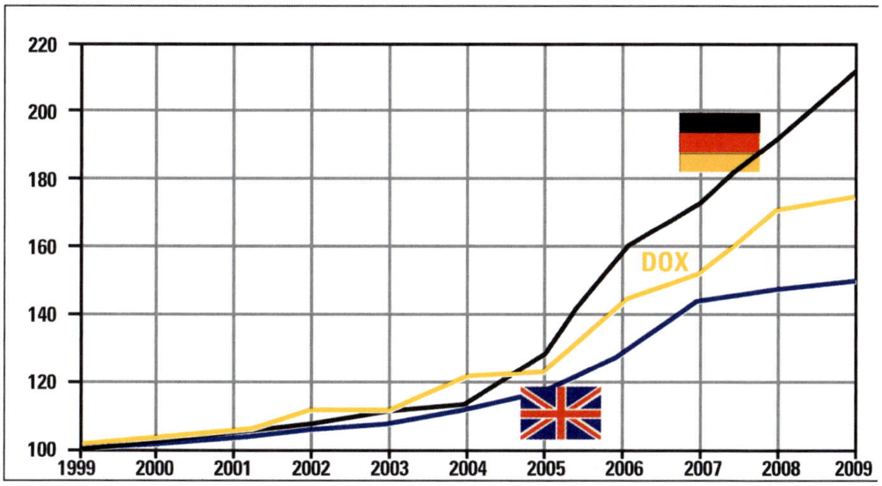

Bild 9: Deutscher Oldtimer Index (DOX) – konkurrenzfähig gegenüber Wertpapierindex DAX (*VDA und Classic Data, 2009*).

Infokasten Zustandsnoten nach Classic Data

Zustandsnote	Definition	Erläuterung
Zustand 1	Makelloser Zustand. Keine Mängel an Technik und Optik. Fahrzeuge der absoluten Spitzenklasse. Unrestauriertes, vollständig funktionsfähiges Original oder komplett und perfekt restauriertes Spitzenfahrzeug. Wie neu (oder besser). Sehr selten!	Ein Fahrzeug, auf das man begeistert zugeht und bei dem man auch bei genauester Prüfung keine Mängel feststellen kann. Entspricht der nach heutigem Standard technisch und handwerklich höchsten Güte. Übertrifft deutlich den Fertigungsstandard der heute üblichen Großserienproduktion.
Zustand 2	Guter Zustand. Mängelfrei, aber mit leichten (!) Gebrauchsspuren. Original oder fachgerecht und aufwändig restauriert. Keine fehlenden oder zusätzlich montierten Teile (Ausnahme: wenn es die StVZO verlangt).	Ein Fahrzeug, auf das man begeistert zugeht, aber an dem man bei näherer Betrachtung leichte Gebrauchsspuren findet. Auf den heutigen Gebrauchtwagenmarkt bezogen würde es einem 3 bis 5 Jahre alten, optimal gepflegten Fahrzeug mit max. 50.000 - 80.000 km Laufleistung entsprechen.
Zustand 3	Gebrauchter Zustand. Normale Spuren der Jahre. Kleinere Mängel, aber voll fahrbereit. Keine Durchrostungen. Keine sofortigen Arbeiten notwendig. Nicht schön, aber gebrauchsfähig.	Ein Fahrzeug, das von Weitem zwar mängelfrei, aber dennoch gebraucht aussieht. Bei näherer Betrachtung erkennt man unschwer Gebrauchsspuren und diverse kleinere Mängel. Auf den heutigen Gebrauchtwagenmarkt bezogen würde es einem 8 bis 12 Jahre alten, durchschnittlich gepflegten Fahrzeug mit einer Laufleistung von 100.000 – 150.000 km entsprechen.
Zustand 4	Verbrauchter Zustand. Nur bedingt fahrbereit. Sofortige Arbeiten notwendig. Leichtere bis mittlere Durchrostungen. Einige kleinere Teile fehlen oder sind defekt. Teilrestauriert. Leicht zu reparieren (bzw. restaurieren).	Ein Fahrzeug, bei dem man die Mängel schon aus der Entfernung erkennt. Eine oberflächliche Inaugenscheinnahme zeigt bereits notwendige Reparaturen. Im heutigen Gebrauchtwagenmarkt entspricht dies einem Fahrzeug im Alter zwischen 14 und 20 Jahren bei nachlässiger Pflege und einer Laufleistung von 160.000 - 220.000 km.
Zustand 5	Restaurierungsbedürftiger Zustand. Nicht fahrbereit. Schlecht restauriert bzw. teilweise oder komplett zerlegt. Größere Investitionen nötig, aber noch restaurierbar. Fehlende Teile.	Ein Fahrzeug, das aufgrund seiner optischen Erscheinung klar als Restaurationsobjekt eingestuft wird. Im heutigen Gebrauchtwagenmarkt entspräche der Zustand einem über 20 Jahre alten, schlecht gepflegten Wagen mit über 220.000 km Laufleistung, bei dem gerade der anstehende Prüftermin nach §29 das »Aus« bedeutet, bzw. technische Defekte die bisherige Benutzung aus wirtschaftlicher Sicht beenden.

Wenden wir uns nun dem Markt für Restaurierungsobjekte zu. Auch diese erleben eine erhebliche Wertsteigerung. Tabelle 3 enthält die Marktwerte und Wertentwicklung in den Jahren 2000 und 2010 derselben Fahrzeugmodelle wie in Tabelle 2, allerdings hier im Vierer- und Fünfer-Zustand. Je nach Marke, Fahrzeugalter und Beliebtheitsgrad liegen die Preise im Bereich unter tausend und sogar über hunderttausend Euro. Auch war die Preisentwicklung in den letzten zehn Jahren erheblich. Allgemeine Gesetzmäßigkeiten sind allerdings nicht erkennbar. Wie bei Fahrzeugen im restaurierten Zustand bestimmt hier die Nachfrage den Markt, die lokal und zeitlich stark differieren kann. Für den Käufer stellen die durchschnittlichen Werte nur eine grobe Orientierung dar. Viel stärker bestimmen die Details und der Teileerhaltungsgrad den echten Wert eines Wracks oder Scheunenfunds. Je kompletter und tauglicher die Substanz für eine Restaurierung ist, desto höher darf der Wert sein. Besonders Restaurierungsobjekte im 4er- oder 5er-Zustand aus den 70er-Jahren und älter werden allerdings immer rarer. So kann es unter Umständen auch Sinn machen, ein Fahrzeug im schlechteren 3er-Zustand zu erwerben und einer Teil- oder Vollrestaurierung zu unterziehen, da mehr Substanz und mehr Teile in einem erhaltungsfähigen Zustand sind.

Fahrzeuge der 80er- und 90er-Jahre sind dagegen, insbesondere im Hinblick auf die Karosserie und das Blech-

Marke / Modell	Modell	Baujahr	Zustand 4			Zustand 5		
			Wert 2000 in Euro	Wert 2010 in Euro	Wertsteigerung in %	Wert 2000 in Euro	Wert 2010 in Euro	Wertsteigerung in %
Audi	100 LS	68 - 71	800	1000	+25	100	300	+200
Ford	Capri 2.0 S	76 - 78	800	1100	+38	150	300	+100
Mercedes-Benz	200 (W123)	79 - 85	500	1100	+120	50	200	+300
Opel	Kadett C GT/E	75 - 77	900	1500	+67	200	280	+40
Volkswagen	Käfer 1302 S	70 - 72	1500	1700	+13	550	800	+45
Opel Manta	Manta A 1900 S	70 - 75	1300	1900	+46	450	700	+56
Alfa Romeo	Giulia Nuova Super 1300	74 - 78	1500	2100	+40	650	900	+38
BMW	2002 tii	71 - 74	2000	3300	+65	900	1.300	+44
Fiat	124 Sport Spider	72 - 76	3500	4300	+23	1.100	1.400	+27
Mercedes-Benz	450 SE	78 - 80	1700	2400	+41	650	900	+38
Porsche	944 Turbo	85 - 88	3400	3500	+3	700	1.200	+71
Volkswagen	Käfer 1303 LS Cabrio	72 - 80	3600	3900	+8	1.400	1.800	+29
Porsche	911 S	66 - 68	8100	10.000	+23	4.400	4.700	+7
Mercedes-Benz	300 SL Flügeltürer	54 - 57	130.000	260.000	+100	105.000	164.000	+56
Ferrari	250 GT SWB	60 - 62	330.000	650.000	+97	n.e.	n.e.	n.e.

Tabelle 3: Vergleich der Marktwerte von 2000 und 2010 für ausgewählte Fahrzeuge in restaurierungsbedürftigem Zustand 4 und 5 (*Classic Data, 2010*).

kleid, häufig in einem recht guten Zustand zu finden. Der verbesserte moderne Korrosionsschutz leistet hierzu einen wesentlichen Beitrag. Allerdings gibt es auch hier Hemmnisse, die eine Restaurierung der Youngtimer negativ beeinflussen. Auch Elektronik und Mechatronik, Einsatz neuer Materialien wie Aluminium, hochfeste Stähle mit neuen Fügetechniken sowie moderne Kunststoffe unterliegen dem Alterungsprozess. Zudem ist das Restaurieren teilweise erheblich komplexer oder zuweilen unmöglich.

Nach Einschätzung von Experten muss der zukünftige Hobby-Restaurator daher weit mehr Gewerke an Fachbetriebe vergeben als heute. Vor diesem Hintergrund ist der Erwerb von Spezialwissen vor der Anschaffung und Restaurierung in jedem Fall ratsam. Darauf gehen wir noch näher in Kapitel »Allgemeiner Rat für den Restaurator« ein.

Wie die Preise sich in den nächsten Jahren weiterentwickeln, ist schwer einzuschätzen. Dies gilt für gute Fahrzeuge und Restaurierungsobjekte gleichermaßen. Ein Trend lässt sich allerdings sehr deutlich erkennen. Fahrzeuge nobler Marken, die für sportliche oder Concours d'Elegance-Veranstaltungen geeignet sind und zugleich eine interessante Geschichte aufweisen, stehen an der absoluten Spitze der besonders begehrten Restaurierungsobjekte. So bleibt es spannend, was mit dem erst kürzlich für 260.500 Euro ersteigerten Bugatti Brescia Type 22 Roadster passieren wird (siehe Bild 10). Der Wagen lag 72 Jahre lang auf dem Grund des Lago Maggiore und gehörte einmal dem Rennfahrer

Bild 10: Kunst- oder Restaurierungsobjekt? Der ehemalige Bugatti Brescia Type 22 von Rennfahrer René Dreyfus lag 72 Jahre lang auf dem Grund des Lago Maggiore.

René Dreyfus, der ihn der Legende nach beim Pokerspiel verlor. Bleibt der Wagen Kunstobjekt oder wird er ein Restaurierungsobjekt? Jedenfalls ist bei erzielbaren Werten im sechs- und siebenstelligen Bereich für restaurierte Modelle die Versuchung, das Wrack einer Vollrestaurierung zu unterziehen, sehr groß.

Schließlich ist es sehr wahrscheinlich, dass wegen der zunehmenden Komplexität der Restaurierung von neueren Modellen (ab 90er-Jahre) die älteren Restaurierungsobjekte einen zusätzlichen Preiszuwachs erfahren. Der rechtzeitige Einstieg kann sich also lohnen, solange es noch Modelle zu akzeptablen Preisen gibt, auch wenn die Restaurierung längere Zeit in Anspruch nimmt oder erst in nächster Zukunft beginnen soll.

Was ist Restaurieren?

Der Brockhaus (2007) definiert Restaurierung folgendermaßen:

»Wiederherstellungsmaßnahmen an beschädigtem oder verfallenem Kunst- und Kulturgut mit dem Ziel, die ästhetischen, künstlerischen und historischen Werte zu bewahren und lesbar zu machen. … Einer Restaurierung geht immer die ***Konservierung****, d. h. die rein materielle Sicherung des vorliegenden Bestandes voraus. ... Von der Restaurierung sind ebenso begrifflich zu trennen* ***Renovierung*** *als die erneuernde Instandsetzung und die* ***Rekonstruktion*** *als eine Wiederherstellung verlorener Substanz aufgrund erhaltener Dokumente.«*

So weit die allgemeine und heute anerkannte Theorie für Kunst- und Kulturgüter, gültig für viele Bereiche wie Gemälde, Skulpturen, Innen- und Außenausstattungen von kulturhistorischen Gebäuden (z. B. Fassaden, Möbel) oder Industriedenkmälern.

Die **Kfz-Reparatur** lässt sich nach dieser Definition leicht von der Restaurierung abgrenzen. Sie verfolgt das Ziel der Wiederherstellung der vollen Funktionsfähigkeit und Sicherheit des Fahrzeugs. Aus Kosten- und Zeitgründen werden heute meist Ersatzteile oder komplette Austauschkomponenten verwendet. Kriterien wie die Erhaltung der originalen Substanz oder historischer Gebrauchsspuren spielen bei einer Reparatur gar keine oder nur eine untergeordnete Rolle. Außerdem ist die Fahrzeugrestaurierung im Gegensatz zur Reparatur von Alltagsfahrzeugen durch folgende weiteren Merkmale geprägt:

- Spezifische nicht standardisierte handwerkliche Arbeiten mit großem manuellem Aufwand; das ist besonders dann der Fall, wenn Teile rekonstruiert werden müssen, für die es keine Zeichnungen und Muster mehr gibt.
- Bei einer Vollrestaurierung muss das Fahrzeug vollständig in seine Einzelteile zerlegt werden. Je nach Größe besteht ein Pkw aus mehreren tausend Einzelteilen.
- Eine Restaurierung umfasst verschiedene Gewerke wie Karosserie- und Fahrzeugbau, Kfz-Mechanik, Kfz-Elektrik, Fahrzeuglackierung, Sattlerarbeiten, Galvanik sowie Kunststoff- und Holztechnik, was in der Regel den Einsatz und die Koordination mehrerer Spezialisten erfordert.
- Die Restaurierung kann sich, insbesondere bei der Vollrestaurierung, wegen des hohen Aufwands für Rekonstruktionen und Ersatzteilbeschaffungen über einen langen Zeitraum erstrecken, mehr als zwei Jahre sind keine Seltenheit.
- Bei der Restaurierung treten nicht selten erst später Probleme, versteckte Mängel oder Schäden auf, die besondere Maßnahmen erfordern.
- Die Teilebeschaffung ist oftmals sehr langwierig.
- Für die Arbeiten existieren kaum allgemeine Leitfäden sowie Hilfsmittel, die den Prozess unterstützen.

Bei der Restaurierung von mobilen Kulturgütern haben sich in der Oldtimer- und Youngtimerszene in den letzten Jahren mehrere zum Teil gegensätzliche und kontrovers diskutierte Ansichten entwickelt, die gleichzeitig nicht immer präzise getrennt werden können. Selbst die Begriffe sind nicht eindeutig festgelegt. Zusammenfassend lassen sich folgende sechs Erscheinungsformen unterscheiden (vgl. Schoch, 2009):

1. **Fabrikneu-Restaurierung:** Dieser Ansatz hat das ideale Ziel, den Original-Zustand eines Fahrzeuges zum Zeitpunkt seiner Auslieferung wieder herzustellen. Unter Einsatz von Original-Teilen, möglichst alter Fertigungsmethoden und zeitgenössischer Materialien soll dabei die volle Funktionstüchtigkeit wieder hergestellt werden. Konstruktiv technische Mängel und die originale Technik zum Auslieferungszeitpunkt werden dabei nicht verbessert.

2. **Besser-als-neu-Restaurierung:** Dieser Ansatz verfolgt prinzipiell die Ziele der Fabrikneu-Restaurierung mit dem Unterschied, dass durch den Einsatz moderner Fertigungsmethoden und Materialien (Legierungen, Lacksysteme, Oberflächenvergütung sowie Korrosionsschutzmaßnahmen) das Fahrzeug zusätzlich verbessert wird. Die Baugruppen werden dabei nicht maßgeblich verändert, nur so weit, dass die positive TÜV-Begutachtung als Oldtimer als Voraussetzung für das H-Kennzeichen nicht behindert wird. Erlaubt sind beispielsweise moderne Techniken, die die Sicherheit erhöhen, wie elektronische statt Unterbrecherkontakt-gesteuerte Zündanlage oder Bremsscheiben statt Trommelbremsen.

3. **Restaurierung mit moderner Technik:** Ziel dieses Restaurierungsansatzes ist, einem Klassiker die Sicherheit, den Komfort und die Zuverlässigkeit eines modernen Fahrzeuges zu verleihen. Dabei werden teilweise Rahmen und Chassis verstärkt sowie moderne Motortechnik mit höherer Leistung oder verbesserte Achskonstruktionen eingebaut. Selbst umfangreiche Umbauten von Komfort- oder Sicherheitssystemen wie Klimaanlage, ABS, ASR, ESP und Airbag werden durchgeführt.

4. **Szene-Restaurierung:** Dieser Ansatz hat das Anliegen, dem Fahrzeug ein besonders auffälliges Erscheinungsbild durch Extremumbau (z. B. Custom Cars) zu geben oder es zeitgenössisch zu tunen. Die Fahrzeuge werden beispielsweise mit einer Effektlackierung versehen oder sind ausgerüstet mit Tuningelementen wie Verbreiterungen, Spoiler, verchromte Alufelgen, verchromte Ventildeckel etc. Eine besondere Form stellen so genannte Muscle Cars dar, deren Blütezeit zwischen 1960 bis 1974 lag. Sie erfreuen sich heute wieder größter Beliebtheit als Oldtimer, die manchem aktuellen Modell in vielerlei Hinsicht die Show stehlen.

Bild 12: Custom Car – auffälliger Vertreter der Szene-Restaurierung.

Bild 11: Moderne Antriebstechnik in klassischem Gewand – die Firma Mechatronik macht individuelle Umbauten für Mercedes Klassiker möglich (*Mechatronik*).

5. **Substanzerhaltende Restaurierung:** Dieser Ansatz hat sich in der Oldtimerszene vor rund 10 Jahren entwickelt und legt zugrunde, dass ein Old- und Youngtimer Träger von Informationen der Herstellung und des Gebrauchs ist, die es zu bewahren gilt. Ein radikales irreversibles »Auf-neu-Restaurieren« wird abgelehnt. Oberstes Anliegen ist eine behutsame substanzerhaltende Restaurierung, um den Ist-Zustand – meist einen »gepflegten Gebrauchszustand« mit Patina – zu bewahren. Zugrunde liegt die Ansicht, dass Fahrzeuge bis heute als Gebrauchsgegenstände entwickelt werden und deshalb Einflüsse, wie die Aufbewahrung, die vorhandene oder mangelnde Pflege, Unfälle und Reparaturen sowie der Umgang der Besitzer mit dem Fahrzeug durchaus sichtbar sein sollen.

Bild 13: Fiat Topolino ungeschweißt und mit Originallack – der Besitzer entschied sich zu Recht für eine behutsame substanzerhaltende Restaurierung (*Sepp Graf*).

6. **Reine Konservierung:** Dieser Ansatz verfolgt die Forderung, Spuren der gesamten Geschichte von der Herstellung über den gesamten Gebrauchszeitraum für die Nachwelt sicherzustellen und zu bewahren. Das Auto wird als ein einmaliges Objekt gesehen, vergleichbar mit einem Gemälde. Diesem Gedanken muss sich letztlich alles unterordnen. Spuren der Geschichte wie Korrosion, Verschleiß oder Dellen sind Zeitzeugnisse. Historische Lacke oder Polsterstoffe werden nicht nachgefertigt, da die Techniken und damalige Materialien nicht mehr zur Verfügung stehen. Selbst alte poröse Gummis, Dichtungen oder Fensterkitt sollen als Materialzeugnis erhalten bleiben, da sie sonst als Quellen für immer verloren gehen. Falls beispielsweise bei der Konservierung als Rostschutz dennoch nachlackiert werden muss, wird neben dem Farbsystem und Farbton auch der alterungsbezogen unterschiedliche Glanzgrad auf waagrechten und senkrechten Flächen nachgebildet.

Bild 14: Dieser Goliath wurde für das Deutsche Museum konserviert – nicht fahrtauglich aber dafür ein idealer Zeitzeuge.

Die ersten vier Ansätze bezeichnen Kritiker und Verfechter der Konservierung zuweilen abwertend als »Renovierung«. Sie sind der Meinung, dass die Authentizität, die Originalität und die individuelle Geschichte eines Fahrzeugs zerstört werden und das Besondere des Objektes sowie die Einzigartigkeit verloren gehen. Weiter argumentieren sie, dass ein Auto nicht nur reine Formsache ist. Oftmals ist der ehemalige Besitzer oder Fahrer, die historische Geschichte oder eine andere Besonderheit der Grund dafür, dieses und kein anderes Fahrzeug aufzuheben. Ein Beispiel wäre der Porsche von James Dean. Würde das Unfallfahrzeug gefunden werden, instand gesetzt und wieder auf die Rennstrecke gebracht, dann wäre das tragische Ende von James Dean nicht mehr ablesbar!? Das Objekt als Sachzeugnis wäre verloren.

Fakt bleibt allerdings, dass »Mobile Kulturgüter« gefahren werden und damit auch Verschleiß unterworfen sind. Folglich unterliegen sie auch Einschränkungen bei Originalität und Authentizität. Denn letztlich führt jeder noch so fachgerechte und perfekte Eingriff – ob Konservierung, Restaurierung oder Rekonstruktion –

zwangsläufig zur Verringerung der Authentizität. Gründe dafür sind (vgl. Dingfelder, 2007):

- Originale Materialien sind nicht mehr erhältlich, weil deren Herstellung und Verwendung vom Gesetzgeber heute verboten sind. Beispiele dafür sind asbesthaltige Kupplungs- und Bremsbeläge oder toxische Kunststoffe.
- Technischer Fortschritt führt dazu, dass Materialien und Bauteile aus früher üblichen Werkstoffzusammensetzungen nicht mehr erhältlich sind. Beispiele hierfür sind Filter (Papierfilter statt Filter aus Drahtgeflecht), Dichtungen aus Polyurethan statt Gummidichtungen oder legierte Schmierstoffe.
- Frühere technische industrielle Herstellungsverfahren von Bauteilen lassen sich nur bis zu einem bestimmten Grad originalgetreu rekonstruieren. Zum Beispiel lässt sich ein mit einer Tiefziehpresse hergestelltes Karosseriebauteil mit handwerklichen Methoden nicht authentisch nachfertigen.

Vor diesem Hintergrund sind wir Autoren der Meinung, dass letztlich jeder der sechs Ansätze und auch jede Mischform gerechtfertigt ist, mit zwei Einschränkungen: Erstens: Gut bis sehr gut erhaltene originale Exemplare sollten möglichst so erhalten bleiben, wie sie sind. Bei diesen Fahrzeugen eignen sich am besten die Restaurierungskonzepte 5 und 6. Zweitens: Der Einbau von gebrauchten Ersatzteilen in Fahrzeugen zur Wahrung der Authentizität darf grundsätzlich nicht so weit gehen, dass das damit verbundene hohe Ausfallrisiko die Verkehrssicherheit negativ beeinträchtigt.

Es kommt aber auch vor allem auf die Verwendung des Veteranen an. Ein historisches Fahrzeug, das mehrere tausend Kilometer im Jahr gefahren wird, womöglich bei jeder Wetterlage oder gar bei Rallyes oder im Rennsport eingesetzt wird, muss naturgemäß andere Anforderungen erfüllen als ein Ausstellungsstück für das Museum, das den Besuchern geschichtliche und technische Zusammenhänge vermitteln soll. Ebenso haben aufsehenerregend getunte Opel Manta, Ford Capri oder Muscle Cars ihren besonderen Charme, weisen sie doch auf einen besonderen historischen Zeitgeist hin, den die jeweilige Fangemeinde zu erhalten versucht.

Bild 15: Will man an Oldtimer-Rallyes teilnehmen, ist vor allem Alltagstauglichkeit gefordert.

Kritische Stimmen wird es wohl immer geben, zumal schon die Definition für »Restaurieren« einem wandelnden Zeitgeist unterworfen ist. Nichts ist in Stein gemeißelt; was heute als Restaurieren bezeichnet wird, muss nicht zwangsweise in 20 Jahren gelten. Die Diskussion rund um das Thema bleibt also wohl auch in Zukunft spannend. Ob eher fabrikneu restaurieren oder konservieren, die Entscheidung treffen letztendlich Sie selbst.

Replika:

Einer Fahrzeugkategorie wollen und können wir uns hier nur kurz widmen, den so genannten Replikas – oder englisch »replica«. Die Erscheinungsformen sind heute äußerst vielfältig, haben aber nicht nur am Rande mit der Restaurierung von Oldtimern zu tun. Etwa dann, wenn bestimmte alte originale Teile und Baugruppen für einen Nachbau verwendet werden oder Hersteller von Nachbauten gleichzeitig Lieferant für Ersatzteile sind.

Der Begriff bedeutet ursprünglich »Wiederholung eines Kunstwerks durch seinen Schöpfer«. Genau nach dieser Definition replizierte Fahrzeuge gibt es nur selten, wie etwa den Werksrennwagen von Frazer-Nash, der nach dem Le Mans-Erfolg im Jahr 1949 den Rennboliden mit der Bezeichnung »Frazer-Nash Le Mans Replica« in kleiner Serie von ihm selbst aufgelegt wurde.

Dem eigentlichen Wortsinn sehr nahe kommen auch Nachfertigungen der großen Automobilhersteller. So erfreuen Meilensteine der Renngeschichte wie etwa der Auto Union Silberpfeil oder Stromlinienwagen sowie der Mercedes W25 oder der BMW 328 MM »Bügelfalte« zahlreiche Besucher von Rennveranstaltungen. Dabei kommt es aber nicht immer darauf an, dass das Auto fahrbereit ist. Manchmal ist es auch schlichtweg die Form, weshalb die Traditionshüter der Automobilhersteller Fahrzeuge detailgetreu replizieren und sie für Ausstellungen nutzen.

Weltweit beherrschen höchstens eine Handvoll Firmen die »hohe Kunst« des Nachbaus so gut, dass die Replikate vom Original kaum zu unterscheiden sind.

Bild 16: Originalgetreuer Nachbau des legendären Auto Union Silberpfeil Typ D Doppelkompressor aus 1939 (*Audi AG*).

Eine davon ist die argentinische Firma Pur Sang Argentina (www.pursangweb.com). Mit zum Teil alten Fertigungsmethoden werden von dem Industriebetrieb jährlich rund 50 fabrikneue Oldtimer hergestellt ohne ein einziges altes Teil zu verwenden. Vor allem die legendären Bugatti Modelle (z. B. Typ 13, 35, 37, 43, 51 und 55) werden auf Kundenbestellung gefertigt, aber auch Alfa 8C oder Mercedes SSK sind im Lieferprogramm. Aus Markenrechtsgründen hat keiner der Wagen ein Hersteller-Logo. Außerdem besitzt jedes Auto beim Verlassen des Werks eine eindeutige Pur-Sang-Seriennummer.

Besonders bei dieser hochwertigen Fahrzeugkategorie ist allerdings Vorsicht geboten. Denn nicht immer sind Replikas als solche korrekt etikettiert. Zu groß ist scheinbar für lichte Gestalten die Versuchung, schnell zu viel Geld zu kommen. Gelegentlich sind es auch die länderspezifischen Zulassungsbedingungen, die den Besitzer zur Dokumentenfälschung veranlassen. Denn Neuzulassungen von derartigen Autos ohne Abgasreinigung und nachgewiesener Crashsicherheit sind in vielen Ländern nicht möglich. Die weit überwiegende Zahl der Replikate sind allerdings Fahrzeuge mit einem GFK-Kleid, die den automobilen Vorbildern von Porsche, Bentley, Mercedes, Bugatti oder Jaguar äußerlich verblüffend ähnlich sehen.

Erst bei näherer Betrachtung stellt sich heraus, dass sich unter der Kunststoffkarosserie alltagstaugliche Mechanik – etwa die von Volkswagen – befindet, ganz im Sinne von »das Schaf im Wolfspelz«. Oft sind die Fahrzeuge von professionellen Firmen hergestellt, auch Bausätze für solche Fahrzeuge werden angeboten.

Den Freunden von Replikaten geht es meist darum, ein Auto in der Form ihres Traumwagens zu besitzen und daran zu schrauben, das zugleich gute Alltagstauglichkeit beweist. Ihnen reicht ein Automobil von der Stange nicht aus und manche Wagen sind, falls sie älter als 30 Jahre sind, sogar als Oldtimer zugelassen. Wer mehr wissen möchte, dem sei der Oldtimer Replica Club Deutschland empfohlen (www.orc-deutschland.de).

Bild 17: Porsche 356 Speedster Replika – kein Wunder, dass die schöne Form zum Nachbau anregt.

Lohnt sich Restaurieren?

Als Oldtimerfreund wird man nicht selten gefragt, ob sich denn die Restaurierung finanziell lohnt. Wie auch in vielen anderen Lebenslagen ist hier die richtige Antwort: »Es kommt darauf an.« Hat man ein Restaurierungsobjekt mit guter Ausgangssubstanz und rechnet man die vielen Arbeitsstunden nicht ein, die man im und unter dem Auto verbringt, so kann man sich vielleicht glücklich schätzen und einen »Business Case« mit positiver Bilanz rechnen.

Das gilt besonders bei Fahrzeugen mit einer großen Preisspanne zwischen restauriertem (Zustand eins) und unrestauriertem Zustand (vier bis fünf). Allerdings muss berücksichtigt werden, dass bei höherwertigen Fahrzeugen die Ersatzteile teurer sind als bei Fahrzeugen im niedrigeren Preissegment. Noch kostenintensiver kann es werden, wenn Teile am Markt nicht mehr verfügbar sind und nachgefertigt werden müssen. Gleichzeitig muss man sich auch im Klaren sein, dass trotz derzeit zunehmender Fahrzeugwerte die Preise wie bei Aktien Schwankungen unterworfen sind und auch wieder nach unten gehen können (siehe Kapitel *Der Markt*). Etwa dann, wenn die Fangemeinde für ein bestimmtes Modell älter wird und keine jüngeren Liebhaber nachwachsen. So manche Vorkriegsmodelle unterliegen vielfach diesem Phänomen.

Nun mal ganz ehrlich! Für den echten Hobby-Restaurator stellt sich die Frage der Rentabilität genauso wenig wie für den Fußballamateur, Skifahrer oder Golfspieler. Unsere Erfahrungen zeigen, dass sich viele Projekte finanziell nicht unmittelbar rechnen, denn in vielen Fällen übersteigt die Summe von Anschaffungs- und Restaurierungskosten den erzielbaren Marktwert. Das kann gelegentlich sogar über das Doppelte sein. Letztlich ist dies aber meist zweitrangig und sollte einen nicht entmutigen. Hauptsache, man hat Freude am Hobby, ganz im Sinne von »Der Weg ist das Ziel«.

Um Ihnen dennoch zumindest eine grobe Orientierung zu geben, haben wir in Tabelle 4 anhand der drei beliebten Klassiker-Modelle Fiat 500 D, VW Käfer Cabriolet und Triumph TR6 Kosten und Arbeitszeiten für die Restaurierung dargestellt. Es handelt sich dabei um Beispiele von Freunden aus der Hobby-Restaurator-Szene. Man sieht dabei sehr schön die Bedeutung des Eigenleistungsanteils und der Fahrzeugwertspanne zwischen unrestauriertem und restauriertem Fahrzeug. Werden beispielsweise nur Karosserie und Lackarbeiten vergeben und der Rest weitgehend selbst gemacht, wie im Fall des Fiat 500 D, so kann auch im moderaten Preissegment die Bilanz positiv ausfallen. Ein Grund dafür ist sicher auch der aktuelle Boom bei so manchen Kleinwagen aus den Sechzigern.

Beim VW Käfer Cabriolet und dem Triumph TR6 sind zwar in der Momentaufnahme die Gesamtbilanzen negativ, vor allem wegen dem vergleichsweise hohen Kostenanteil für Fremdleistungsarbeiten. Dennoch erfreuen sich die Besitzer heute sehr an ihren Fahrzeugen, die mit der richtigen Pflege und Wartung in den nächsten Jahren keine Wertminderung erfahren werden.

Diese einfache Modellrechnung können Sie für Ihren Favoriten als erste Kostenschätzung heranziehen. Wie so oft steckt allerdings der Teufel im Detail. Eine zu optimistische Schätzung der Fremdleistungs- und Teilekosten kann hier schnell zu unangenehmen Überraschungen führen. Ebenso sind laufende Kosten für den Werterhalt und Unterhalt zu berücksichtigen. Eine tiefer gehende Analyse ist daher durchaus zweckmäßig. Informationen und Tipps dazu liefert der exemplarische Erfahrungsbericht der Restaurierung des Mercedes 190 SL (Kapitel *Erfahrungsbericht*) und unser allgemeine Ratgeber ab Seite 134.

Kurz vor Redaktionsschluss erreichte uns noch folgende Nachricht: Der in Bild 18 abgebildete Steyr Puch aus dem Jahr 1961 wurde vollständig in Eigenleistung in nur sieben Monaten vom Zustand 4–5 in einen soliden gebrauchsfähigen Zustand 2- restauriert. Insgesamt 500 Stunden Arbeit waren erforderlich und die Materialkosten betrugen knapp 5.000 Euro. Der Marktwert dürfte bei über 8.000 Euro liegen. Für den Besitzer hat sich die Restaurierung allemal gelohnt. Er zählt keine Arbeitsstunden, sondern hat vor allem Freude am »Schrauben und Fahren«.

Fahrzeug	Fiat 500 D	VW Käfer 1303 LS Cabrio	Triumph TR6
Baujahr	1962	1974	1972
Restaurierungszeitraum	2001 – 2008	2004 – 2008	2006 – 2009
Zustand vor der Restaurierung (nach Classic Data)	5	4-	4
Zustand nach der Restaurierung (nach Classic Data)	1-	2-	2
Anschaffungspreis für Restaurierungsobjekt	600 €	2000 €	4800 €
Kosten für Fremdarbeitsleistung	2100 €	11.400 €	15.300 €
Lackierung und Galvanik	3500 €	4300 €	5400 €
Teile und Materialkosten	2500 €	3800 €	6400 €
Eigenleistung in Arbeitsstunden	750 Std.	300 Std.	450 Std.
Restaurierungskosten gesamt (ohne Eigenleistung)	8700 €	21.500 €	31.900 €
Marktwert nach Restaurierung (gemäß Wertgutachten)	13.500 €	16.000 €	27.000 €

Tabelle 4: Kosten und Aufwand für die Restaurierung am Beispiel drei beliebter Oldtimermodelle.

Bild 18: Auch das geht! Dieser Steyr Puch, Baujahr 1961, wurde von seinem Besitzer vollständig in Eigenleistung in nur sieben Monaten fertiggestellt. Freilich nur mit Erfahrung! (*Jürgen Bassalig*)

Bild 19: VW 1303 Cabriolet (Bauzeit Dezember 1972 bis 10. Januar 1980) bei der Sachsen Classic, der »Mille Miglia« Deutschlands im Jahr 2009 (*Volkswagen AG*).

Bild 20: Das Design des TR6 entwickelte der in Osnabrück ansässige Karosseriebauer Karmann. Mit dem optional erhältlichen Hardtop konnte der TR6 zu einem Grand-Touring-Coupé (GT) umgewandelt werden.

Erfahrungsbericht: Vollrestaurierung eines 190 SL

So viel ist sicher: Keine Restaurierung gleicht der anderen. Das kann auch gar nicht sein, denn verschiedene Marken und Modelle oder unterschiedliche Ausgangszustände und Restaurierungsziele erfordern spezifische Restaurierungsansätze.

Ebenso spielen Restaurierungsphilosophie, finanzielle Rahmenbedingungen oder fachliche Kenntnisse und Fertigkeiten eine große Rolle. Sie beeinflussen die Herangehensweise wesentlich. Es liegt also in der Natur der Sache, dass manche Restaurierungen nach einem Jahr abgeschlossen sind und andere vielleicht erst nach zehn Jahren.

Eine dieser gewöhnlichen oder vielleicht auch ungewöhnlich rostigen Geschichten rund um die Restaurierung wollen wir hier exemplarisch am Beispiel eines Mercedes 190 SL schildern. Der erste Teil der Restaurierung (bis Kapitel *Fahrzeugzerlegung*) ist zunächst nur aus Sicht von Johann Gwehenberger beschrieben, der sich das Restaurierungsobjekt seinerzeit angeschafft hat. Bei der Beschreibung wird ausdrücklich nichts beschönigt oder verblümt dargestellt. Alle Fehler und Fallstricke werden so beschrieben, wie sie aufgetreten sind, mit dem Zweck, den Leser zu informieren, damit er nicht in die selben Fallen tappt.

Ab Kapitel *»Dokumentation und Befund der Baugruppen«* kommt dann Zsolt Nagy als Co-Autor ins Spiel. Er hat die Restaurierung handwerklich maßgeblich begleitet und zum heutigen Erfolg geführt. Beschrieben werden im Überblick die Schadenanalyse und Restaurierungsarbeiten bis zum fertigen Fahrzeug. Unser Anliegen ist dabei nicht, jeden Arbeitsschritt beim Zerlegen und Zusammenbauen von Baugruppen aufzuzeigen. Das ist eher Werkstatthandbüchern vorbehalten. Wir wollen vor allem aufzeigen, wie die Vollrestaurierung praktisch abgelaufen ist – von der Idee bis zum fertigen Produkt, welche Schäden an einem über fünfzig Jahre alten Veteranen aufzufinden waren, welche Schwierigkeiten im Laufe der Restaurierung aufgetreten sind und wie man marode Substanzen tatsächlich wieder so aufbereiten kann, dass sie wie fabrikneu aussehen. Gleichzeitig stellen wir aber auch die Grenzen der Aufbereitung dar und informieren, in welchen Fällen besser neue oder gute gebrauchte Originalteile zur Aufbereitung verwendet werden sollten.

Außerdem informieren wir zu den einzelnen Baugruppen und zusammenfassend in Kapitel *»Die Restaurierung in Zahlen«* über den Arbeitsaufwand und die Teile- und Materialkosten, die bei der Restaurierung angefallen sind. Zu beachten ist allerdings hier, dass der Aufwand nur eine grobe Orientierung für Sie sein kann. Denn besonders der zeitliche Aufwand hängt von mehreren Faktoren wie handwerkliches Geschick und Erfahrung, Arbeitsgerät und Werkzeug sowie vor allem auch Akribie und Sorgfalt ab. So kann man sich beim Aufbereiten von Kleinteilen viel Zeit lassen um wirklich jede Korrosionsstelle materialschonend zu entfernen, oder mal schnell mit hohem Luftdruck sandstrahlen. Allerdings dann mit dem Risiko, gute Teilesubstanz nachhaltig zu schädigen.

Zwangsläufig werden bei einem komplexen Restaurierungsprojekt Hürden entstehen und Fehler begangen, die zu einem großen Teil vermieden werden könnten. Voraussetzung dafür ist, dass man vorher genügend Wissen mitbringt. Falls Sie im Begriff sind, ein Projekt anzugehen, sollte Ihnen der hier beschriebene Erfahrungsbericht zusammen mit dem anschließenden Kapitel rund um die Restaurierung eine gute Ausgangsbasis bieten, um für möglichst viele Fallstricke gewappnet zu sein.

In diesem Zusammenhang noch ein Hinweis: Nach einer gewissen Anlaufphase wählten wir für die Restaurierung letztlich den integrierten Projektansatz, der zwar zunächst sehr komplex und aufwändig erscheinen mag, aber letztlich im Hinblick auf Zeit, Kosten und Transparenz viele Vorteile bietet. Näheres dazu finden Sie später noch im Kapitel *»Allgemeiner Rat für den Restaurator«*. Dort lässt sich auch die Chronologie der gesamten Restaurierung im Projektzeitplan mit den einzelnen Arbeitspaketen im Überblick nachvollziehen.

Das Restaurierungsobjekt – von der Idee bis zum Erwerb

Anfang 2005 war erstmals die Idee geboren, einen Oldtimer anzuschaffen. Restauriert oder unrestauriert? Wegen der beruflich einschlägigen Vorbildung im Kfz-Handwerk war diese Frage schnell beantwortet: »Selbst restaurieren, das würde mir Freude bereiten.« Nur welche Marke und welches Modell darf es denn sein? Weitgehend systematisch machte ich mich auf die Suche nach einem Restaurierungsobjekt.

Die Modellauswahl

Die Auswahl der Marke und des Modells war neben geschmacksorientierten und subjektiven Kriterien wie Form und Aussehen stark verknüpft mit der unüberwindbaren Frage des finanziellen und zeitlichen Aufwandes einer bevorstehenden Restaurierung. In jedem Fall sollte es ein Fahrzeug sein, das mindestens mein Alter erreicht hat. Gleichzeitig sollte es ein Nachkriegsmodell sein mit einer akzeptablen Motorleistung und unbedingt ein Roadster oder Cabriolet, mit der Erwartung, später einmal die warmen Frühlings-, Sommer- und Herbsttage mit schönen Ausflügen genießen zu können.

Auch wenn der Aspekt der Wertanlage nicht im Vordergrund stand, war damals der Gedanke, dass die Marke und das Modell zumindest das Potenzial einer zukünftigen Wertsteigerung haben. Die Grundidee: Das fertige Fahrzeug sollte am Ende einen Marktwert aufweisen, der den finanziellen Aufwand und die Arbeit in Eigenleistung zumindest ein Stück weit aufwiegt.

Mit einem niedrigen fünfstelligen Geldbetrag sollte der Traum erfüllbar sein. Natürlich keimte damals hin und wieder auch der Gedanke auf, doch lieber gleich ein Fahrzeug in einem soliden 2er- oder 3er-Zustand zu erwerben um sofort die schönen Sommermonate genießen zu können, gepaart mit der Möglichkeit in den Wintermonaten oder bei schlechtem Wetter kleine Reparaturen, Verschönerungen oder Teilrestaurierungsarbeiten durchführen zu können. Eine Reihe von interessanten Modellen schwebten mir damals vor, wie Triumph TR 4 bis TR6, Fiat Spider oder ein schönes VW Käfer Cabriolet.

Nach einem halben Jahr sorgfältiger Recherche auf zahlreichen Oldtimerveranstaltungen, in Oldtimermagazinen und im Internet sowie durch Kontakte mit Oldtimerliebhabern entschied ich mich letztlich doch für das »Schrauben«. Hauptmotive waren damals die organisatorische Herausforderung, die Vorfreude auf die handwerkliche Arbeit als Ausgleich zur Büroarbeit und ein wenig die Wiedererweckung der einst erworbenen beruflichen Fertigkeiten in der Fahrzeugtechnik.

Damit war dann auch klar, das Restaurierungsobjekt darf durchaus einen höheren Gesamtpreis haben, denn das Projekt würde sich ja über mehrere Jahre hinziehen, in denen man weitere finanzielle Mittel ansparen kann. Meine grobe Überlegung für einen Zeitraum von fünf Jahren war damals: 10.000 Euro Startkapital plus kräftiges Sparen in den nächsten fünf Jahren – macht zusammen einen ordentlichen Betrag aus, mit dem man in ein höheres Fahrzeugsegment investieren könnte.

Bild 21: Auch Tochter Marlene – damals fünf Jahre alt – fand Gefallen am Mercedes 190 SL-Modell von Schuco.

Also blieben am Ende zwei Favoriten in der Vorauswahl: Porsche 356 Cabriolet oder Mercedes 190 SL Roadster. Wie so oft im Leben hat die Familie ein wichtiges Wort mitzureden, stützt sie doch maßgeblich das Projekt durch so manche Entbehrungen. So fiel letztlich die Wahl auf den 190 SL. Ausschlaggebend waren vor allem die elegante Linienführung der Karosserie und die filigrane Innenausstattung mit den edel verchromten Instrumenten, die es meiner Ehefrau angetan haben. Meine Tochter hatte bereits hinreichend Erfahrung mit den 190 SL Modellautos von Schuco. Auch sie trug die Entscheidung voll und ganz mit, zumal sie auch die Aussicht hatte, auf dem Notsitz im Fond Platz nehmen zu dürfen. Und mir gefiel vor allem die interessante Geschichte des für die damalige Zeit durchaus sportlichen Reisefahrzeugs mit hoch beachteten Fahreigenschaften (siehe Info kompakt).

Info kompakt: Zur Geschichte des 190 SL

Wegbereiter für den Mercedes 190 SL war der damalige amerikanische Importeur von Mercedes Benz, Max Hoffman. Er trug im September 1953 dem Unternehmensvorstand seine Ideen zur Steigerung des US-Geschäfts vor und wünschte sich zwei unterschiedlich konzipierte Sportwagenmodelle. Als Basis diente das 300er-Rennsport-Coupé von 1952, welches durch den

Sieg bei der Carrera Panamericana in den USA höchste Aufmerksamkeit erzielt hatte.

Daneben sollte ein sportlicher Reisewagen mit hoher Alltagstauglichkeit angeboten werden. Nach der Zusage des Vorstandes entwickelten die Ingenieure von Mercedes in einem atemberaubenden Tempo von nur fünf Monaten die beiden Prototypen für den 300 SL und 190 SL. Resultat: Beide Ausstellungsfahrzeuge wurden von den Besuchern auf der New Yorker Autoschau im Februar 1954 und der Fachpresse begeistert aufgenommen. Niemand hätte das von Daimler-Benz mit der bis dahin eher konservativ anmutenden Modellpalette erwartet.

Nach der Autoschau in New York war die Serienfertigung für beide Sportwagen beschlossene Sache. Die Produktion des 300 SL begann noch im August desselben Jahres im Werk Sindelfingen. Für den kleinen Bruder 190 SL stand dagegen noch ein großes Stück Entwicklungsarbeit bevor. Ziel war vor allem, das bis dahin entworfene Styling dem des Mercedes 300 SL noch besser anzupassen. Zum Beispiel wurde die Lufthutze auf der Motorhaube entfernt und weitere Retuschen an Blinkleuchten, Kühlergrill, Stoßstangen, hinteren Kotflügeln und Armaturenbrett vorgenommen.
Damit das Auto auf dem Markt erfolgreich werden konnte, war dringend die Weiterentwicklung des Antriebsstranges erforderlich. Der OHC-Motor, eine Neuentwicklung mit vier Zylindern und oben liegender Nockenwelle, stand zwar schon fest, allerdings waren noch zahlreiche Detailarbeiten und Abstimmungen bis zum Serienbeginn in Sindelfingen im Mai 1956 erforderlich. Die Leistungsangaben konnten sich am Ende sehen lassen. In einem der ersten Prospekte von Mercedes-Benz heißt es:

Bild 22: Der 190 SL neben seinem großen Bruder, dem 300 SL Flügeltürer auf der Internationalen Motor Sports Show in New York im Februar 1954 (Daimler AG).

»Der Vierzylinder-Motor mit zwei Solex-Register-Flachstromvergasern leistet 120 HP[1] (entspricht 105 PS) und verleiht dem Typ 190 SL eine Spitzengeschwindigkeit von ca. 180 km/h. Alle vier Vorwärtsgänge sind zwangssynchronisiert. Die günstige Abstufung des Getriebes und die kurzen Schaltzeiten lassen den Typ 190 SL eine ganz hervorragende Beschleunigung erreichen.«

Bild 23: 190 SL Vorserienmodell für die New Yorker Ausstellung im Februar 1954 (Daimler AG).

Jahr	Produktions-zahlen	Deutsche Auslieferung
1955 (ab Mai)	1727	830
1956	4032	1849
1957	3332	1806
1958	2722	628
1959	3949	1650
1960	3977	1264
1961	3792	1509
1962	2246	778
1963 (bis 8. Feb.)	104	54
Gesamt	25.881	5245

Produktionszahlen des Mercedes Benz 190 SL (*Daimler*).

Bild 24: Neben Rosemarie Nitribitt besaßen auch Größen aus der Künstlerszene ihren 190 SL; im Bild Rudolf Schock .

Das Konzept des Tourensportwagens mit Anlehnung an die Großserientechnik ging auf. Drei Ausführungen standen ab Werk zur Wahl: der Roadster, der Sportroadster und das Coupé. Insgesamt wurden 25.881 Mercedes Benz 190 SL in den Jahren von Mai 1955 bis Februar 1963 hergestellt. Über vier Fünftel davon wurden exportiert, Hauptabnehmer war der US-Markt mit 10.368 Stück.

Trotz des hohen Neupreises von ca. 17.000 DM, der damalige Gegenwert eines kleinen Eigenheimes, war der 190 SL auch in Deutschland ein Erfolg. Immerhin wurden hierzulande insgesamt mehr als fünftausend Fahrzeuge verkauft. Das ist durchaus bemerkenswert, denn für etwa die Hälfte war damals die Mercedes Ponton Limousine (180/190) erhältlich und ein VW Käfer kostete etwa ein Fünftel. Der 190 SL besetzte vor allem in dem gehobenen Segment der Personenwagen den Platz des Erfolgs in der Wirtschaftswunderzeit. Er war sozusagen der VW Käfer der oberen Mittelklasse. Damit war er auch ein gern gesehenes Requisit in vielen deutschen Nachkriegsfilmen und bediente das aufstrebende Gefühl jener Ära mit dem Motto »Wir sind wieder wer« (Engelen, 2005).

Lediglich im Jahr 1958 erlitt der elegante Tourensportwagen einen dramatischen Verkaufseinbruch. Nur noch ein Drittel der deutschen Absatzzahlen wurde erreicht, und das trotz Sonderprämien für die Händler. Was war geschehen? Der Grund war ein mysteriöser, nie aufgeklärter Mord an der Blondine Rosemarie Nitribitt im November 1957. Die Frankfurterin pflegte Bekanntschaften zu vielen reichen und mächtigen Männern im Nachkriegsdeutschland und machte unter anderem Eindruck durch ihren schwarzen Mercedes 190 SL mit roten Lederpolstern. Das war der damaligen Oberschicht zu viel des Guten, und das Image des 190 SL als erfolgreiches Automobil der besseren Gesellschaft war – zumindest für ein Jahr – stark angekratzt. Am Ende blieb dem Boulevard-Sportler aber doch der Traumwagencharakter, der noch bis heute anhält.

Aufschlussreich sind die Pressestimmen von damals (siehe http://de.wikipedia.org/wiki/Mercedes-Benz_W120). Kritikpunkte gab es nur wenige. Beanstandet wurden die etwas zähe und raue Leistungsentfaltung des dreifach gelagerten Motors ab 4500/min, das in den Sichtbereich hineinragende Lenkrad oder die geringe Seitenführung der Vordersitze. Zum Ende der Produktionszeit wurden die Fahrleistungen als eher durchschnittlich bezeichnet, obwohl der 190 SL in seiner Endgeschwindigkeit dem Porsche 356 Super 90 ebenbürtig war.

> Road & Track, Testbericht 11/1955: »Das Herausragendste am 190 SL ist ohne Zweifel die Qualität seiner Konstruktion und Verarbeitung. Das Auto vermittelt augenblicklich ein starkes Gefühl von Solidität.«

> ADAC-Motorwelt, Ausgabe 06/1956: »Abschließend sei der 190 SL nochmals kurz gekennzeichnet: Der Bequemlichkeit und Raumaufteilung nach ein Reisewagen, aber mit Sportwagen angenäherten Reiseleistungen, einem besonderen Maß an Fahrsicherheit, den Verbrauchsziffern eines Durchschnitts-Touren-

[1]: HP: Damals wurde auch die Leistungsangabe HP nach SAE verwendet (gross-horsepowers), bei der die Leistungsaufnahme der zum Motorbetrieb nicht erforderlichen Nebenaggregate unberücksichtigt sind.

wagens, dazu von einer ausgesuchten Eleganz der Linie und gediegenster Ausstattung.«

Automobil-Revue 11/1956: »Mit seiner eleganten Form und der flachen Motorhaube mit der neuen, von den Sportwagen übernommenen niedrigen und breiten Kühlerfront wird der Mercedes 190 SL allgemein als die schönste Schöpfung des Hauses Daimler-Benz betrachtet.«

Sports Car World April 1957: »Der 190 SL ist ein ideales Straßenauto, das sich leichter als ein 300 SL handhaben lässt. Der 190 SL ist so aufregend wie der 300er auch – in einer ruhigen subtileren Weise. Im 300 SL ist man im Straßenverkehr einfach überbewaffnet, während man mit dem 190 SL gerade richtig bestückt ist. Der 190 SL verfügt über gleich exzellente Lenkeigenschaften, fährt sich genauso sicher, ein vollsynchronisiertes Getriebe, die gleiche Verarbeitungsqualität und eine bessere Hinterradaufhängung. Als sportliches Straßenauto ... kommt der 190er unserem Sinn für Perfektion recht nahe.«

Auto Motor und Sport 15/1960: »Seinen guten Ruf verdankt der 190 SL nicht nur seinem eleganten Aussehen, sondern ebenso seiner Robustheit und Zuverlässigkeit und seinen sauberen Fahreigenschaften. ... Der 190 SL hat sich vieltausendfach bewährt, seine Besitzer sind zufrieden. Fahrsicherheit, Straßenlage Fahrleistungen sind einwandfrei, Karosserie und Verarbeitung sind hervorragend.«

Die Suche nach dem Objekt der Begierde

Sodann machte ich mich auf die Suche nach einem restaurierungswürdigen Objekt, wälzte Kleinanzeigen von überregionalen Tageszeitungen, Oldtimermagazinen und recherchierte in den einschlägigen Internetverkaufsplattformen. Auch das Importieren eines Fahrzeugs aus den USA schloss ich zunächst als Möglichkeit mit ein, denn immer wieder hört man, dass mit den richtigen Beziehungen aus Übersee gute Restaurierungsobjekte erwerbbar sind. Fehlende Zeit und fehlende Kontakte sprachen allerdings dann doch dagegen.

Ein Fahrzeug im 4er-Zustand wäre optimal, dessen Hauptkomponenten wie Karosserie, Motor, Getriebe und Achsen dem Auslieferungszustand entsprechen (Nummerngleichheit oder Matching Numbers). Außerdem sollten möglichst alle Aggregate und Teile vorhanden sein. Denn die meisten Teile für den Mercedes 190 SL sind zwar heute auf dem Teilemarkt erhältlich, allerdings sind die Preise entsprechend hoch. Außerdem sollten Karosserie und Rahmen eine möglichst gute Basis bieten, damit sich der Ersatz an teuren Karosserie- und Blechteilen in Grenzen hält.

Matching Numbers

Matching Numbers oder Nummerngleichheit bedeutet, dass ein bestimmtes Fahrzeug mit genau den Hauptkomponenten wie Rahmen, Karosserie, Motor und Getriebe ausgerüstet ist, mit denen es einmal vom Band des Herstellers lief. Bei vielen Herstellern lässt sich dies heute noch nachweisen durch den Vergleich der originalen Datenblätter mit der eingestanzten Fahrgestell-, Motor- und Getriebenummer. Bei einigen Marken lassen sich Nummerngleichheit für weitere Hauptkomponenten wie Achsen oder Lenkgetriebe feststellen. Im strengen Sinne gehören zudem auch die Lackfarbe und die Farbe der Innenausstattung dazu. Sie sind in der Regel ebenso nachweisbar durch Farbnummern. Für ein Fahrzeug im Zustand 1 (Fabrikneu oder besser) gilt »Matching Numbers« als Grundvoraussetzung und beeinflusst erheblich den Fahrzeugwert.

Innerhalb der nächsten zwei Monate gab es regen E-Mail-Austausch und zahlreiche Telefongespräche mit privaten und gewerblichen Anbietern in Deutschland, Österreich und den Niederlanden. Von den Verkäufern ließ ich mir Bildmaterial und weitere Informationen zuschicken und sichtete anhand der Unterlagen, welche Fahrzeuge in die engere Wahl kommen könnten. Immerhin gab es damals zehn Fahrzeuge, die meinen Preisvorstellungen entsprachen. Fünf davon waren im Raum München zu besichtigen. Ein auf Import von klassischen Mercedes-Fahrzeugen spezialisierter Händler bot damals zeitgleich drei Fahrzeuge zum Verkauf an.

Mit einem jungen Kfz-Spenglermeister, der früher in einem Mercedes-Fachbetrieb tätig war, besichtigte ich zwei Objekte, die aufgrund der telefonischen und schriftlichen Beschreibung in die engste Wahl gezogen wurden. Beide Fahrzeuge waren von ihren Besitzern als 4er-Zustände ausgewiesen, zwar mit erheblicher Korrosion an Bodengruppe und Radläufen, aber mit

allen wichtigen Aggregaten und laufendem Motor. Beide Besitzer gaben außerdem an, dass eine Restaurierung hin zu einem 2er-Zustand mit zusätzlichen Kosten von rund 20.000 Euro sicher möglich wäre.
Einer der beiden Verkäufer war entweder so dreist oder von so gutem Glauben, dass er im Ernst davon ausging, sein Fahrzeug mit wenigen tausend Euros TÜV-fertig machen zu können. Sein O-Ton: »Das Fahrzeug ist im Prinzip fahrbereit, benötigt nur ein paar kleine Blechreparaturen an der Bodengruppe und den Einstiegen. Außerdem müssen die Bremsen überholt werden. Dann ist er in einem guten 3er-Zustand und kann mit H-Kennzeichen zugelassen werden«. Dabei war das Fahrzeug mit einer unzulässigen Weber Doppelvergaseranlage statt dem Original Solex 44 PHH Registervergaser ausgerüstet, eine technische Veränderung, die laut § 19 StVZO zum Erlöschen der Betriebserlaubnis führt. Auch wenn der Umbau zuweilen per Einzelabnahme gemäß §21 StVZO eingetragen ist, bleiben ein großer Originalitätsverlust und das Risiko für einen Vergaserbrand.

Nicht zuletzt wegen der unseriösen oder unqualifizierten Bemerkungen des Anbieters fiel die Entscheidung auf das alternative Fahrzeug. Und das, obwohl die Karosserie augenscheinlich in einem deutlich schlechteren Zustand war. Letztendlich überzeugten folgende den Wert positiv beeinflussende Faktoren:

- Fahrzeug ist mit allen wichtigen Teilen nahezu komplett
- Ursprüngliche Farbe und Ausstattung identisch mit »Nitribitt-Mercedes«
  Anmerkung: Die braune Farbe, in Bild 25 zu sehen, ist eine Grundierung, die in den USA im Zuge einer abgebrochenen Restaurierung aufgebracht wurde.
- Sehr frühes Fahrzeug (erstes Baujahr mit Fg-Nr.:...5501522, Dez. 1955)
- Matching Numbers für Chassis, Motor, Getriebe und Achsen
- Original Solex-Vergaser vom Typ 44 PHH vorhanden
- Original-Lackierung »Schwarz Code 40«
- Original Interieurfarbe (Leder rot 1079)
- Original Kübelsitze (nur bis April 1956 verfügbar)
- Original ATE-Bremsgerät als Sonderausstattung vorhanden
- Chromteile im Außen- und Innenbereich vorhanden und weitgehend restaurierbar
- Motor läuft

Die Echtheit der Fahrzeugdaten wurde bei der Besichtigung vor Ort in einem Telefonat[2] mit dem Mercedes Classic Center in Fellbach unter Angabe von Fahrgestell-, Motor- und Chassisnummern abgeglichen.

Obwohl die Historie des Fahrzeuges mit Fahrzeugpapieren nicht durchgängig dokumentiert werden konnten, besaß das Restaurierungsobjekt insgesamt gesehen wertvollere Eigenschaften, die eine Restaurierung am Ende lohnender machen. Außerdem gilt in der Oldtimerszene der Grundsatz: Blech ist immer restaurierbar (auch wenn aufwändig), wichtige historischen Basisdaten wie Matching Numbers, Farbe und Originalität der Baugruppen dagegen nicht. Wie desaströs und marode allerdings das Blechkleid und der Rahmen tatsächlich waren, sollte sich später noch herausstellen. Sehr geschickt haben der Exporteur in USA und auch der Importeur in Deutschland den massiven Rostfraß bis in den Rahmen durch zentimeterdicken Unterbodenschutz und provisorische Blecharbeiten versteckt. Selbst der Kfz-Spenglermeister hat den massiven Schaden damals nicht bemerkt.

Mercedes-Benz 190 SL

EZ: 06/1956
Farbe: keine Farbangabe

Besonderheiten: Oldtimer, erstes Modell mit kleinen Rückleuchten, geteiltes Armaturenbrett, Schalensitze usw. Restaurationsobjekt, Motor läuft, Bremsen funktionieren, Verdeckgestänge vorhanden, Radio. Es fehlt Original Uhr und Öldruckinstrument, ansonsten komplette Innenausstattung (Sitze, Verkleidung in gutem Zustand)

16.900 Euro

Bild 25: So wurde das Restaurierungsobjekt im Internet auf einer bekannten Verkaufsplattform angeboten.

[2]: Das Mercedes Classic Center bot damals noch eine telefonische Auskunft an. Heute erhält man das Datenblatt über die Daimler-Niederlassungen mit Vorlage der Fahrzeugpapiere (z. B. Fahrzeugbrief, Title).

Bild 26: Matching Numbers sind gewährleistet – bedeutend für den zukünftigen Fahrzeugwert.

Nachdem wir uns schriftlich mit einem Kaufvertrag auf einen etwas reduzierten Gesamtpreis geeinigt hatten, überführte der Händler eine Woche später das Fahrzeug auf einem Anhänger zu mir nach Hause mitsamt den verfügbaren Papieren zum Fahrzeug. Viele Unterlagen waren es nicht. Eine Registrierungsbestätigung vom Staat New York, gültig von Mai 1992 bis Mai 1994 – wohl die letztgültige – und eine dazugehörige Versicherungsbestätigung.

Leider fehlte das so genannte Title bzw. das amerikanische Pendant zum deutschen Fahrzeugbrief. Wo es geblieben ist, war laut Verkäufer nicht mehr zu klären. Er versicherte mir aber damals, dass eine Zulassung in Deutschland mit den vorhandenen Papieren und der so genannten »Unbedenklichkeitsbescheinigung für die Zulassung eines Kraftfahrzeugs« möglich ist. Letzteres besorgte er mir mit Signatur des Hauptzollamtes

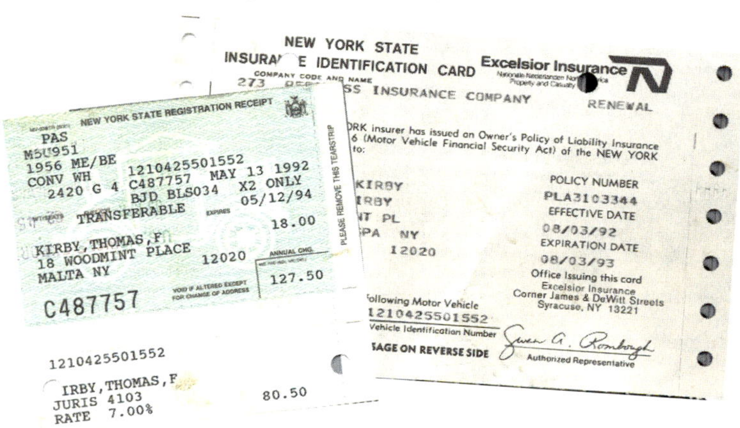

Bild 27: Mehr Papiere waren nicht verfügbar: Letzte Zulassungsbestätigung vom Staat New York und letzte Versicherungsbestätigung – das Title war leider nicht dabei.

München. Um auszuschließen, dass es sich um ein gestohlenes Fahrzeug handelte, informierte ich mich vorsichtshalber zusätzlich noch bei der nächsten Polizeistation. Auch hier lag kein negativer Eintrag für die Fahrgestellnummer vor. Damit sollte es auch keine Komplikationen geben, wenn das Auto einmal in Deutschland zugelassen wird.

Voller Vorfreude und wohl mit etwas verklärtem Blick habe ich leider erst ein paar Tage später erkannt, dass der Verkäufer noch eifrig die vorderen und hinteren Stoßstangen mit Hörnern gegen wesentlich schlechtere, verbeulte und zum Teil leider vollkommen unrestaurierbare Chromteile ausgetauscht hat. Dazu beigetragen hat wohl auch die späte Stunde der Anlieferung an einem Septemberabend, als die Dämmerung bereits einbrach. Ein Umstand, der leider noch mit rund zweitausend Euro zusätzlich zu Buche schlagen sollte. Ebenso hat er die ursprünglichen Weißwandreifen gegen völlig unbrauchbare Exemplare ausgetauscht (siehe Bild 25 und Bild 28 im Vergleich). Das war allerdings nicht problematisch, da Reifen ohnehin nach 7 bis 10 Jahren der Sicherheit dienlich ausgetauscht werden müssen. Bis das Auto einmal fertig ist, haben auch die Weißwandreifen die Altersgrenze locker überschritten.

Tipp: Damit Sie nicht in dieselbe Falle tappen, haben wir in Kapitel *»Der Weg zum Restaurierungsobjekt«* Tipps rund um Fahrzeugbesichtigung und -erwerb zusammengefasst.

Bleibt hier noch, die unterschiedlichsten Reaktionen im Freundeskreis und der Nachbarschaft zu erwähnen, als das gute Stück Rost vom Verkäufer auf dem Anhänger angeliefert wurde. Von skeptischen Blicken und Fragen wie »Was? So einen Schrotthaufen kann man wirklich wieder herstellen?« bis hin zu Respekt und Bewunderung, freilich nur bei Oldtimerfreunden, war wirklich alles vertreten. Innerhalb meiner Familie sprach man nur noch von der Rostlaube! Davon ließ ich mich allerdings nicht entmutigen, im Gegenteil, es spornte eher an.

Der wahre Zustand des Restaurierungsobjekts

Bevor die Restaurierungsarbeit beginnt, wird üblicherweise ein genaues Zustandsgutachten angefertigt. Dabei sollte man gegebenenfalls einen anerkannten Sachverständigen für Oldtimer beauftragen, denn das Gutachten vor der Restaurierung ist Bestandteil des Fahrzeuglebens und stellt eine wichtige Dokumentationsgrundlage und Basis für die folgende Restaurierung dar.

Wie bereits erwähnt, gab der Händler einen Vierer-Zustand für das Fahrzeug an. Vergleicht man dies mit der Definition von Classic Data (siehe Seite 18), mag das dem ersten Anschein nach stimmen. Denn dort heißt es für die Zustandsnote 4: »Verbrauchter Zustand. Nur bedingt fahrbereit. Sofortige Arbeiten notwendig. Einige kleinere Teile fehlen oder sind defekt. Leichtere bis mittlere Durchrostungen. Leicht zu restaurieren.« Ohne Berücksichtigung der letzten beiden Punkte könnte man mit sehr viel Wohlwollen einen schlechten Zustand 4 ableiten. Darauf hat es damals der Verkäufer vermutlich auch abgesehen, um den Verkaufspreis in die Höhe zu treiben.

Trotz bedingt fahrbereitem Zustand mit funktionsfähigem Motor, provisorischer Bremsenreparatur (neue Radbremszylinder und Bremsleitungen) und recht ordentlich anmutender Innenausstattung (Kunstlederbezüge an Sitzen und Türverkleidung) war das Fahrzeug allerdings weit von einem 4er-Zustand entfernt. Daran änderten auch der Tachostand von 78.000 Meilen und der recht ordentlich laufende Motor nichts. Denn schließlich gab es keinen Hinweis über die tatsächliche Motorlaufleistung bzw. wie viele Tachoumrundungen das Aggregat schon hinter sich hatte. Mit der maroden Karosserie war das Fahrzeug eindeutig ein Wrack mit besonders erschwerten Bedingungen für eine Vollrestaurierung, also Zustand 5.

Bild 28: Verchromte Stoßstangen vorne und hinten zwar vorhanden, aber zum Aufbereiten zu stark verformt und korrodiert.

Bild 29: Armaturentafel mit Instrumenten nahezu komplett (mit Radio, ohne Uhr), Lederinnenausstattung, angeblich im guten Zustand, entpuppte sich als unbrauchbares Kunstleder.

Bild 30: Die Bodengruppe offenbart erheblichen Rostbefall, Rahmenschäden wurden trickreich mit Unterbodenschutz kaschiert.

Bild 31: Motor sieht ziemlich verbraucht aus, war aber im lauffähigem Zustand mit originalen Komponenten, besonders wichtig: Solex-Doppelvergaser original.

»Nachher ist man immer schlauer!« Heute weiß ich sehr wohl, dass viele Roadster, die als Restaurierungsobjekt überlebt und auf dem Markt zum Verkauf angeboten werden, echte Blender sind. Den Verkäufern geht es häufig um Gewinnmaximierung. Viele Mängel werden verschleiert oder als Bagatellen dargestellt. Mit der heute gesammelten Erfahrung hätte man mit etwas Verhandlungsgeschick eventuell den Verkaufspreis mindern können. Allzu hoch wäre die Preisreduktion aber wohl auch nicht ausgefallen, denn mit dem Argument der Matching Numbers hatte der Verkäufer einen großen Trumpf in der Hand. Über kurz oder lang hätte er einen anderen Interessenten gefunden.

Die Unerfahrenheit von damals kann man also auch als einen glücklichen Umstand werten. Denn vielleicht hätte ich mich sonst zwar für das augenscheinlich bessere Auto entschieden, allerdings dann mit deutlichen

Abstrichen hinsichtlich der Originalität. Retrospektiv gesehen wäre das der größere Fehler gewesen!

Im Übrigen vertrat man noch vor zehn Jahren die Meinung, dass ein derartig schlechter Zustand höchstens als Teileträger dienen kann, alles andere würde sich nicht rechnen. Heute allerdings sprechen die Marktpreisentwicklung, die deutlich verbesserte Teileverfügbarkeit bei diesem Modell und auch die fortlaufend verbesserten Restaurierungsmethoden immer mehr dafür, dass sich eine Restaurierung auch bei ausgesprochenen Wracks auszahlen kann. Dementsprechend sind die Preise für 190 SL Restaurierungsobjekte in den letzten fünf Jahren um mehr als 30 Prozent gestiegen.

Die Restaurierungsziele

»Ein Ziel muss man früher kennen als die Bahn«, heißt ein Zitat des Schriftstellers Jean Paul (1763-1825). Ein ähnliches Zitat vom chinesischen Philosoph Laotse (6. Jahrhundert v. Chr.) lautet: »Nur wer sein Ziel kennt, findet den Weg«. Danach handelnd formulierte ich auf der Basis des Fahrzeugzustandes und der finanziellen Rahmenbedingungen die ersten Restaurierungsziele, die im Folgenden knapp zusammengefasst sind:

- **Verwendungszweck:** Oldtimerausfahrten und gelegentlich Teilnahme an Gleichmäßigkeitsfahrten bei schönem Wetter.

- **Durchschnittliche Fahrleistung:** maximal 3000 km pro Jahr.

- **Fertigstellung:** nach spätestens 5 Jahren, also im September 2010.

- **Finanzieller Aufwand:** darf den festgelegten Gesamtbetrag nicht überschreiten (Startkapital 15.000 Euro + 25.000 Euro Ersparnisse über die nächsten fünf Jahre).

- **Eigenleistung:** so viel wie zeitlich und fachlich möglich. Zur Ermittlung des Marktwertes werden nach Fertigstellung Arbeitskosten von 25 Euro pro Stunde zugrunde gelegt.

- **Zustandsnote:** Vollrestaurierung aller Baugruppen bis mindestens Zustandsnote 2 (nach Classic Data-Bewertung).

- **Restaurierungsphilosophie:** Angesichts des geplanten Verwendungszweck war der Ansatz eine Mischung zwischen »Substanzerhaltender Restaurierung« und gemäßigter »Besser-als-neu-Restaurierung« (siehe Seite 20 ff.) mit Verzicht auf den Einbau von modernen Technologien wie z. B. elektronische Zündanlage. Sehr wohl legte ich aber Wert auf moderne Korrosionsschutzmaßnahmen für Blech- und Technikteile, die in den Fünfzigern noch nicht verfügbar waren (z. B. galvanische Verfahren, Lackierung mit Acryllack und Klarlack).

- **Zulassungsart:** Historisches Kennzeichen (H-Kennzeichen); die Vorteile liegen auf der Hand: günstiger Steuersatz, keine Nutzungseinschränkungen (z. B. Auslandsfahrt, Einfahrt in Umweltzonen) und höherer Fahrzeugwert (siehe Seite 211).

- **Technische Veränderungen:** Der Originalzustand soll vollständig erhalten bleiben, mit Ausnahme der erforderlichen Umrüstungen für die deutsche Zulassung und ein europäisches Erscheinungsbild. Dazu gehören beispielsweise: orangefarbene Blinkergläser vorn, Warnblinkanlage und VDO-Instrumente mit deutschen Zifferblättern sowie europäische Scheinwerfer mit Standlicht.

- **Teileaufbereitung/-beschaffung:** Mit dem gewählten Restaurierungsansatz wurden folgende Ziele formuliert.
  - Wenn Teil noch hinreichend gut für das Erreichen eines 2er-Zustandes, dann aufbereiten.
  - Wenn Teil beschädigt, zerstört oder nicht vorhanden ist, dann Originalteil beim Hersteller oder einschlägigen Ersatzteilmarkt besorgen.
  - Wenn Teil unverhältnismäßig teuer oder als originales Neuteil nicht verfügbar ist, dann Beschaffung am Gebrauchtersatzteilmarkt oder falls erforderlich individueller Nachbau.
  - Keine Kompromisse im Bereich Verkehrssicherheit.

- **Fremdvergabe bestimmter Gewerke:** wie Karosseriearbeiten, Polsterarbeiten, Motorüberholung und Galvanik, damit Restaurierungsziele erreicht werden können.

Bis auf eine kleine Korrektur veränderten sich im Laufe der Restaurierungsarbeiten die Ziele zwar nicht wesentlich, allerdings hatte diese neu formulierte Vorgabe, konkret statt Zustand 2 den Zustand 1 zu erreichen, naturgemäß erheblichen Einfluss auf die weiteren Restaurierungsarbeiten und den Kostenaufwand. Wie es dazu kam wird in später noch dargelegt.

Werkstatt und Werkstattausrüstung

Zu Beginn der Arbeiten standen eine Einzelgarage mit Standardmaßen sowie ein Kellerraum mit knapp 20 Quadratmeter zur Verfügung. In den Kellerraum installierte ich eine Werkbank mit Schraubstock, zwei ausrangierte Schränke und ein genügend großes Regal mit den Maßen 3 x 2 Meter, in dem die ausgebauten und zerlegten Teile sorgfältig nach Baugruppen in beschrifteten Kunststoffbehältern abgelegt werden konnten. Eine anfänglich vorhandene Werkzeuggrundausstattung mit diversen Schraubenschlüssel und Zangen erweiterte ich sukzessive nach fortschreitendem Bedarf. Ebenso schaffte ich mir nach und nach Werkzeugmaschinen an, die zum Zerlegen, Entrosten, Reinigen und Aufbereiten von Teilen unerlässlich sind (z. B. Bohr-, Trenn- und Schleifmaschine).

Ein Jahr später folgte ein universaler Motorständer zum fachgerechten Befestigen und Zerlegen von Motor, Getriebe und der Achsen. Der Ständer leistet auch heute bei den Nachfolgeprojekten gute Dienste. Außerdem schaffte ich mir einen kleinen fahrbaren Werkbankwagen an, so dass bei schönem Wetter im Freien gearbeitet werden konnte.

Zugegeben, die Werkstatt war und ist auch heute nicht gerade üppig ausgestattet. Aber von Beginn an war ja geplant, dass wegen zeitlicher Einschränkung und fehlender praktischen Fertigkeiten bestimmte Gewerke von ausgewiesenen Fachbetrieben durchgeführt werden müssen. Außerdem konnte ich bei Arbeiten, die eine Hebebühne erfordern, zumindest zeitlich begrenzt auf den Freundeskreis zählen (z. B. Motor-, Getriebe- und Achsenausbau).

Nachdem Zsolt ab dem Jahr 2008 die Restaurierung unterstützte, war Werkzeug ohnehin kein Problem mehr. Er verfügt in seinem Betrieb über eine sehr gut ausgerüstete Werkstatt mit höchster Werkzeugqualität. Außerdem stehen Spezialwerkzeuge bereit, die für die Demontage und den Zusammenbau von den Antriebsaggregaten des 190 SL erforderlich sind.

Tipp: Gute Adressen für typenspezifisches Spezialwerkzeug sind die Markenclubs. Der Mercedes-Benz 190 SL-Club bietet beispielsweise für Club-Mitglieder einen kostenlosen Verleih an (siehe Info kompakt auf Seite 42).

Qualifizierung durch Selbststudium

Zwischen Restaurieren und Reparieren besteht ein enormer Unterschied. Das wurde bereits in »Was ist Restaurieren?« herausgearbeitet. Eine Ausbildung als Kfz-Mechaniker ist demnach nur zum Teil hilfreich. Man versteht die Technik und ist vertraut mit dem Zerlegen und Zusammenbauen von Fahrzeugkomponenten. Restaurieren erfordert dagegen weit mehr spezielle Fertigkeiten und Kenntnisse.

In diesem Zusammenhang ist es immer wieder erstaunlich, wenn Fahrzeuge von vermeintlich fachlichen Laien perfekt restauriert auf Oldtimerveranstaltungen glänzen. Vom Büroangestellten über Handwerker, Juristen bis zum Zahntechniker, Enthusiasten und Oldtimerliebhaber nahezu jeder Berufssparte können es grundsätzlich mit einer Restaurierung aufnehmen, vorausgesetzt man hat den Mut, die Liebe zum Detail, einen langen Atem und den festen Willen ans Ziel zu kommen. Freilich, ganz ohne Spezialisten kommen die wenigsten aus, und das galt auch für mich. Ich konzentrierte mich also mit der Eigenleistung auf die Dinge, die in Anbetracht der verfügbaren Freizeit und der Fertigkeiten möglich waren.

»Wer viel fragt lernt viel« und »Lesen bildet!« waren die Devise. Also erwarb ich erforderliche Kenntnisse durch einschlägige Literatur und den Kontakt mit Gleichgesinnten. Die verfügbare Literatur ist sehr vielfältig.

Vor allem beschäftigte ich mich mit den verschiedenen Möglichkeiten der Aufbereitung von Teilen und deren Vor- und Nachteile. Sandstrahlen, Glasperlenstrahlen, Schleifen oder Oberflächenvergütungen wie Verzinken, Pulverbeschichten und Verchromen waren im Fokus. Denn besonders bei der zeitintensiven Bearbeitung von Kleinteilen kann mit ein wenig Geschick viel Geld gespart werden. Über einen guten Freund hatte ich außerdem die Möglichkeit Kleinstteile selbst zu strahlen.

Tipp: Kleine Sandstrahlkabinen können für ein paar hundert Euro käuflich erworben werden. Außerdem bieten Sandstrahlfirmen die stundenweise Anmietung von Strahlkabinen an. Für große Teile sollte man allerdings einen Profi mit der Arbeit betrauen.

Unbedingt erforderlich sind außerdem die umfangreichen Werkstattinformationen von Mercedes-Benz wie Originalwerkstatthandbücher, Tabellenbücher und Ersatzteilkataloge. Sie wurden ursprünglich für das Fach- und Kundendienstpersonal der Mercedes-Benz-Werkstätten erstellt und sind heute auch von Privatkunden und Hobbyrestauratoren käuflich zu erwerben.

Das Werkstatthandbuch, als Druckversion oder CD verfügbar, beschreibt sehr genau viele Reparaturarbeiten in einzelnen Arbeitsschritten mit Hilfe von Zeichnungen, Fotos und Tabellen und enthält unter anderem auch Informationen zu Abmessungen von Verbindungselementen und Kleinteilen. Der Ersatzteilkatalog enthält fast alle Teilepositionen mit Ersatzteilnummern sowie übersichtliche Explosionszeichnungen. Als komplette Anleitung für eine Restaurierung oder Reparatur sind die Dokumentationen allerdings nicht geeignet.

Weitere wichtige Quellen waren die Bedienungsanleitung und das Wartungsheft sowie diverse Bücher und

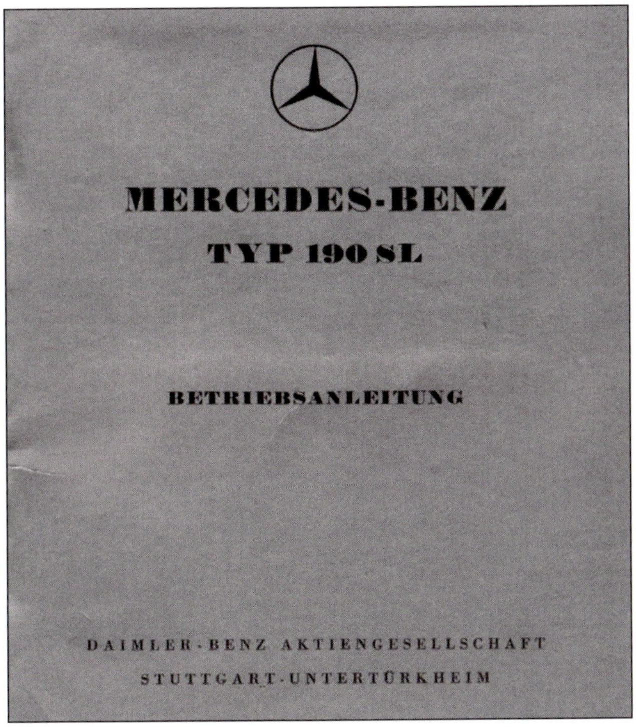

Bild 32: Unverzichtbare Werkstattinformation von Mercedes-Benz.

spezielle Artikel in Oldtimermagazinen rund um die Restaurierung (siehe Seite 218).

Als ständiger Begleiter und wahre Fundgrube bis heute ist die Publikation »Technik-Tipps« des Mercedes-Benz 190 SL-Club. Die Autoren haben in diesem Buch äußerst wertvolle Informationen rund um die Kaufberatung, Restaurierung, Reparatur und Pflege zusammengetragen. Besonders hilfreich sind die zahlreichen Insidertipps zur Instandsetzung und Verbesserung von Vergaser, Motor und weiteren Komponenten.

Äußerst wertvoll während der gesamten Restaurierungsphase und auch heute noch ist der persönliche Kontakt mit Gleichgesinnten und den Club-Mitgliedern des 190 SL-Club, die einen Tourensportwagen besitzen oder schon einmal eine Restaurierung selbst durchgeführt haben. Die Leistungen des Mercedes-Benz 190 SL Club können in der Info kompakt auf den Seiten 42 und 43 nachgelesen werden.

Bild 33: Technik-Tipps des Mercedes-Benz 190 SL-Club – ein wichtiges Nachschlagewerk für jeden Restaurator.

Info kompakt:

Der Mercedes-Benz 190 SL Club – Profil und Leistung

Als Ende der 70er Jahre die Oldtimerszene in Deutschland im Entstehen war, formierte sich eine Gruppe von Mercedes-Benz-Enthusiasten im Mercedes-Benz Veteranenclub von Deutschland (MVC) zu Liebhabern des damaligen Alt- und Gebrauchtwagen Mercedes-Benz 190 SL. Damals zählten Fahrzeuge mit selbsttragender Karosserie noch nicht zu den gesuchten Veteranenfahrzeugen, sondern der echte Oldtimerenthusiast bevorzugte Fahrzeuge mit separatem Fahrgestell, wie man es in vielen Fahrzeugen der Vor- und Nachkriegszeit fand. Eine kleine Gruppe im MVC war sich jedoch einig, dass der 190 SL zweifelsfrei zu den Zukunftsklassikern gehöre und sammelnswert sei.

So bildete sich die Sektion 190 SL im MVC, die bald ihre eigenen Aktivitäten planten. Nicht mehr lieferbare Ersatzteile wurden nachgefertigt und auch in anderen Technikbelangen half man sich gerne untereinander. Die Jahre vergingen und die Zahl der 190 SL-Liebhaber wuchs ständig an. Ladenburg am Neckar war lange Jahre das Mekka der Mercedes-Benz-Veteranenliebhaber. Mittlerweile hatten sich ca. 150 Besitzer des Tourensportwagens in der Sektion 190 SL zusammengefunden und man dachte über einen eigenständigen Club nach.

Unter dem damaligen Selektionspräsidenten Peter Siech vollzog sich 1989 der Wandel zum Mercedes-Benz 190 SL-Club e.V., dessen Mitglieder und Förderer es sich zur Aufgabe gemacht haben, den Mercedes-Benz 190 SL in seinem Originalzustand zu erhalten. In

Der Mercedes-Benz 190 SL-Club e.V. fördert und präsentiert regelmäßig auf Veranstaltungen Fahrzeuge im Originalzustand.

Schrauben und Fachsimpeln während eines »Schraubertags« im Club.

der Oldtimerblütezeit der 90er Jahre wuchs der Mitgliederstand ständig, so dass der Club unlängst das 750ste Mitglied begrüßen konnte.

Das äußere Erscheinungsbild des Clubs stellt sich heute sehr vielschichtig dar. Außer beim jährlichen Sommer- und Wintertreffen präsentiert sich der Verein auf den namhaften Ausstellungen, Veteranenmärkten sowie in einer eigenen Clubzeitung.

Die Mitglieder des 190 SL-Club erhalten pro Jahr vier Ausgaben der „190 SL Revue" mit interessanten Informationen und wertvollen Tipps rund um Technik, Reparatur, Spezialwerkzeuge und Ersatzteile für den 190 SL. Oldtimerfreunde berichten regelmäßig in Beiträgen über eigene Erfahrungen bei der Restaurierung. Außerdem veranstalten die Clubmitglieder monatlich lokale Stammtische im gesamten Bundesgebiet, bei denen man in gemütlicher Runde fachsimpeln kann. Weitere Informationen zur Mitgliedschaft und der Leistungen des Clubs findet man unter www.mercedes-benz190sl-club.de.

Der Vorstand des Mercedes-Benz 190 SL Club e. V.

Präsident:
Wilfried Steer
Wittinger Str. 154
29223 Celle
Tel.: 05141-930190
Fax: 05141-381787

1. Stellvertretender Vorsitzender:
Frank Erbeck
Luisenstr. 15
30938 Burgwedel
Tel.: 05139 7452
Fax: 05139 7452
E-Mail: f.erbeck@mercedes-benz190SL-Club.de

2. Stellvertretender Vorsitzender:
Benno Edelmann
Oststr. 6
53359 Rheinbach
Tel.: 02225 2196
E-Mail: BE190sl@t-online.de

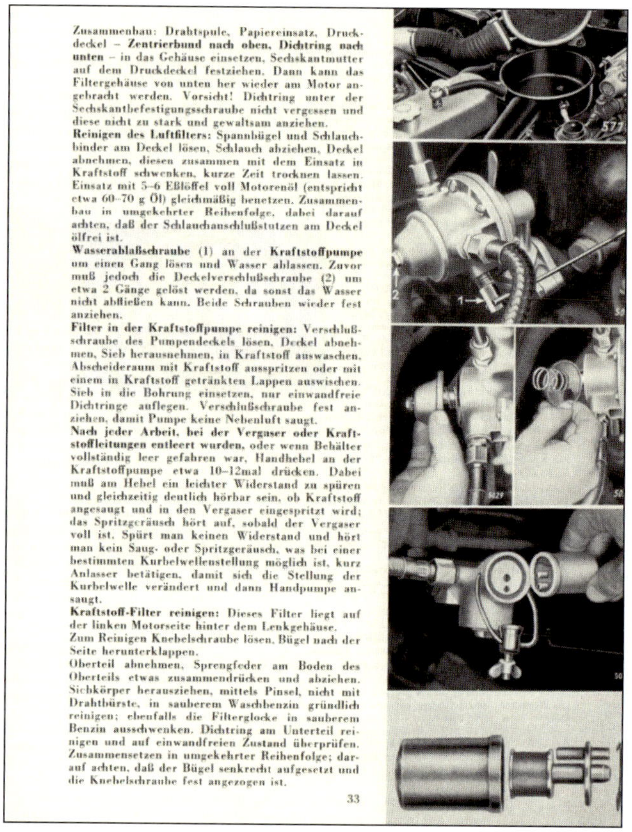

Zusammenbau: Drahtspule, Papiereinsatz, Druckdeckel – **Zentrierbund nach oben, Dichtring nach unten** – in das Gehäuse einsetzen, Sechskantmutter auf dem Druckdeckel festziehen. Dann kann das Filtergehäuse von unten her wieder am Motor angebracht werden. Vorsicht! Dichtring unter der Sechskantbefestigungsschraube nicht vergessen und diese nicht zu stark und gewaltsam anziehen.

Reinigen des Luftfilters: Spannbügel und Schlauchbinder am Deckel lösen, Schlauch abziehen, Deckel abnehmen, diesen zusammen mit dem Einsatz in Kraftstoff schwenken, kurze Zeit trocknen lassen. Einsatz mit 5–6 Eßlöffel voll Motorenöl (entspricht etwa 60–70 g Öl) gleichmäßig benetzen. Zusammenbau in umgekehrter Reihenfolge, dabei darauf achten, daß der Schlauchanschlußstutzen am Deckel ölfrei ist.

Wasserablaßschraube (1) an der **Kraftstoffpumpe** um einen Gang lösen und Wasser ablassen. Zuvor muß jedoch die Deckelverschlußschraube (2) um etwa 2 Gänge gelöst werden, da sonst das Wasser nicht abfließen kann. Beide Schrauben wieder fest anziehen.

Filter in der Kraftstoffpumpe reinigen: Verschlußschraube des Pumpendeckels lösen, Deckel abnehmen, Sieb herausnehmen, in Kraftstoff auswaschen. Abscheideraum mit Kraftstoff ausspritzen oder mit einem in Kraftstoff getränkten Lappen auswischen. Sieb in die Bohrung einsetzen, nur einwandfreie Dichtringe auflegen. Verschlußschraube fest anziehen, damit Pumpe keine Nebenluft saugt.

Nach jeder Arbeit, bei der Vergaser oder Kraftstoffleitungen entleert wurden, oder wenn Behälter vollständig leer gefahren war, Handhebel an der Kraftstoffpumpe etwa 10–12mal drücken. Dabei muß am Hebel ein leichter Widerstand zu spüren und gleichzeitig deutlich hörbar sein, ob Kraftstoff angesaugt und in den Vergaser eingespritzt wird; das Spritzgeräusch hört auf, sobald der Vergaser voll ist. Spürt man keinen Widerstand und hört man kein Saug- oder Spritzgeräusch, was bei einer bestimmten Kurbelwellenstellung möglich ist, kurz Anlasser betätigen, damit sich die Stellung der Kurbelwelle verändert und dann Handpumpe ansaugt.

Kraftstoff-Filter reinigen: Dieses Filter liegt auf der linken Motorseite hinter dem Lenkgehäuse.

Zum Reinigen Knebelschraube lösen, Bügel nach der Seite herunterklappen.

Oberteil abnehmen, Sprengfeder am Boden des Oberteils etwas zusammendrücken und abziehen. Siebkörper herausziehen, mittels Pinsel, nicht mit Drahtbürste, in sauberem Waschbenzin gründlich reinigen; ebenfalls die Filterglocke in sauberem Benzin ausschwenken. Dichtring am Unterteil reinigen und auf einwandfreien Zustand überprüfen. Zusammensetzen in umgekehrter Reihenfolge; darauf achten, daß der Bügel senkrecht aufgesetzt und die Knebelschraube fest angezogen ist.

33

Nach einer Erneuerung der Bremsbacken muß die vorverlegte Seilführungsscheibe jedoch dann wieder zurückgesteckt werden. Dieses Umstecken sollte möglichst in einer Kundendienstwerkstätte erfolgen.

Schlußkontrolle: Wenn die Bremsen gelöst sind, muß der Wagen beim Auslaufen ohne Ruck stehenbleiben. Es darf auch keine wesentliche Erwärmung bemerkbar sein, wenn Sie nach einer Fahrt von mehreren Kilometern, bei der nicht gebremst wurde, die Räder abfühlen.

Räder

Schmierung der Vorderradlager

Zierdeckel mit dem abgeflachten Ende des Radmutternschlüssels abnehmen und die dadurch freigegebene Radkappe abziehen (Sonderwerkzeug). Radkappe mit Fett füllen und aufdrücken, wodurch das Fett zu den Kugellagern gedrückt wird. Radkappe und Zierdeckel aufsetzen.

Schmierung der Hinterradlager erfolgt durch eine Fettfüllung, die nur etwa alle 100 000 km ergänzt zu werden braucht.

Radwechsel

Ersatzrad, Wagenheber sowie ein Schlüssel, der als Radmutternschlüssel und zum Abnehmen des Radzierdeckels dient, liegen im Kofferraum. Vor dem Radwechsel zuerst Handbremse ziehen. Der Radwechsel soll möglichst nicht an einer Stelle erfolgen, an der der Wagen sehr stark nach einer Seite geneigt ist. In Steigungen den Wagen durch Unterklotzen der Räder gegen Abrollen sichern. Radzierdeckel abziehen, Radmuttern lockern, jedoch noch nicht abschrauben. Wagenheber in der zugehörigen Radheberstütze neben jedem Rad so ansetzen, daß der federnde Einsteckbolzen an der unteren Nase des Wagenhebers aufliegt; **der Wagenheber muß also schräg nach außen stehen,** auf keinen Fall darf versucht werden, ihn senkrecht zu stellen, sonst drückt beim Hochheben sein oberes Ende in die Karosserie. Wagen hochwinden bis Rad frei läuft. Radmuttern abnehmen und Rad abziehen. Neues Rad mit Hilfe der Montiergabel, die im Werkzeug enthalten ist, wie folgt aufsetzen: Montiergabel durch zwei obere Radbefestigungslöcher hindurchstecken, über die entsprechenden Schrauben an der Bremstrommel einführen; unter Gegenhalten des Fußes Rad mit der Montiergabel anheben und vollends aufsetzen.

Bei gewissen Reifen darauf achten, daß die richtige Laufrichtung des Reifens (durch einen Pfeil auf der Reifendecke gekennzeichnet) eingehalten wird.

Alle Radmuttern aufschrauben, aber noch nicht festziehen. Wagenheber ablassen, Radmuttern, eine über die andere, vollständig festziehen. Reifendruck richtigstellen (s. S. 39). Beschädigte Reifen schnell wieder instandsetzen lassen.

37

Unterstützung durch den Fachbetrieb

Für bestimmte Gewerke stand im Vorfeld bereits fest, dass ich sie an Fachbetriebe vergeben werde. Dazu gehörten der gesamte Bereich der Karosserie- und Blecharbeiten, Fahrzeuglackierung, sämtliche Galvanikarbeiten wie Verzinken und Verchromen und die Sattlerarbeiten. Das Strahlen mit Glasperlen sowie Entrosten und Entlacken von Kleinteilen übernahm ich in der Anfangsphase weitgehend selbst. Ein Freund stellte mir dazu eine kleine Sandstrahlkabine zur Verfügung, mit der ich empfindliche Teile wie die Vergaserkomponenten mit Glasperlen bei niedrigen Drücken schonend strahlen konnte. Die großen Teile wie Achskörper, Getriebegehäuse etc. überließ ich später einem professionellen Strahlbetrieb.

Welche Arbeiten in Eigenleistung erbracht werden können und welche besser im Hinblick auf Qualität, Sicherheit und das begrenzte Zeitkonto vergeben werden sollten, stellte sich nach und nach mit dem Fortschritt des Projektes heraus. Einen guten Überblick darüber ergab sich erst nach der kompletten Fahrzeugzerlegung mit der sorgfältigen Analyse der Schäden.

In den ersten zwei Jahren, beginnend von Herbst 2005, nahm ich für die Aufbereitung der zahlreichen Kleinteile von einer Fachfirma für Sandstrahlarbeiten und einem Galvanik-Betrieb professionelle Hilfe in Anspruch. Die örtliche Nähe war von Vorteil, insbesondere dann, wenn das Oberflächenbild der Teile nach dem Strahlen nicht optimal war und ich deshalb mit erneutem Schleifen und Polieren vor dem Verzinken oder Verchromen nacharbeiten musste. Selbes galt für die Vorarbeit vor der Kunststoffbeschichtung diverser Achsteile.

Ab Januar 2008 bis zur Fertigstellung im Juni 2009 sollte sich dann für das gesamte Projekt eine entscheidende Wendung ergeben. Es folgte ein umfangreicher Fremdauftrag an die Firma Motor Classic in Ungarn für Karosseriearbeiten sowie Arbeiten an der Fahrzeugtechnik einschließlich der Endmontage. Wie es dazu kam, wird im Folgenden kurz beschrieben.

Bereits Ende 2006 begann ich mit der Suche nach einem geeigneten Fachbetrieb für die Karosseriearbeiten und Fahrzeuglackierung. Eine gewöhnliche Karosseriewerkstätte ohne spezifische Erfahrung für den

Mercedes 190 SL kam dabei selbstverständlich nicht in Frage. Dazu waren einerseits die bis dahin offensichtlich gewordenen Korrosionsschäden zu massiv und andererseits ist die 190 SL-Karosserie mit seinen Alu- und Stahlblechelementen besonders komplex.

Es bedurfte also unbedingt Experten, die bereits einschlägige Erfahrung mit der Vollrestaurierung genau für diesen Typ nachweisen konnten, bis hin zur Totalzerlegung von Chassis und Rahmen (so genannte »Frame off«-Restaurierung). Gleichzeitig sollten die Kosten für mein Budget erschwinglich sein. Die mittlerweile offenen Grenzen ohne Hürden für Zoll innerhalb der Europäischen Gemeinschaft kamen mir bei der Suche entgegen. In den osteuropäischen Nachbarländern haben sich heute Firmen mit großen handwerklichen Fertigkeiten für bestimmte Gewerke etabliert.

Über Internetrecherche, diverse Insidertipps und den Besuch auf Oldtimer-Messen wurde ich zunächst im Nachbarland Polen fündig. In einer landschaftlich sehr reizvollen Gegend, etwa 150 km östlich von Stettin befindet sich ein 190 SL-Spezialist, der in den letzten Jahren mehrere dieses Fahrzeugmodells teil- und vollrestauriert hat mit hervorragenden Ergebnissen. Auch die ersten Angebote anhand von Bildern für Karosserie- und Lackierarbeiten einschließlich Arbeitsstunden und Ersatzteile wären mit meinem Geldbeutel gut vereinbar gewesen. Also planten wir unseren familiären Sommerurlaub 2007 mit einem Abstecher von Süddeutschland nach Polen in die Nähe von Stettin. Die Fahrt für die 1100 Kilometer weite Strecke dauerte etwa 14 Stunden und war mit einer Übernachtung in Berlin in zwei Tagen gut machbar. Obwohl die Besichtigung der Werkstatträume mit mehreren Fahrzeugen in verschiedenen Restaurierungszuständen überzeugend war, standen dann doch zeitliche Engpässe bei der Firma dagegen, die Karosseriearbeiten dort durchführen zu lassen. Ein wenig entmutigt machte ich mich also erneut auf die Suche nach einem geeigneten Fachbetrieb.

Im Winter 2007 zwischen Weihnachten und Neujahr entdeckte ich schließlich eine kleine einschlägige Anzeige der Firma Motor Classic in der Zeitschrift Oldtimer Markt. Nach einem längeren Telefonat zu mehreren Details rund um die Voll- und Teilrestaurierung mit Zsolt Nagy erkannte ich sofort seine besondere Kompetenz in Sachen Mercedes 190 SL. Zwei Tage später machte ich mich bereits auf den Weg nach Ungarn. Környe war das Ziel, ein kleiner beschaulicher Ort in der Nähe von Tata, etwa 50 km westlich von Budapest. Die Fahrzeit von München für die rund 600 km auf der Autobahn dauerte nur etwa sechs Stunden. Nicht zuletzt deshalb, weil Ungarn EU-Land ist und seit geraumer Zeit das Schengener Abkommen gilt und es deshalb keine Grenz- und Zollkontrollen mehr gibt.

Insgesamt also gute Voraussetzungen, um eventuell während der laufenden Restaurierungsarbeiten Projektfortschritte und das weitere Vorgehen vor Ort zu besprechen. Zudem überzeugte mich die Besichtigung der Firma. In zwei getrennten Werkstätten für Spengler- und Montagearbeiten waren zwölf Mitarbeiter mit verschiedenen Gewerken beschäftigt. Zsolt zeigte mir sechs verschiedene Mercedes 190 SL in unterschiedlichen Restaurierungszuständen von beginnender Karosserieinstandsetzung bis hin zu einem fast fertig gestellten silberfarbenen Mercedes 190 SL, der in einem von mir bis dahin nur selten gesehenen perfekten Zustand glänzte. Zahlreiche Bilder von weiteren Referenzfahrzeugen und einige Bestplatzierungen bei Concours d'Elegance-Veranstaltungen waren ebenso überzeugend.

Bild 34: Die Referenz überzeugte – über 30 Mercedes 190 SL wurden in den letzten Jahren bei Zsolt restauriert.

Mit dem ersten Besuch war der Entschluss bereits gefasst. Die Restaurierung der Karosserie und der Chromteile wird bei Zsolt in Auftrag gegeben. Der Rest war denkbar einfach. Mit einem schriftlichen Vertrag vereinbarten wir die wichtigsten Eckpunkte wie Arbeitsumfang, Restaurierungskosten, vorläufigen Fertigstellungstermin und Bezahlungsmodus mit Teilvorauszahlung für Teile und Arbeit. Die Ersatzteilkosten für Blechteile wurden dabei vorläufig nach den Erfahrungen von Zsolt festgelegt. Bereits eine Woche später in der ersten Januarwoche 2008 wurde die Rohkarosserie zusammen mit dem fahrbaren Gestell von einer Spedition abgeholt und nach Ungarn geliefert.

Nachdem ich dann in den folgenden Monaten den Projektfortschritt an der Karosserie und den Chromteilen mit Begeisterung verfolgte – Zsolt schickte mir wöchentlich Bilder per E-Mail –, ergaben sich neue Perspektiven hinsichtlich der Qualität der Restaurierung. Mit der handwerklichen Unterstützung durch Zsolt wäre sogar ein Fahrzeug im Bestzustand 1 erreichbar, freilich zu höheren Kosten, die sich aber in der Endbilanz positiv im Wert des Fahrzeuges niederschlagen würden. Also vereinbarten wir einen neuen Werkvertrag mit folgenden angepassten Zielsetzungen: Vollrestaurierung des Fahrzeuges auf der Basis der bislang erfolgten Teilrestaurierung, insbesondere der Motor-, Getriebe- und Achsteile mit Fertigstellungstermin im Frühjahr 2009. Also sogar ein Jahr früher als ursprünglich geplant. Gleichzeitig vereinbarten wir, dass ich den Zusammenbau des Fahrzeuges in Ungarn je nach zeitlichen Möglichkeiten handwerklich unterstützen und begleiten darf. Damit war zumindest ein wenig die »Schrauber-Leidenschaft« befriedigt.

Fahrzeugzerlegung

Jede Restaurierung beginnt mit dem Zerlegen des Fahrzeugs in seine Hauptkomponenten. Entsprechend der zur Verfügung stehenden Zeit tastete ich mich damals langsam vor und zerlegte erst einmal im Alleingang den Teilbereich, der in und vor einer Einzelgarage ohne Hebebühne möglich war. Die Arbeiten umfassten beispielsweise den Ausbau der äußeren Chromteile wie Stoßstangen, Frontgrill, Türschlösser, Türgriffe sowie die gesamte Beleuchtungseinheit und den gesamten Windschutzscheibenrahmen.

Auch im Motorraum demontierte ich diverse von oben gut zugängliche Teile wie Kühler, ATE-Bremsgerät, beide Heizungskästen, den Scheibenwischermotor mit Gestänge sowie Bauteile des Motors wie Luftfilter, Benzinpumpe, Lichtmaschine und die Sauganlage mit den beiden Flachstromregistervergaser. Schmutzempfindlich darf man bei dieser Arbeit freilich nicht sein, denn natürlich haben sich in den letzten fünfzig Jahren überall hartnäckige säure- und ölhaltige Substanzen angelagert.

Die Innenausstattung ließ sich ebenso ohne die Zuhilfenahme einer Hebebühne ausbauen. Demontiert wurden die Türeneinbauten mit den Seitenscheiben und allen Beschlägen, das Armaturenbrett mit den Instrumenten und Schalter, die Sitze, das Verdeckgestänge und die Teppiche.

Die eine oder andere Schraube oder Mutter war dabei so festgerostet, dass sie entweder abgerissen ist oder der Sechskantkopf der Schraube rund wurde. In beiden Fällen musste ausgebohrt und die Gewinde nachgeschnitten werden. Insgesamt gesehen waren wir aber doch verblüfft darüber, dass sich über 90 Prozent der Schrauben und Muttern auch nach über einem halben Jahrhundert noch gut öffnen ließen.

Beim Entfernen der hölzernen Bodenplatten, den Verkleidungen und den Dämmmaterialien – damals noch aus kratzender Glasfaserwolle gefertigt – offenbarte sich ein schauerliches Bild. Nicht nur die zentimeterdicke Spachtelmasse und die nach amerikanischer Manier improvisierte Reparatur mit genieteter Bodengruppe wurden sichtbar, sondern auch diverse Kadaverreste von Kleintieren und Ratten- oder Mäusekot kamen zum Vorschein.

Partout kein appetitlicher Anblick. Aber für das Autowrack schlimmer war wohl nur noch der kapitale Unfallschaden, der sich bei der näheren Betrachtung des vorderen linken Längsrahmens zeigte. Der massive Knick im Rahmen war ein klares Zeichen dafür, dass einer der Vorbesitzer einmal eine heftige Kollision gegen die linke Fahrzeugfront erlebt hatte. Entsprechend der Verformung bis in den Rahmen muss das mindestens den Austausch des vorderen linken Kotflügels und einen Teilersatz der Frontmaske zur Folge gehabt haben. Darauf deuteten auch die verpfuschten Schweißnähte an den beiden vorderen Lampenausschnitten hin. Eines war damit klar: Unser Tourensportwagen hat während seiner bereits über ein halbes Jahrhundert andauernden Lebenszeit so einiges erlebt.

Nachdem die ersten Zerlegarbeiten im oberen Bereich abgeschlossen waren und langsam aber sicher winterliche Temperaturen einkehrten, wurde das Fahrzeug im November 2005 zur Überwinterung in eine angemietete gut belüftete, trockene Halle verbracht. Damit war erst mal Ruhe mit der Fahrzeugzerlegung und ich widmete mich im Kellerraum den einzelnen ausgebauten Baugruppen im Detail.

Bild 35: Knick im Rahmen – trotz zentimeterdicker Spachtelmasse ist hier eindeutig der Unfallschaden zu erkennen.

Bild 36: Die erste Etappe ist geschafft! Ab ins Winterlager – Motor, Getriebe und Achsen sind noch eingebaut.

Die zweite Etappe der Fahrzeugzerlegung erfolgte nach der Winterpause, beginnend im Mai 2006. Jetzt war vor allem eine Hebebühne erforderlich, damit die Achsen mitsamt der Antriebseinheit, bestehend aus Motor und Getriebe, komfortabel ausgebaut werden können. Von großem Vorteil war, dass mein Arbeitgeber kurzfristig mit den Räumlichkeiten aushelfen konnte. In gerade mal eineinhalb Tagen Arbeit einschließlich sorgfältiger Dokumentation und trotz erschwerter Bedingungen (festgerostete Schrauben und Muttern) wurden die Vorderachse zusammen mit Motor und Getriebe sowie die komplette Hinterachse ausgebaut.

Bild 37: Vorderachse mit Motor und Getriebe nach dem Ausbau auf der Hebebühne.

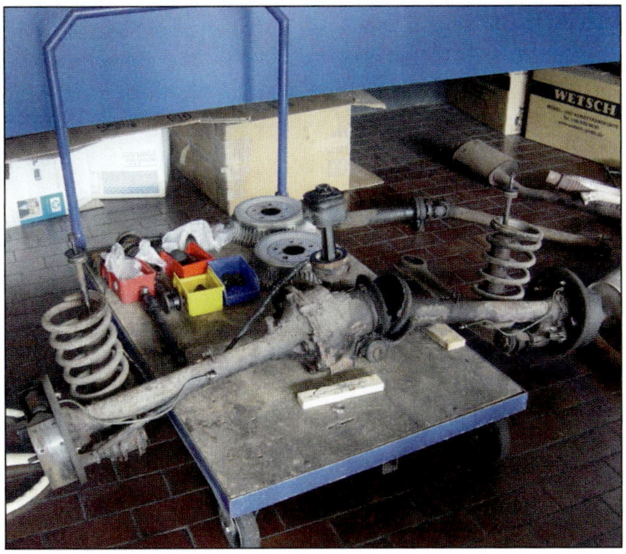

Bild 38: Eingelenkpendelhinterachse nach dem Ausbau auf der Hebebühne.

Mit der löblichen Unterstützung meiner Arbeitskollegen wurde außerdem ein stabiles Stahlgestell auf vier Rollen angefertigt, das maßgenau mit den Aufhängungspunkten der Vorder- und Hinterachse verschraubt werden konnte. Damit war die komplette Karosserie verschiebbar und konnte erst einmal in eine Waschhalle zur gründlichen Reinigung mit dem Dampfstrahler verbracht werden. Nachdem die Öl- und Fettschichten vor allem vom Unterboden und dem Motorraum entfernt waren, wurde die Karosserie mit einem Autoanhänger – selbstverständlich gut gesichert – wieder zurück in meine Einzelgarage transportiert.

Jetzt mussten nur noch ein paar Kleinteile von oben und unten ausgebaut werden, wie diverse Halter, Klammern, Bremsleitungen und der gesamte Kabelbaum. Mit Hilfe des Stahlgestells waren diese Arbeiten bequem durchführbar, bis am Ende nur noch die Rohkarosserie dastand.

Ein mehr oder weniger großes braunes Stück Rost tat sich da vor mir auf. Nach dem vollständigen Ausbau aller Aggregate und der gründlichen Reinigung war der massive Rostbefall erst so richtig sichtbar geworden. Gleichzeitig wurden jetzt die dilettantischen Restaurierungsversuche mit zentimeterdicker Spachtelmasse und genieteten Blechen erkennbar. Der bevorstehende enorme Arbeitsaufwand für die professionelle Restaurierung der Karosserie mit Bodengruppe wurde zu diesem Zeitpunkt noch deutlicher. Hier kann nur ein Profi mit besonderen fachlichen und handwerklichen Fähigkeiten für diesen speziellen Mercedes-Typ helfen. Alles andere würde zum Desaster führen. Man stelle sich nur einmal vor, die gesamte Technik- und Innenausstattung wäre perfekt restauriert in eine krumme Banane eingebaut worden. Unverantwortlich, aber bedauerlicherweise kommt das in der Praxis immer wieder vor.

Bild 40: Nach der Unterbodenreinigung wurden der massive Rostbefall und die laienhaften Restaurierungsversuche sichtbar.

Bild 39: Rohkarosserie auf rollbarem Stahlgestell.

Dokumentation und Befund der Baugruppen

Mancher wird sich vielleicht beim Lesen des vorangegangen Kapitels gefragt haben, warum das Zerlegen des Fahrzeuges so lange gedauert hat. Immerhin ist dabei fast ein Jahr vergangen und rund 300 Stunden wurden aufgewendet. Hier muss selbstverständlich berücksichtigt werden, dass der größte Teil der Zeit für die Dokumentation, die erste Schadenanalyse und systematische Ablage der Teile aufgewendet wurde. Dies war vor allem deshalb so wichtig, weil zwischen dem Zerlegen und Wiederzusammenbauen mehrere Jahre vergehen sollten und ich keinerlei Erfahrung mit diesem Fahrzeugtyp hatte. Demzufolge war es natürlich erforderlich, sehr sorgfältig jeden Arbeitschritt beim Demontieren der Baugruppen zu fotografieren und schriftlich – zum Teil mit Skizzen – zu dokumentieren. Konkret am Beispiel »Ausbauen des ATE-Bremsgeräts« verdeutlicht heißt das:

1. Unterdruckleitung vom Fahrerfußraum her herausschrauben und lösen
2. Rückschlagventil vom Bremsgerät herausschrauben
3. Bremslichtschalter abklemmen
4. Bremsleitungen abschließen
5. alle vier Bügel sowie vordere und hinteren Halter abschrauben
6. Bremsgerät herausnehmen

Jeder dieser Arbeitsschritte wurde fotografisch festgehalten sowie alle Verbindungselemente wie Schrauben, Scheiben, Muttern, Federringe, Splinte, Sicherungsringe etc. akribisch genau vermessen und mit Hilfe der Beschreibungen und Explosionszeichnung im Werkstatthandbuch oder der Ersatzteilliste abgeglichen.
Ebenso von besonderer Bedeutung sind Fotos und die genaue Dokumentation von Kabelverbindungen. Zwar ist die Elektrik im Mercedes-Benz 190 SL durchaus überschaubar und man könnte sich wohl auch anhand des Schaltplans zurechtfinden, allerdings vereinfacht eine genaue Fotodokumentation, anhand derer die Zuordnung der Kabel möglich ist, den Zusammenbau erheblich.

Dieselbe Vorgehensweise bei der Dokumentation erfolgte später auch beim Zerlegen der einzelnen technischen Baugruppen wie Motor, Getriebe oder Achsen. Bei zahlreichen Teilen wie zum Beispiel dem Verdeck, dem Heizungshebelwerk oder der Scheibenwaschpumpe gibt es dazu weder im Werkstatthandbuch noch im Ersatzteilkatalog detaillierte Beschreibungen über die Teileabmessungen und den Aus- und Einbau.

Dort war die Dokumentation dann besonders wichtig, wobei es sich gleichzeitig anbot, die Maße von Kleinteilen zusätzlich im Foto festzuhalten, damit später die Zuordnung erleichtert wird (vgl. Bild 43).

Bild 41: Fotografische Dokumentation am Beispiel ATE-Bremsgerät – manchmal hilft ein Fingerzeig.

Bild 42: Kabelstrangzentralverbindung im Fußraum – Fotos helfen später Kurzschluss zu vermeiden.

Bild 43: Fotodokumentation, Maß nehmen und Skizze zugleich – so findet man später die Teile wieder.

Bild 44: Ordnung ist das halbe Leben.

Bevor die Teile der Baugruppe thematisch in Behältnisse abgelegt worden sind, erfolgten stets auch eine gründliche Vorreinigung der Einzelteile (meist schonend mit Bremsenreiniger) und die Konservierung mit Öl, um weiterer Korrosion entgegenzuwirken.
Insgesamt entstanden so Hunderte von Digitalbildern und ein großes handschriftliches Skizzenheft, das sich später als eine sehr wichtige Ergänzung zur vorhandenen Werkstattliteratur erweisen sollte. Im Übrigen kamen beim Vergleich mit dem Originalwerkstatthandbuch von Mercedes und dem Original-Ersatzteilkatalog unzählige handwerkliche Fehler, Fehlmontagen und Improvisationen zum Vorschein, die unser Tourensportwagen im Rahmen von Reparaturen und Wartungen während des über fünfzigjährigen Fahrzeuglebens erdulden musste. Angefangen von falschen Schrauben, Muttern und Kleinteilen bis hin zur unfachmännischen Reparatur der Bodengruppen mit genieteten Blechen war wirklich alles vertreten. Krönung des Murkses war eine Getriebereparatur vom Innenraum aus. Dabei haben die »Spezialisten« einfach ein Stück Blech aus der Bodengruppe im Bereich des Getriebedeckels herausgeschnitten, um sich den Ausbau des Getriebes zu sparen.

Warum die Dokumentation von so zentraler Bedeutung ist, wird auch dann deutlich, wenn man sich die Mühe macht, die Teile zu zählen. Ein einzelner Solex-Vergaser besteht beispielsweise aus rund 200 Einzelteilen. Zählt man alle Teile einzeln, die wir während der gesamten Zeit von vier Jahren irgendwann mal in der Hand hielten und akribisch in der Befundliste aufzeichneten, einschließlich aller Kleinteile wie Schrauben, Splinte und Muttern, waren es sogar rund 5000 Einzelteile (vgl. Tabelle 6Seite 125).

Apropos Befund und Befundliste: Für die Dokumentation und den Befund äußerst hilfreich war eine selbst erstellte Excelliste, bei der wir für jedes einzelne Teil den Zustand und die jeweilige Restaurierungsmaßnahme festgehalten haben. Bild 46 zeigt einen Auszug dieser Liste am Beispiel der Baugruppe »Saugrohr und Auspuffkrümmer«. Für jede dieser Baugruppen und die dazugehörenden Teile wurden, soweit vorhanden, Ersatzteilnummer aus dem Originalersatzteilkatalog aufgelistet oder bei Verbindungselementen alternativ die Abmessungen eingetragen. Außerdem enthält die Liste die Bildnummer des Ersatzteilkatalogs und/oder eine Fotonummer der selbst angefertigten Digitalbilder. In die Tabelle wurde außerdem der Zustand des jeweiligen Teiles mit folgenden Merkmalen eingetragen: fehlt, zerstört, korrodiert, beschädigt, defekt, nicht fachgerecht oder in Ordnung (siehe Bild 47, Spalten 8 bis 13).

Die Befundliste enthält zudem Spalten für durchzuführende Restaurierungsmaßnahmen (siehe Bild 47, Spalten 14 bis 20). In diesen Spalten wurde eingetragen, ob ein Bauteil aufbereitet, instand gesetzt, neu angefertigt, gestrahlt, verzinkt, lackiert oder verchromt werden soll. Teile, die ersetzt werden müssen, wurden ebenso dokumentiert. Hierzu dienen die Kategorien in den Spalten 21 bis 23 neues Originalteil, gebrauchtes

Originalteil, originalgetreues Teil (Nachfertigung). In der letzten Spalte wurden letztlich Besonderheiten festgehalten, die zum Zustand des Teils oder für die Restaurierungsmaßnahmen von Bedeutung sind. Beispiele dafür sind Besonderheiten zum Einbau oder zur Oberflächenbehandlung.

Bild 45: Ein einzelner Solex-Registervergaser des 190 SL besteht aus rund 200 Einzelteilen (hier im Bild Teile bereits restauriert).

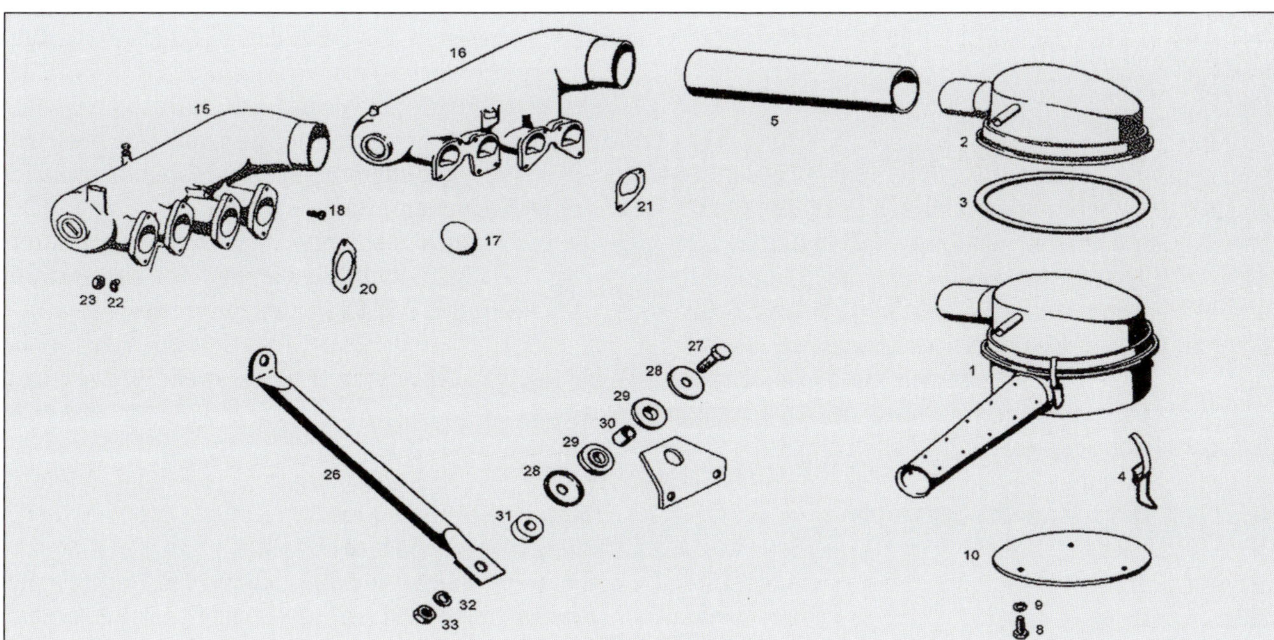

Bild 46: Explosionszeichnung für Baugruppe Saugrohr und Auspuffkrümmer (Auszug aus Original-Ersatzteilkatalog für Mercedes-Benz 190 SL).

Baugruppen Nr.	Teile- /Baugruppenbezeichnung	Ersatzteil-Nr. aus Ersatzteilkatalog	Bild-Nr. Ersatzteilkatalog	Foto-Nr.	Menge	Einheit	fehlt	zerstört	Korrosion	beschädigt/defekt	nicht fachgerecht (1	in Ordnung	aufbereiten	instandsetzen	anfertigen	strahlen	verzinken	lackieren	verchromen	neues Originalteil	gebrauchtes Originalteil	originalgetreues Teil	Besonderheiten
14	**Saugrohr und Auspuffkrümmer**																						
14	Saugrohr	121 140 06 01	1		2	Stk			x				x			x							Dichtflächen planen
14	Verschlussschraube	000 997 62 32	2		2	Stk			x				x			x	x						gelb verzinken
14	Stutzen	121 141 01 08	3		1	Stk		x	x								x			x			gelb verzinken
14	Dichtkegel	000 990 07 67	4		2	Stk		x												x			
14	Schraube	121 141 00 71	5		2	Stk		x									x			x			gelb verzinken
14	Verschlussschraube	000 997 06 32	6		2	Stk			x							x	x						gelb verzinken
14	Anschlußstück	121 429 00 39	7		1	Stk			x	x			x			x	x						gelb verzinken
14	Dichtring	007 603 022 100	8		3	Stk		x												x			
14	Anschlußstück	121 203 00 08	9		3	Stk		x									x			x			gelb verzinken
14	Dichtring	007 603 022 100	10		5	Stk			x													x	Kupferring
14	Verschlussschraube	7604022102	12		3	Stk			x	x			x			x	x						gelb verzinken
14	Schlauch	900271 012018	13		0	m		x														x	
14	Leitung	121 200 02 54	15		1	Stk		x										x		x			gelb verzinken

Bild 47: Liste für Baugruppen- und Teilebefund (Auszug für Baugruppe Saugrohr und Auspuffkrümmer).

Auch wenn der Aufwand der Dokumentation mit dieser Liste entsprechend groß war, zeigte sich doch ein erheblicher Nutzen für den weiteren Projektverlauf. Wir hatten damit stets einen guten Überblick über die Teile, die noch bearbeitet oder angeschafft werden mussten.

Mit den Filterfunktionen von Excel war außerdem mit ein paar Tastenkombinationen feststellbar, welche Teile verchromt, weiß verzinkt, gelb verzinkt oder lackiert werden müssen. Ebenso war die Dokumentation der Fotonummer oder der Nummer im Ersatzteilkatalog mit genauen Maßen der Kleinteile beim späteren Zusammenbau der Baugruppen eine unverzichtbare Hilfe. Nicht zuletzt ist die Teileliste heute wichtiger Bestandteil der Restaurierungsdokumentation.

Beschaffung von Ersatzteilen

Die Versorgung von Ersatzteilen kann heute beim Mercedes 190 SL als besonders gut bezeichnet werden. Wenn auch zum Teil zu hohen Preisen, sind für das gefragte Tourensportfahrzeug über 90 Prozent der Bauteile erhältlich. Über das Classic Center in Fellbach und die Mercedes-Niederlassungen ist ein umfassendes Sortiment von Original- und Nachbauteilen mit den höchsten Qualitätsmaßstäben erhältlich. Außerdem gibt es in Europa und in den USA eine Reihe freier Ersatzteilversorger, die sich auf Ersatzteile für Mercedes-Benz-Veteranen spezialisiert haben. Ein großes Sortiment an Ersatzteilen für Mercedes Oldtimer bieten beispielsweise die Firmen Niemöller in Mannheim und SLS in Hamburg. Beide Firmen haben einen Internetvertrieb mit ausführlichem Internetkatalog und verkaufen sowohl Originalteile als auch Nachfertigungen für den Mercedes 190 SL.

Entsprechend der ersten vorläufigen Zielsetzung, einen 2er-Zustand zu erreichen, erwarb ich die Teile sukzessive nach folgender grober Regel:

1. Wenn das Teil noch hinreichend gut für einen 2er-Zustand ist, dann aufbereiten.
2. Wenn das Teil beschädigt, zerstört oder nicht vorhanden ist, dann Originalteil beim Hersteller oder einschlägigen Ersatzteilmarkt besorgen.
3. Wenn das Originalteil unverhältnismäßig teuer ist oder ein originales Neuteil nicht verfügbar ist,

dann Beschaffung am Gebrauchtersatzteilmarkt oder Ersatz durch Nachbau mit guter Qualität.

Im Zuge der Restaurierungsvereinbarungen übernahm ab Januar 2008 vor allem Zsolt die Ersatzteilbeschaffung mit denselben Regeln, allerdings mit dem erhöhten Ziel, für jedes Teil einen 1er-Zustand zu erreichen. Als besonderer Vorteil stellte sich hierbei ein weiteres Mal die Erfahrung mit zahlreichen Vollrestaurierungen von 190 SL-Modellen dar. Dort ist die unterschiedliche Qualität der Ersatzteile verschiedener Teilelieferanten bekannt. Zum Beispiel wurden Sicherheitsbauteile sowie Gummiteile und Dichtungen nur original von Mercedes bezogen, da minderwertige Nachfertigungen von anderen Anbietern die Gefahr in sich bergen, ungenügend öl-, temperatur- oder witterungsbeständig zu sein. Nicht nur Versprödung, sondern auch Folgeschäden an Baugruppen könnten auftreten.

Restaurierung der Baugruppen

Kommen wir nun zu den einzelnen Baugruppen. Wie bereits weiter oben schon erwähnt, wollen und können wir hier nicht das Zerlegen und Zusammenbauen jeder Komponente im Detail wiedergeben. Dies kann zum Großteil in den einschlägigen Werkstatthandbüchern nachgelesen werden. Unser Anliegen ist es, vor allem ergänzende Informationen zur Restaurierung der Baugruppen zu liefern. Wir beschränken uns also im Wesentlichen auf die Beschreibung der vorgefundenen Schäden, deren Behebung und bemerkenswerte Details zur Restaurierung.

Bei unserem sportlichen Reisefahrzeug der 50er-Jahre gibt es wahrlich nicht selten historisch Interessantes zu den Baugruppen und Bauteilen zu berichten, auch wenn unter dem Blech eher Hausmannskost zu finden ist. Die solide Allerweltstechnik war damals aber gerade der Erfolgsbringer. Und so manche Innovation hatte der 190 SL auch zu bieten. Die Hinterachse in der Ausführung als Eingelenkpendelachse war zweifellos das »Nonplusultra« jener Zeit. Solche und viele andere bemerkenswerte geschichtliche Details heben wir gerne an den entsprechenden Stellen gesondert hervor.

Rahmen und Karosserie

Beim Mercedes 190 SL sorgt eine selbsttragende Rahmenbodenanlage für Stabilität. Die Bodengruppe baut dabei auf jener der legendären Limousine vom Typ 180 (W120) auf, die 1953 bei Mercedes erstmals als selbsttragende Karosserie in Pontonform konstruiert wurde. Zur damaligen Zeit war das eine echte Sensation, denn bei den vorherigen Mercedes-Modellen waren Stahlrahmen (Leiterrahmen und Varianten davon) und Karosserie stets trennbar miteinander verschraubt. Außerdem besaßen die Vorgängermodelle durchweg nach außen freistehende Kotflügel. Nicht jeder der zum Teil konservativen Mercedes-Käufer war mit der radikalen Formveränderung sofort einverstanden.

Der Vorteil der selbsttragenden Struktur liegt auf der Hand. Die komplette Rahmen-Bodenanlage ist mit Wellentunnel, Längs-, Querträgern, Vorder- und Hinterachsträgern sowie Kofferraumboden und Radkästen fest zu einer Plattform verschweißt und besitzt damit große Verwindungssteifigkeit und eine tiefe Schwerpunktlage. Durch die Profilierung des Stahlbleches erhöht sich die Steifigkeit zusätzlich und sorgt gleichzeitig für eine verhältnismäßig leichte Bauweise.

Für die Restaurierung von Rahmen und Karosserie sollte dies allerdings eine Herausforderung werden, zumal sich die Konstruktion beim 190 SL erheblich komplexer darstellt als bei Fahrzeugen mit separaten Rahmenkonstruktionen. Pauschal gilt das aber nicht, wie auf Seite 205 nachzulesen ist.

Die komplette Rohkarosserie, montiert auf dem Rollgestell, wurde Anfang Januar 2008 mit einer Spedition zu Zsolt nach Ungarn verbracht. Dort erfolgte unmittelbar die Zerlegung. Zunächst wurden beide Türen, Motorhaube und Kofferdeckel demontiert. Anschließend ging man mit Blechschneidewerkzeugen, Schweißbrenner und Bohrmaschine vorsichtig ans Werk, um möglichst viel erhaltenswertes Blech zu schonen. Nach dem Entfernen der Außenhautblechteile wie Frontmaske, Heckschürze, vordere und hintere Kotflügel sowie Einstiegbleche erfolgte das Austrennen der innen liegenden Blechteile von Vorder-, Mittel- und Hinterbau des Fahrzeuges. Dazu gehörten vor allem alle Bodenbleche, die Radhaus- und Stehbleche an den Radkästen sowie das Kofferraumhauptbodenblech mit beiden Reserveradwannen.

Während der Trennarbeiten war es immer wieder erforderlich, an den Blechtrennstellen zentimeterdicken Unterbodenschutz und Spachtelmasse zu entfernen, um nicht versehentlich gute Blechsubstanz zu beschädigen. Nach dieser ersten Phase der Zerlegung waren nur noch der Rahmenboden mit Hauptrahmen, Quer- und Längsträgern sowie die Motorstirnwand mit Armaturenaufbau und die Verdeckstehbleche übrig (siehe Bild 51). Danach folgte ein erster schonender Strahlgang mit Glasperlen, um die Substanz der Struktur weiter zu analysieren.

Bild 48: Karosserie nach Abtrennen der Heckschürze.

Bild 49: Eine zentimeterdicke Unterbodenschutzschicht kaschierte massivste Korrosionsschäden an den inneren Radhausblechen.

Bild 50: In diesem Zustand wurde die Karosserie zum Strahlen mit Glasperlen gebracht.

Das Ergebnis dieser Analyse war gelinde gesprochen katastrophal. Keiner der Längs- und Querträger war noch zu gebrauchen. Es kam sogar noch schlimmer. Selbst der Hauptrahmen in der Mitte des Rahmenbodens war am Übergang zum rechten Gabelstück über einen Meter Länge komplett durchgerostet (siehe Bild 52). Außerdem waren beide A- und B-Säulen, bestehend aus Aluminiumlegierung, durch Kontaktkorrosion so zerstört, dass ein Ersatz unvermeidlich war. Kein besonders guter Umstand, da Neuteile am Markt nicht angeboten werden.

Spätestens jetzt hätten wohl die meisten Restaurateure das Handtuch geworfen. Auch wir überlegten, ob nicht der Erwerb eines zweiten gebrauchten Objekts mit geringeren Korrosionsschäden am Rahmen die bessere Lösung wäre. Die Entscheidung fiel letztlich zu Gunsten des Handwerks. Zu wertvoll war der Erhalt von Matching Numbers. Ohne diese wäre der Marktwert des Fahrzeugs erheblich geschrumpft. Fachleute sprechen beim Mercedes 190 SL von mindestens 30 %, bei anderen gefragten Marken und Modellen im Höchstpreissegment kann der Wertverlust sogar deutlich mehr als 50 % betragen. Außerdem hatten wir das sehr große Glück, über das Internet gute gebrauchte A- und B-Säulen für einen akzeptablen Preis zu erwerben. Ein in der Tat äußerst glücklicher

Zufall, zumal Zsolt, der wöchentlich den weltweiten Gebrauchtersatzteilmarkt durchforstet, bis dato kein einziges Mal die Aluminiumsäulen zum Verkauf gesichtet hatte. Der Weg war also frei für die weitere Arbeit und wir machten uns an die Totalzerlegung, bis am Ende nur noch das mittlere Hauptrahmenstück übrig blieb (siehe Bild 54).

Bild 51: Nach dem ersten Strahlen zeigten sich weitere massive Karosserieschäden, die eine Totalzerlegung bis auf den Gabelrahmen erforderte.

Bild 52: Rechtes Gabelstück am Hauptrahmen war vollständig durchgerostet.

Bild 53: Beispiel Querträger unter Fondsitz: In diesem Zustand waren alle Quer- und Längsträger.

Bild 54: Hauptrahmenmittelstück geöffnet mit besonders massiven Durchrostungen am Übergang zum rechten Gabelholm.

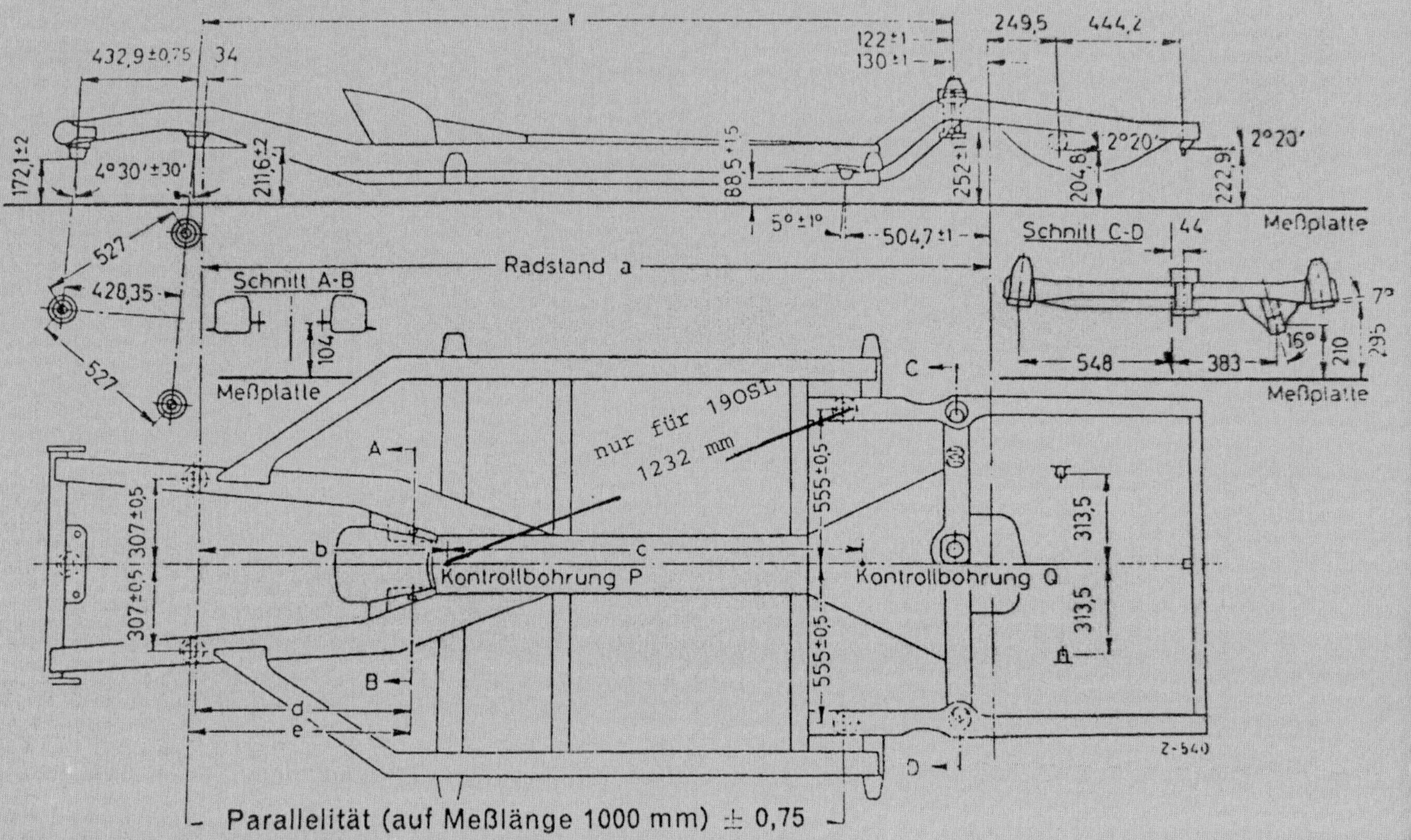

Die Höhentoleranz der 3 Stützlager für den Vorderachsträger beträgt ± 2 mm vom Nennmaß. Die Abweichung der 3 Stützlager untereinander darf allerdings nicht mehr als 3 mm betragen und muß beim Neuanschweißen der Stützlager mit 2 mm genau eingehalten werden.

Typ	a	b	c	d	e	f
180b, 180c 190b, 180Db 180Dc, 190Db	2650	788	1412	659	693	25
190SL	2400	788	1162	659	693	23

Bild 55: *Rahmenboden-Kontrollzeichnung für Mercedes-Benz 190 SL. (190 SL-Club)*

Um die erforderliche Festigkeit wieder herzustellen, war es erforderlich durchgehende Nähte vorwiegend stumpf zu schweißen. Dabei musste einerseits auf sehr präzise Anfertigung und Formgebung der Blechelemente geachtet werden.
Andererseits musste vermieden werden, dass sich durch zu großen partiellen Wärmeeintrag der Rahmen verzieht. Besonders wichtig war außerdem der Korrosionsschutz während der laufenden Arbeiten. Unmittelbar nach jedem Schweißen und Schleifen wurden die blanken Stellen mit einer überschweißbaren 2-K-Grundierung behandelt.

Nachdem das mittlere Hauptrahmenelement wiederhergestellt worden war, konnten die seitlich außen liegenden oberen Längs- und Querträgerschalen sowie beide hinteren Längsträger und die vorderen Trägerstützenoberschalen angepasst und eingeschweißt werden. Danach folgte der Austausch des vorderen Querrohres als das zentrale Verbindungsstück zwischen den beiden Hauptholmen des mittleren Gabelrahmens. Stets mussten dabei die Maße mit den originalen Abmessungsdaten aus der Rahmenbodenkontrollzeichnung von Mercedes abgeglichen werden, zum Teil unter Zuhilfenahme der A- und B-Säulen.

Bild 56: Besondere Herausforderung war die Restaurierung des Hauptrahmens – die erforderlichen Rahmenelemente mit inneren Verstärkungen wurden nachgefertigt, eingepasst, eingeschweißt und stets sofort innen und außen grundiert.

Erfreulicherweise waren der Armaturenträger mit dem oberen Teil der Motorstirnwand noch weitgehend gut erhalten, bis auf die üblichen Schwachstellen des Mercedes 190 SL, wie Bodenauflagen, Batteriekasten und Mulde für Bremsgerät. Sehr gut erhalten waren außerdem die Blechelemente des gesamten Verdeckkastens. Sie wurden sorgfältig auf dem Rahmenboden aufgesetzt und verschweißt. Besondere Vorsicht war geboten beim seitlichen Verschrauben der A- und B-Säulen aus Aluminiumlegierung. Zum einen müssen diese genau rechtwinklig zu den Längsträgern stehen und zum anderen ist es sehr wichtig, dass keine Kontaktkorrosion zwischen dem edleren Stahlblech und unedlerem Aluminium entsteht.

Damit die Elemente galvanisch voneinander getrennt sind, wurde sehr sorgfältig eine isolierende Grundierung aufgetragen und die Flächen vor dem Zusammenschrauben mit Karosseriedichtmasse versehen. Überschüssiges Dichtmaterial wurde entfernt. Damit ist gewährleistet, dass die beiden unterschiedlichen Metalle nicht miteinander in Berührung kommen und zusätzlich kein Wasser eintreten kann. Gelegentlich wird von Experten auch die Meinung vertreten, dass an den Kontaktstellen Isolierband verwendet werden könnte, allerdings besteht dann die Gefahr, dass sich das Isolierband durch Vibrationen beim Fahren mit der Zeit löst und die Säulen locker werden.

Während die bislang durchgeführten Spenglerarbeiten auf zwei Böcken oder auf einer flachen Unterlage durchgeführt wurden, war jetzt endlich die Struktur wieder so weit aufgebaut und steif, dass ein Drehgestell, fixiert an den vorderen und hinteren Längsträgern, verwendet werden konnte. Damit war die Karosserie um 360 Grad um die Längsachse drehbar, was die weitere Aufbauarbeit erheblich erleichterte.

Es folgte das Anpassen und Verschweißen (überwiegend Punktschweißen) der unteren Längs- und Querträgerschalen, bevor die Bodenbleche und der Kofferraumboden genau eingepasst werden konnten. Jedes

Bild 57: a und b: Einschweißen der seitlichen Quer und Längsträger, c. Armaturenträger mit Stirnwand wieder in Position, d: Karosserie am Drehgestell zum exakten Einschweißen der Bodenbleche.

einzelne Blech wurde dabei sofort nach dem Einschweißen grundiert. Ganz besonders wichtig war hier die kontinuierliche Rostschutzbehandlung. Alle Blechfalze, -überlappungen und Zwischenräume um die Schweißpunkte wurden immer wieder mit einem langen dünnen Pinsel grundiert.

Zusammen mit allen Rahmen-, Struktur- und Blechteilen waren bis jetzt knapp 100 Teile (der größte Anteil davon Neuteile) sorgfältig nach Originalunterlagen und Vorlagen verschweißt. Der zeitliche Aufwand dafür betrug rund 600 Stunden. Einen Großteil der Zeit nahm die Wiederherstellung des gesamten Rahmenbodens und Hauptrahmens mit etwa 300 Stunden ein. Allerdings war nur so eine solide nachhaltig rostfreie Basis gewährleistet, die für den weiteren Aufbau der Beplankung taugt.

Bedauerlicherweise kommt es in der Praxis immer wieder vor, dass sich vermeintlich gut restaurierte Karosserien nach einer gewissen Zeit setzen oder verwinden. Entweder weil die Beplankung auf maroder Rahmenstruktur aufgebaut ist, oder weil handwerkliche Laien am Werk waren. Das äußert sich dann manchmal sogar durch Risse in versprödeter Struktur neben Schweißnähten oder Verwellungen im Blechkleid. Die vielen negativen Beispiele, die Zsolt bei seiner Arbeit regelmäßig zu sehen bekommt, sprechen für sich. In Bild 58 ist beispielhaft der hintere Anschraubpunkt für eine Schubstrebe der Hinterachse eines 190 SL zu sehen. Hier stimmt nichts mehr: Nicht nur übel aussehende verpfuschte Schweißnähte sind die Folge, sondern auch die Achsgeometrie und Fahrdynamik wird gefährlich negativ beeinflusst. Für die Wiederinstandsetzung blieb nichts anderes übrig, als das komplette Rahmenteil zu ersetzen.

Bild 58: Beispiel einer verpfuschten Rahmenrestaurierung – leider passiert das nicht selten.

Beplankung

In der Fachwelt der Restaurateure ist allgemein bekannt, dass das Anpassen, der Einbau und das Einschweißen der äußeren Blechhaut beim Mercedes 190 SL zu den besonderen handwerklichen Herausforderungen gehört. Noch am leichtesten tut man sich, wenn viel Blechsubstanz erhalten ist, auf der aufgebaut werden kann. Dann kann im Regelfall davon ausgegangen werden, dass die Blechteile gut zu Türen, Motorhaube, Kofferdeckel, äußeren Chromanbauteilen und Beleuchtungseinheiten passen. Bei uns war das leider nicht der Fall. Vorne mussten beide Kotflügel und die Frontmaske erneuert werden, hinten waren das gesamte Heckblech und die unteren Kotflügelteile zu ersetzen. Die oberen Partien beider hinteren Kotflügel sowie beide Türen, die Motorhaube und der Kofferraumdeckel waren hingegen erfreulicherweise noch in einem guten Zustand.

Zur Arbeitsvorbereitung war es zunächst erforderlich, Türen, Motorhaube und Kofferraumdeckel aus Aluminium instand zu setzen, damit später die Spaltmaße eingestellt werden können sind. Bis auf wenige kleinere Schleif- und Verzinnarbeiten an den Kanten waren diese Blechteile in Ordnung. Ebenso bereitgestellt werden mussten alle Beleuchtungseinheiten vorne und hinten, der Frontgrill sowie die beiden Stoßstangen komplett mit Halter. Sämtliche Teile dienen zum Einpassen der Blechausschnitte, die so gut wie auf Anhieb passen und sorgfältig nachgearbeitet werden müssen.

Zunächst wurden beide Türen in die exakt senkrecht zu den Längsträgern stehenden A-Säulen eingehängt und mit Hilfe der eingebauten Schlösser und Schließkeile an den B-Säulen eingestellt. Anschließend wurden die vorderen Kotflügel entsprechend angepasst und provisorisch mit Karosserieklemmen und wenigen Schweißpunkten fixiert, damit die Spaltmaße zu den Türen exakt stimmten. Die neuen Kotflügel bestehen im Übrigen jeweils aus zwei Elementen, einem unteren und einem oberen Teil. Grundsätzlich wären zwar die beiden Kotflügel auch einteilig lieferbar, allerdings zeigt die Erfahrung, dass in den meisten Fällen wegen der mangelnden Passgenauigkeit von ± 4 Zentimeter die einteilige Variante ohnehin aufgeschnitten werden muss, um entweder einen Blechstreifen wegzuschneiden oder hinzuzufügen.

Im Anschluss wurden die hinteren Seitenwände bzw. Kotflügel zusammen mit den Radläufen und der Heckwand eingepasst und gleichzeitig die Abstände zu den Stoßstangenhaltern sowie Spaltmaße zu den Türen und Kofferraumdeckel eingestellt. Da die oberen Teile der Seitenwände und der Verdeckkasten noch original waren, war das Anpassen erfreulicherweise eine einfache Übung, zumindest für die Karosserie-Experten. Anders verlaufen wäre es wohl bei Verwendung von komplett neuen Seitenwänden. Nach den Erfahrungen von Zsolt ist es dann stets erforderlich, die linke hintere Seitenwand der Länge nach aufzutrennen, um sie mit zusätzlich eingeschweißten Blechstreifen zu vergrößern.

Erst nachdem alle Spaltmaße hinten zu den Türen, zum Kofferraumdeckel und zu den vorderen Kotflügeln exakt eingestellt waren, wurden die Blechteile nach originalen Vorgaben punkt- oder stumpf miteinander verschweißt. Schließlich wurden hinten noch die Sockel der Rücklichter eingepasst, und die Blecharbeit an der Heckpartie war abgeschlossen.

Im Gegensatz zum Heck erforderte die Anpassung der neuen Blechteile des Vorderbaues mehr Zeit. Zunächst wurden der Ausschnitt für den Kühlergrill in der Frontmaske und die Öffnungen für die Scheinwerfertöpfe grob angepasst. Anschließend erfolgte das Einpassen der Frontmaske mit den beiden noch provisorisch fixierten vorderen Kotflügeln und den darunter liegenden Radlaufblechen. Sobald diese mit Karosserieklemmen und ein paar Schweißpunkten fixiert waren, wurden die Motorhaube eingebaut und die Spaltmaße eingestellt. Was sich hier im Text so kurz und überschaubar liest, war freilich nicht die Realität. Immer wieder mussten Alu-Motorhaube und Frontmaske aus- und eingebaut werden und die Blechteile stückweise verrückt werden, bis dann endlich die Spaltmaße und die Flucht der Kotflügelflächen zu den Türflächen genau übereinstimmten. Erst dann wurden die Blechteile originalgetreu verschweißt und die Ausschnitte für Kühlergrill, vordere Blinker und Scheinwerfertöpfe fein angepasst.

Zum Abschluss der reinen Blecharbeiten gehörte schließlich noch das Verzinnen der Blechübergänge, insbesondere von den vorderen Kotflügeln zur Frontmaske und den hinteren Seitenteilen zum Heckblech. Das Zinn wurde dabei möglichst dünn aufgetragen und in alter Väter Sitte von Hand verschliffen.

Für die gesamte Arbeit der Beplankung waren ca. 200 Stunden erforderlich, so dass der Gesamtaufwand für die Karosserie-Instandsetzung rund 800 Stunden beanspruchte. Bemerkt sei, dass der zeitliche Aufwand weit höher ausfallen hätte können, wenn die Spengler von Zsolt nicht bereits hinreichend Erfahrung mit dem 190 SL gesammelt hätten. Ohne diese Fertigkeiten wäre selbst die Machbarkeit stark in Frage gestellt gewesen.

Bild 59: Ein paar Eindrücke in Bildern zur Wiederherstellung der Beplankung.

Lackierung

Ob Kutsche oder Motorwagen, die Lackierung diente neben dem Schutz vor Korrosion stets auch der optischen Zierde. Für das Gesamtbild eines perfekt restaurierten Klassikers ist sie sogar entscheidend, und weil das Lackieren außerdem ein »wahres Kunsthandwerk« ist, sollte man tunlichst seine Finger davon lassen und einen Profi damit betrauen. Ohne hinreichend gute Erfahrung wird sonst die beste Karosseriearbeit zunichte gemacht.

Andererseits gehört eine Volllackierung mit der sehr zeitintensiven Vorbereitung und dem Lackfinish zum größten Posten im Restaurierungsetat. Eine enge Zusammenarbeit zwischen Spengler und Lackierer sowie die handwerkliche Hilfeleistung bei intensiven Schleif- und Polierarbeiten kann sich also nicht nur hinsichtlich der Qualität lohnen, sondern auch den Geldbeutel wesentlich entlasten. Genau so sind wir dann auch vorgegangen, um das bestmögliche Ergebnis zu akzeptablen Kosten zu erzielen. Aber erzählen wir der Reihe nach und beginnen zunächst mit der Auswahl der Farbe.

Die allerersten Mercedes-Benz 190 SL-Modelle wurden nur in wenigen Farben ausgeliefert. Kurze Zeit später gab es dann bereits zwölf Serienlackierungen und in den Verkaufsunterlagen ab 1957 waren es sogar 27 weitere Farbtöne, die gegen Mehrpreis bestellbar waren. Um zeitgenössisch zu bleiben, hätten wir also aus einer großen Palette von schönen Farben auswählen können. Besonderen Gefallen fanden wir an den Farbtönen Elfenbeinweiß, Silbergraumetallic und Erdbeerrotmetallic. Diese drei Kolorierungen passten aus unserer Sicht gut zum eleganten Auftreten des Tourensportwagens. Aber Farbe ist ja bekanntlich Geschmackssache.

Am Ende gab es doch nichts zu rütteln an unserer Entscheidung für höchstmögliche Originalität. Wir bekannten Farbe! Die Auslieferungsfarbe Schwarz (Code 040) muss es sein. Weitere Argumente dafür waren: Der Tourensportwagen sieht damit recht elegant aus, wurde relativ selten damit ausgeliefert und ähnelte zufällig auch dem Roadster von Rosemarie Nitribitt mit roter Lederausstattung.

Gleichwohl war uns bewusst, dass die Farbe Schwarz eine besondere Herausforderung für Spengler und Lackierer darstellt. Zudem ist sie besonders pflegeintensiv, zumal jede noch so kleine Oberflächenunebenheit und Kratzer sichtbar bleiben, geschweige denn die hohe Empfindlichkeit gegenüber Staub und Schmutz. Von so manchem »Schwarzmaler« wird zuweilen auch die Meinung vertreten, richtig sauber ist ein schwarzes Auto nie, auch wenn man es noch so oft wäscht und poliert. Positiv formuliert könnte man aber auch sagen, dass mit Schwarz jeder noch so kleine Lackmangel sofort erkannt wird und man deshalb besonders auf der Hut ist und sein Fahrzeug pflegt. Genau letzterem Gedanken schlossen wir uns an.

Bild 60: Farbpalette des 190 SL und 300 SL vor 1957 – bis zum Ende der Produktion wurden über 150 verschiedene Farben angeboten.

Die zweite zentrale Frage betraf die Art und die Qualität des Lacks. Anno dazumal war auf unserem Tourensportwagen werkseitig ein so genannter Alcydharzlack aufgetragen (siehe Info kompakt auf S. 67.). Diese erste vollsynthetische Lackierung – umgangssprachlich auch Kunstharzlack genannt – wurde bis in die 1970er-Jahre hergestellt und angewendet. Er hatte besondere Vorteile zu den Vorgängerprodukten, wie schnelle Trocknung, weniger aufwändige Schleifarbeiten und ein geringerer Umfang von Arbeiten nach der Lackierung.

Auch wenn laut VOC-Verordnung (VOC: volantile organic compound) dieser Lack und Nitrolacke für mobile Kulturgüter heute noch verwendet werden dürfen, entschieden wir uns letztlich für einen Zweikomponenten-Acrylharz-Lack, der seit Anfang der 1970er-Jahre eingesetzt und stetig verbessert wurde. Diese Lackschichtkombination zeichnet sich besonders durch hohe Widerstandsfähigkeit gegenüber Umwelteinflüssen und mechanischer Beanspruchung aus. Außerdem sind sie handwerklich gut zu reparieren und erreichen durch zusätzliches Aufspritzen einer Klarlackschicht eine besondere Tiefenwirkung. Bis allerdings der Lack aufgespritzt werden konnte, standen erstmal rund 250 Stunden Vorarbeit an. Was war zu tun?

Die Lackiervorbereitung ist der zeitlich aufwändigste Prozess. Dabei müssen Spengler und Lackierer Hand in Hand zusammenarbeiten, damit der gesamte Lackaufbau eine nachhaltig robuste Basis für den Decklack bietet. Mit dem Lackierer gemeinsam haben wir deshalb die Rohkarosserie besichtigt und in allen Einzelheiten besprochen was zu tun ist. Entgegen kam uns die Tatsache, dass die Karosseriearbeiten bereits sehr korrekt abgeschlossen waren. Alle Blechübergänge waren sorgfältig verzinnt und die Spaltmaße der Türen und Klappen perfekt.

Im ersten Schritt der Lackiervorbereitung wurde die gesamte Karosserie innen und außen nochmals detailliert untersucht nach möglichem Flugrost. Genau an diesen Stellen wurde nochmals fein säuberlich gestrahlt, gebürstet, geschliffen und anschließend eine Epoxy-Grundierung aufgebracht. Ebenso vollständig beseitigt wurden alle alten Lackschichten, die möglicherweise unverträglich mit den neu aufzubringenden Materialien sein könnten. Danach wurde die Karosseriefläche mit einem Silikonreiniger vollständig von Fetten und Säuren befreit und einem ersten Spritzgang mit Zweikomponenten-Grundfüller auf Epoxy-Basis unterzogen.

Eine sehr wichtige Regel dabei ist, dass nur hochwertige Qualitätsprodukte von möglichst einem einzigen der vielen namhaften Lackhersteller verwendet werden (z. B. Standox, MIPA oder Glasurit). Nur dann ist gewährleistet, dass Reinigungsmittel, Grundierung, Füller, Spachtel und Lackmaterial genau aufeinander abgestimmt sind. Böse Überraschungen werden damit vermieden.

Im nächsten Schritt konnte die Feinarbeit der Oberflächenbehandlung erfolgen. Begonnen wurde mit dem Unterboden sowie Motor-, Koffer- und Innenraum. Zwar wären die Flächen bereits weitgehend für eine Lackierung tauglich gewesen. Dennoch legten wir nochmals Hand an, um wirklich absolut perfekte glatte Oberflächen zu erreichen. Nur so ist der Qualitätsanspruch der Restaurierung »fabrikneu oder besser als neu« erreichbar.

Bild 61: Der Grundfüller ist aufgespritzt – die ersten Feinarbeiten mit Spachtelauftrag und Schleifen konnten beginnen (gelb).

Bild 62: Besser als neu! Nicht nur die Außenflächen, sondern auch der Motorraum erhält plane Oberflächen durch Feinschliff.

Ebenso akribisch gingen wir bei der Bearbeitung der Außenflächen vor. Sorgfältiges Auftragen von Spachtelmasse an den betreffenden Flächen, großflächiges Abschleifen überschüssigen Materials mit der Maschine, Feinschliff mit der Hand, kontinuierliches Prüfen der Flächen auf Flucht und Ebenheit und die blanken Stellen sofort wieder grundieren, damit kein Flugrost entstehen kann. Das waren die Arbeitsschritte im ständigen Wechsel. Nur so konnte sicher davon ausgegangen werden, dass der Untergrund optimal passt, nachhaltig stabil bleibt und nicht durch Korrosion unterwandert wird.

Bild 63: Sobald auf blankes Blech durchgeschliffen wurde, wurde sofort nachgrundiert um Flugrost zu vermeiden.

Bild 64: Immer wieder wurden Frontgrill und andere Chromteile aus- und eingebaut, bis das Gesamtbild stimmig war.

Während der Arbeit war es zudem immer wieder erforderlich, die Lampentöpfe, Fassungen sowie Chrom- und Zierteile wie Frontgrill und Stoßfänger auf Passung zu prüfen und gegebenenfalls nachzuarbeiten. Mehrfaches Aus- und Einbauen der betreffenden Teile war notwendig, um ein optimales Ergebnis zu erreichen.

Nach 250 Stunden waren wir endlich mit den Oberflächen zufrieden und konnten den letzten Feinfüller aufspritzen lassen. Er wird deshalb aufgespritzt, damit die feine Riffeln und Poren gefüllt werden und mit einem sehr feinen Schleifpapier die letzten Schleifspuren egalisiert werden können.

Dann folgte endlich die lang erwartete Applikation des Decklacks. Wir waren sehr gespannt auf das Gesamterscheinungsbild. Denn die schwarze Farbe verzeiht keinerlei Oberflächenmängel. Jeder noch so kleine Fehler würde sichtbar werden. Zunächst waren der komplette Unterboden mit den Radkästen sowie der Motorraum, Kofferraum und Innenraum an der Reihe. Der Lackierer spritzte hier einen besonders flexiblen und gegen Steinschlag resistenten seidenmatt schwarzen Zweikomponenten-Acryllack in zwei Spritzgängen auf. Denselben strapazierfähigen Lack verwendeten wir im Übrigen für die vielen Kleinteile an Motor, Getriebe und Achsen. Nach ein paar Stunden konnten wir das Lackergebnis betrachten und

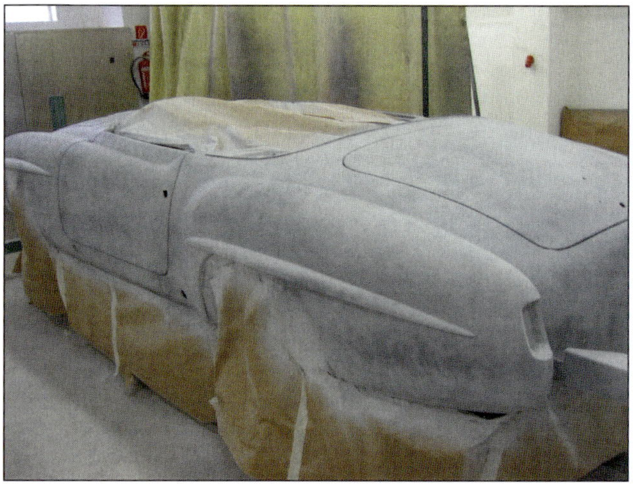

Bild 65: Bis der letzte Feinfüller aufgespritzt werden konnte, sind 250 Stunden vergangen.

waren mehr als zufrieden. Sicher besser wie neu waren die lackierten, absolut glatten und in der Form stimmenden Oberflächen.

Fünf Tage später folgte die Lackierung der Außenhaut einschließlich der Türen, Motorhaube, Kofferdeckel und Einstiegbleche. Nach dem sorgfältigen Abdecken der Innenflächen überließen wir dem Lackierer wieder seinen Job in der 60 Grad heißen Lackierkabine. Er spritzte zunächst zwei Schichten schwarzen Acryl-Lack nass in nass und unmittelbar darauf nochmals zwei Schichten Klarlack nass in nass.

Der gesamte Lackiergang dauerte etwa 10 Stunden. Also nur ein kleiner Bruchteil der langwierigen Lackiervorarbeit. Aber die haben es natürlich in sich, denn hier ist viel Erfahrung und äußerste Präzision gefordert.

Nach etwa fünf Stunden Trockenzeit in der Lackierkabine konnten wir das im wahrsten Sinne des Wortes strahlende Ergebnis betrachten. Keine Riefen, keine Staubeinschlüsse, keine Wellen im Blech und, wie von unserem Profilackierer nicht anders zu erwarten, absolut gleichmäßiger Farbauftrag und keinerlei Läufer waren das Resultat. Die akribische Vorarbeit hat sich also ausgezahlt und die Beauftragung eines Profis gleich zweimal. Nach vier Tagen weiterer Trocknung und leichtem Anschleifen des Lacks mit sehr feinem Schleifpapier wurden dann nochmals zwei Klarlackschichten nass in nass aufgespritzt, bevor die Lackierung außen komplett war. Eine unvergleichbare Tiefenwirkung wurde dadurch erzielt.

Bild 66: Karosserie wurde soeben vom Lackierer zurückgebracht – jetzt steht nur noch das Lackfinish an.

Kommen wir zur Beschreibung des letzten Aktes, dem so genannten Lackfinish. So mancher Leser wird jetzt vielleicht überrascht sein, wenn wir hier erzählen, dass die gesamte bereits sehr gut aussehende äußere Lackschicht nochmals mit sehr feinkörnigem 2000er-Papier komplett mit der Hand abgeschliffen wurde.

Bild 67: Lackfinish: Klarlack wurde nochmals mit sehr feinem Schleifpapier vollständig abgeschliffen und poliert, um die »Orangenhaut« zu entfernen.

Der Grund dafür ist, dass jeder noch so perfekt gleichmäßig gespritzte Lack leichte Unebenheiten aufweist. Bei sehr genauer Betrachtung sieht dies aus wie eine leichte Orangenhaut. Selbst auf modernen Fahrzeugen, bei denen der Spritzvorgang heute computergesteuert durch Roboter übernommen wird, sind diese leichten Wellen sichtbar, und das ganz besonders gut bei dunklen Farben, allen voran bei Schwarz. Das Abschleifen mit dem Schmirgelpapier per Hand war dabei die einfachere Übung. Das Polieren mit der Poliermaschine und per Hand an den schwer zugänglichen Stellen nahm dagegen zwei Tage in Anspruch. Erst als der Lack glatt wie ein Spiegel war, gaben wir uns zufrieden. Heute trauen wir uns zu behaupten, dass keine Neufahrzeuglackierung eine derartige Tiefenwirkung erreicht. Im Umkehrschluss verschweigen wir aber auch nicht, dass gerade wegen der vollkommen glatten, spiegelnden Oberfläche jeder noch so kleine Fingerabdruck oder Schmutz sichtbar hervorsticht.

Bild 68: Wie ein Spiegel – so manche pittoreske Eindrücke lassen sich durch den Glanz und die besondere Tiefenwirkung der Lackierung einfangen (Martin Grimme).

Bleibt noch zu erwähnen, dass rund dreihundert Kleinteile lackiert werden mussten. Auch hier war es selbstverständlich erforderlich, jedes einzelne Bauteil nach dem Strahlen zu schleifen, bis die Oberfläche optimal glatt war und für die entsprechende Grundierung und Lackierung taugte. Rechnet man alle Lackierarbeiten zusammen, einschließlich dieser Kleinarbeiten, so hätte eine einzelne Person mit rund 350 Stunden fast drei Monat Zeit benötigt.

Bild 69: Auswahl von Technikteilen nach der Lackierung – verwendet wurde ein strapazierfähiger Acryllack mit besonderer Flexibilität.

Zu guter Letzt bekennen wir noch einmal Farbe: Freilich wäre es ideal, wenn die Lackschichtdicke der Außenhaut insgesamt nur etwa 200 bis 400 Mikrometer betragen würde, so wie es heute in der Regel von qualitativ hochwertigen Reparaturlackierungen gefordert wird. Allerdings ist das bei einem fünfzigjährigen Fahrzeug schwer erreichbar. Die Gründe dafür sind, dass die erhaltene Blechsubstanz über die Jahre Wellen und Beulen und zum Teil tiefe Poren durch Korrosion aufweisen. Außerdem werden neue Reparaturbleche von Oldtimern meist mit alten Tiefziehwerkzeugen hergestellt. Sie weisen längst nicht die Oberflächenqualität von Blechen moderner Fahrzeuge auf. Vor diesem Hintergrund sind wir mit unserem Ergebnis mehr als zufrieden: Eine Lackschichtdicke von bis zu 0,7 Millimeter kann sich sehen bzw. »messen« lassen, zumal in Oldtimerfachkreisen sogar noch bis zu zwei Millimeter Lackschichtaufbau akzeptiert werden. Ausnahmen bestätigen wie immer die Regel!

Info kompakt: Kleine Geschichte vom Lack

Anfänglich wurden die Fahrzeuge wegen mangelnder Verfügbarkeit von farbigen Pigmenten vorwiegend in Schwarz- und Grautönen sowie vereinzelt in dunklen Munttönen lackiert. Wer kennt nicht das Zitat von Henry Ford: »Sie können das T-Modell in jedem Farbton haben, den Sie wünschen – solange der Wunsch Schwarz ist.« Lediglich die Zweifarbenlackierung mancher hochwertiger Fahrzeuge konnte dieses Einerlei der spartanischen Farbauswahl etwas auflockern.

Bild 70: Zwischen 1915 und 1925 war der legendäre Ford T nur mit schwarzem Nitrolack erhältlich.

Die Fahrzeuglackierung unterlag allerdings bald einer ebenso schnellen Weiterentwicklung wie die der Fahrzeuge selbst. Die erste Revolution war die »Erfindung« des Titandioxids als deckendes Weißpigment Ende der 1920er-Jahre. Damit war der Farbton Weiß mit all seinen Varianten wie Reinweiß, Creme, Beige usw. möglich. Später folgten durch den Einsatz von synthetischen Lackbindemitteln und Pigmenten die bunten und leuchtenden Farben, die durch die Vorsilbe Brillant- oder Signal- zu erkennen waren (z. B. Brillantrot, Signalblau). Auch die ersten Metallic-Lacke waren bald auf dem Markt, zunächst allerdings in Einschicht-Lackierungen ab Werk, was die Reparatur erschwerte.

Erst mit der Entwicklung von Klarlacken, die im Gegensatz zu den farb- und effektgebenden Basislacken nur die Aufgabe von Glanz und Schutz hatten, wurde auch die handwerkliche Reparatur einfacher. Heute wird ab Werk üblicherweise auf den mit Grundierung und Füller vorbereiteten Untergrund ein mit Wasser verdünnbarer Basislack aufgetragen. Dieser wird entweder als Uni oder Metallic in einem der mittlerweile über 30.000 unterschiedlichen Farbtöne mit allen nur vorstellbaren Effekten gespritzt und anschließend mit einem Klarlack lackiert. Für die Reparatur stehen entsprechende Materialien zur Verfügung.

Nachfolgend sind kurz die wichtigsten Lacksysteme erklärt, die im Laufe der Jahre verwendet wurden und sich auf Ihrem Oldtimer befinden können.

Öllacke für Kutschen, Motorwagen und erste Automobile (bis in die 1920er-Jahre), auf Ölbasis (Leinölfirnis) hergestellt, wurden in der Regel mit dem Pinsel auf die in Holz und Metall gefertigten Fahrzeuge aufgetragen.

Nitrozellulose-Lacke (bis in die 1930er-Jahre) wurden erstmals durch Spritztechnik auf die Karosserie aufgebracht und ermöglichten dünnere Schichten mit glatter Oberfläche. Bei Luxusfahrzeugen mit sehr hohem Anspruch an die Lackierung im Bereich Glanz und Polierbarkeit wurde dieses Verfahren noch bis weit in die 1970er-Jahre hinein angewendet. Vorteile waren eine sehr glatte und brillante Lackoberfläche durch Auftragen von mehreren dünnen Schichten und anschließendem Anschleifen und Polieren. Allerdings waren die Lacke nicht witterungsbeständig und äußerst empfindlich gegenüber Lösemitteln und Kraftstoffen.

Alcydharz- und Nitrozellulose-Lacke (bis in die 1970er-Jahre) ermöglichten die erste vollsynthetische Lackierung. Anfangs wurden die Lacke noch in Kombination mit Nitrozelluloselack hergestellt – bekannt als Nitro-

Bild 71: Zweifarbenlackierungen waren besonders in den 1950er- und 1960er-Jahren sehr beliebt – dreifacher Concours-Sieger bei den Oldtimer Tagen in Fürstenfeldbruck (Auto-Feyrer-Classic).

kombilack. Bei der Anwendung als thermoplastische Lackierung (TPA = Thermoplastische Alcydharzlackierung) blieb eine erhöhte Lösemittelempfindlichkeit. Besondere Vorteile waren vor allem die schnelle Trocknung, weniger aufwändige Schleifarbeiten und ein geringerer Umfang von Arbeiten nach der Lackierung. Außerdem war durch den Einsatz von künstlich hergestellten Effekten und Pigmenten eine große Farbtonvielfalt möglich.

2K-Acrylharz-Lacke (seit Anfang der 1970er-Jahre) wurden durch die Weiterentwicklung der Bindemittel ermöglicht. Ein hoher Grad an Prozesssicherheit bei der Lackierung im Werk und eine nahezu unbeschränkte Auswahl an Effekten und Farbvarianten waren durch sie darstellbar. Diese Lacke zeichneten sich durch eine hohe Widerstandsfähigkeit gegenüber Umwelteinflüssen und mechanischer Beanspruchung aus. Außerdem sind die Lacke handwerklich gut zu reparieren, allerdings mit der Einschränkung der erschwerten Farbtonermittlung durch die Einführung zahlreicher neuer Effekte wie Pearl oder Chromaflair.

Wasserbasislacke (heute) werden gegenwärtig wegen der Volontile-organic-compounds-Verordnung (VOC) zur Reduzierung der organischen Lösemittel verwendet. Bei dieser Lackierung wird das organische Lösemittel, das zur Verdünnung des Basislackes notwendig ist, größtenteils durch voll entsalztes Wasser ersetzt. Es bleibt ein Rest von ca. 5 bis 10 Prozent organischer Lösemittel.

HS-Klarlacke (heute) sind so genannte High-Solid-Lacke (HS), deren Festkörpergehalt erhöht und Lösemittelgehalt gesenkt wurde. Die Vorteile sind eine nahezu unbeschränkte Vielfalt von Effekten und Farben, identische Lackmaterialien in der Serie wie auch der Reparatur und die geringe Lösemittelfreisetzung an die Umwelt. Allerdings benötigen HS-Klarlacke und Wasserbasislacke für den Lackierer Einarbeitungszeit. Außerdem wurde die Farbtonproblematik durch die nahezu unbegrenzten Möglichkeiten an Pigmenten und Effekten weiter verschärft.

Quelle: AZT, Hermann, 2008

* * *

Motor und Komponenten

Es ist schon sehr bemerkenswert, welches Leistungsspektrum der Vierzylindermotor mit der Musterbezeichnung M 121.921 bereits im Jahr 1955 zu bieten hatte. Mit einem Hubraum von 1897 Kubikzentimeter, einem Verdichtungsverhältnis von 8,5 und oben liegender Nockenwelle brachte er 105 Pferdestärken auf die Straße. Immerhin war der Mercedes 190 SL damit über 170 km/h schnell. Zum Vergleich: Ein VW Käfer leistete damals 30 PS und schaffte nur mit viel Anlauf und sehr gutem Willen die Hundertermarke.

Zwei große Mankos hatte der kleine Bruder des 300 SL jedoch, die den Ingenieuren in Sindelfingen während der gesamten Produktionszeit Kopfzerbrechen bereiteten. Erstens, die ausgeprägten Schwingungen zweiter Ordnung der nur dreifach gelagerten Kurbelwelle. Damit überträgt der Motor bei höheren Drehzahlen ungewöhnlich laute raue Geräusche an Fahrer, Fahrgast und Umfeld. Wieselmann von der Auto Motor Sport drückte das damals so aus:

»Der Motor lässt sich auch willig bis 6000 U/min hochdrehen, doch der dabei entstehende Lärm hält einen meist davon ab, zumal man im Stadtverkehr trotz durchaus bürgerlichem Tempo sonst unangenehm auffällt« (Engelen, 2005).

Erst im August 1961, als der Motor mit der fünffach gelagerten Kurbelwelle (Motorbaumuster M 121.921) ausgestattet wurde, ließ die Rauigkeit deutlich nach. Zweitens, die Anfälligkeit der beiden Solex-Doppelregister-Horizontal-Vergaser 44 PHH vor allem im Bereich der Drosselklappenwellen, die mit der Zeit ausschlagen, so dass der Motor sich nicht mehr genau einstellen lässt. Ein Reparatursatz für die Drosselklappen bestehend aus Messingbuchsen sorgte später dafür, dass der Motor nicht mehr Falschluft ansaugt.

Das über fünfzig Jahre alte Herzstück muss komplett überholt werden. Das war von Anfang an klar. Allerdings waren wir recht zuversichtlich, dass die Mängelliste nicht allzu groß werden würde. Denn immerhin ist das Aggregat bei der ersten Besichtigung recht ordentlich gelaufen und selbst die Leerlaufdrehzahl mit etwas über 1000 Umdrehungen pro Minute war akzeptabel. Und das, obwohl unser sehr frühes Modell in der Szene zuweilen als Schüttelaggregat verschrien war. Da kann doch nicht viel kaputt sein, dachten wir und machten uns hoffnungsvoll daran, den Motor zu zerlegen.

Motorblock mit Zylinderkopf: Ansaug-, Auspuffkrümmer und Vergaseranlage waren bereits bei der Vorzerlegung im Herbst 2005 entfernt worden. Es folgte jetzt der Abbau von Getriebe, Kupplung und Schwungscheibe sowie der Abbau der restlichen Motoranbauteile wie Ölfiltereinheit, Benzinpumpe und Wasserpumpe. Anschließend befestigten wir das Aggregat zur weiteren systematischen Zerlegung auf einem Motorständer. Fein säuberlich, immer schön nach Anleitung des Werkstatthandbuches folgte die Demontage von Zylinderkopf mit Ventilsteuerung, Steuerkette, Nockenwelle mit Zahnrad, Lagerböcken und Schwinghebel. Von der Unterseite des Motors her entfernten wir die Ölwanne, lösten die Kurbelwelle an den Kurbelwellenlagern und die Pleuellager, bis schließlich die vier Kolben mit Kolbenringen zusammen mit den Pleueln vorsichtig aus den Zylindern gezogen werden konnten.

Beginnen wir mit der guten Nachricht. Erfreulicherweise waren der Motorblock aus Grauguss und der Zylinderkopf aus Aluminium in einem recht passablen und restaurierbaren Zustand. Es gab keine Risse im Zylinderkurbelgehäuse und auch keine irreparablen Schäden am Zylinderkopf aus Aluminiumlegierung. Zum Glück, denn beide Hauptkomponenten lassen sich nur bedingt schweißen. Selbst das neue Laserschweißverfahren stößt bei älteren Gusseisen- und Aluminiumlegierungen an seine Grenzen und Risse hätten eventuell das Aus für Matching Numbers bedeutet. Selbst an den bekannten Schwachstellen wie den Kanälen und Bohrungen für die Kühlwasserverteilung hat der Zahn der Zeit erfreulicherweise nicht zu sehr genagt.

Bild 72: Zylinderkurbelgehäuse vorgereinigt und ohne Brüche und Risse, damit war Matching Numbers gesichert.

Die Zylinderlaufflächen und die Kolben waren sogar in einem so guten Zustand, dass ein Austausch unter normalen Voraussetzungen nicht unbedingt erforderlich gewesen wäre. Angesichts einer Generalüberholung und der Zielsetzung 1er-Zustand entschieden wir uns allerdings für vier neue Kolben und Kolbenringe mit dem nächsten Übermaß, damit das Herzstück wieder optimal seinen Dienst leisten kann. Ebenso wiesen die Ventile und Ventilsitze keine wirklich eklatanten Schäden auf, die einer Zylinderkopfüberholung entgegenstanden. Und auch die Pleuelzapfen der dreifach gelagerten Kurbelwellen waren in einem ordentlichen Zustand.

Weniger erfreulich war allerdings der Zustand der Ventilsteuerung. Die Nockenwelle war an den Lagerungen und den Nocken durch Ölmangel derart eingelaufen und verschlissen, dass der Austausch unvermeidbar war. Manche Stellen wiesen sogar Risse und Brüche auf, ein klares Zeichen für längerfristigen Ölmangel an den betreffenden Stellen. Angesichts dieses Schadenbildes wunderten wir uns, dass der Motor damals bei der Besichtigung noch derart gut gelaufen ist.

Besonders beeindruckend war der Zustand der beiden Kühlwasserkammern, die sich hinter den beiden Wasserdeckeln links und rechts am Motorblock befinden. Mindestens ein Kilogramm Schlamm mussten mühsam entfernt werden (siehe Bild 73). Kaum zu glauben, dass ein Gemisch aus Kühlflüssigkeit und Wasser nach über 50 Jahren so viel schmutziges Sediment ablagert. Einen ungewöhnlichen Anblick boten zudem die zentimeterdicken Schlammablagerungen in der Ölwanne und das festgebackene verkokte Öl, vor allem im Bereich um die Ölpumpe (siehe Bild 74).

Damit war klar, dass es die letzten Vorbesitzer des Fahrzeuges nicht sehr genau mit den Motorölwechsel- und Kühlflüssigkeitsintervallen nahmen. Im Übrigen ist das ein Phänomen, das sich besonders bei attraktiven Traumwagen immer wieder feststellen lässt. Wenn sie in die Jahre gekommen sind und als Gebrauchtwagen billig zu erwerben sind, werden sie leider auch »billig« behandelt und gewartet, weil oft bei den Besitzern der Sinn für den Erhalt fehlt.

Letztlich erklärte sich dadurch auch der Schaden an der Ventilsteuerung, denn verkokte Ölpartikel und Schlamm waren vor allem auch in den Ölkanälen zu finden, wodurch die Schmierung stark eingeschränkt war.

Bild 73: In den Kühlwasserkammern war eine mehrere Zentimeter dicke Schlammschicht abgelagert.

Bild 74: Ablagerungen von verkoktem Öl.

Bild 75: Kurbeltrieb mit Kolben – Glück gehabt! Der Motor war überholbar.

Unabhängig davon, ob manche Verschleißteile noch nutzbar gewesen wären, gingen wir bei der Überholung des Motors keine Kompromisse ein. Der Zylinderkopf wurde zerlegt, gereinigt und mit Glasperlen gestrahlt. Sämtliche Ventile mit Führungen, Ventilfedern und Dichtringen wurden erneuert. Dabei wurden spezielle gehärtete Ventilsitze für bleifreien Kraftstoff eingebaut. Erneuert wurden zudem, wie bereits erwähnt, die komplette Ventilsteuerung mit Nockenwelle, drei Lagerböcken, vier Schwinghebeln sowie die Steuerkette und die Kettenspanner.

Der Motorblock wurde ebenso sorgfältig gereinigt, gestrahlt und mit einem hitzebeständigen Spezialmotorlack innen (rot) und außen (schwarz) lackiert. Außerdem wurden die Zylinder in einer für Motorinstandsetzung spezialisierten Firma geschliffen und gehont, so dass vier neue Kolben mit dem nächsten Übermaß eingebaut werden konnten. Die Kurbelwelle sowie die vier Pleuelstangen wurden ebenso geschliffen und mit einem passenden Kurbelwellenlager- und Pleuellagersatz vollständig neu gelagert. Am Ende wurde die fertig bearbeitete Kurbelwelle zusammen mit der Schwungscheibe und dem vorderen Gegengewicht gewuchtet. Ein Vorgang, der zwingend von Fachleuten durchgeführt werden muss, ansonsten riskiert man nicht nur unruhigen Motorlauf, sondern sogar einen Motorschaden.

Bild 77: Der Kurbeltrieb vom Herzstück ist wieder betriebsbereit.

Bild 76: Innereien des Herzstücks – einige Bauteile konnten gut aufbereitet werden.

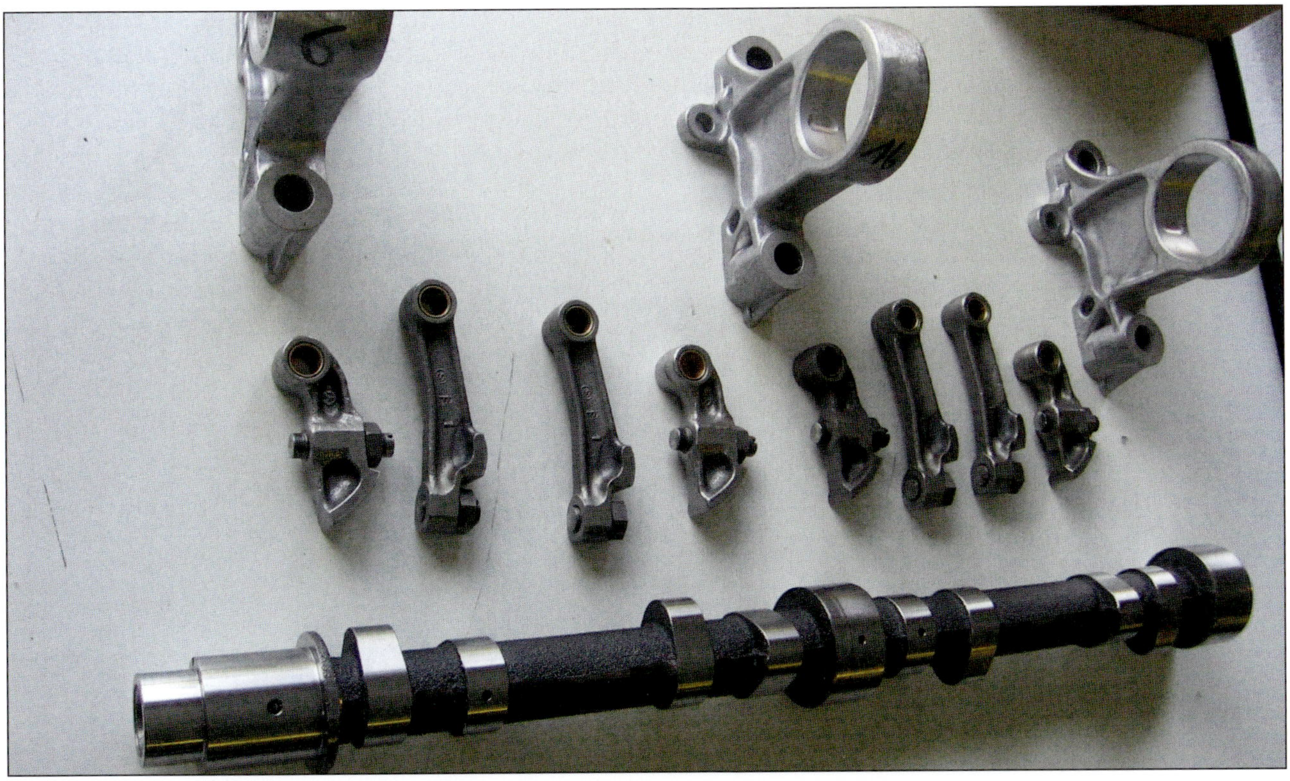

Bild 78: Die neue Nockenwelle mit Lagerböcken und Kipphebeln wartet auf den Einbau.

Bild 79: Motorsteuerung mit neuer Nockenwelle.

Kommen wir nun zu den Nebenaggregaten des Motors, die für den Motorbetrieb von Bedeutung sind. Auch hier beschränken wir uns wieder auf das Wesentliche und behandeln die wichtigsten Komponenten des Ölkreislaufs, Kraftstoffsystems, Kühl- und Heizungssystems.

Ölkreislauf: Die Ölpumpe und das Ölfiltergehäuse wurden komplett zerlegt und nach Schäden analysiert. Die Ölpumpenwelle mit den Zahnrädern und die Lagerbuchse waren mechanisch in Ordnung, hatten das erforderliche Spiel und wiesen kaum Verschleiß auf. Der Öldruck dürfte demnach in den erforderlichen Grenzen gewesen sein. Reinigen der Einzelkomponenten, vor allem des Gitternetzes, wäre wohl ausreichend gewesen, dennoch entschieden wir uns für den Austausch der beiden Zahnräder, damit der für den Motor überlebenswichtige Ölbringer optimal seinen Dienst erfüllen kann. Das Ölfiltergehäuse mit seinen Komponenten war ebenfalls in einem guten Zustand: Bis auf den Ölfiltereinsatz und die Dichtungen konnten alle Teile aus Aluminiumlegierung und Stahl einschließlich der Befestigungsschrauben wieder restauriert werden.

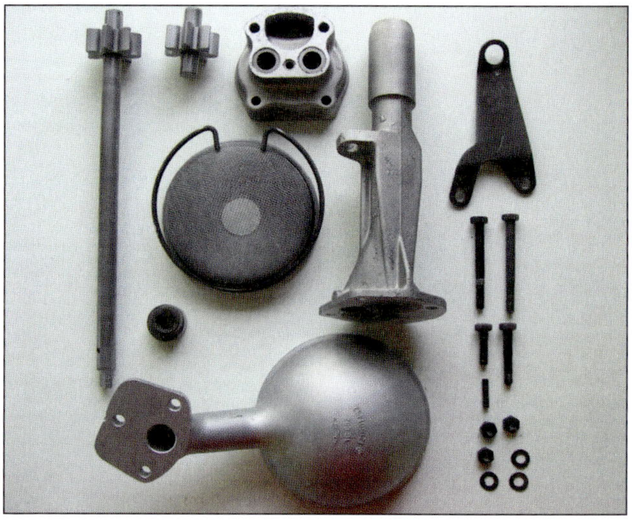

Bild 80: Ölpumpe zerlegt – der Verschleiß hielt sich in Grenzen. Dennoch entschieden wir uns vorsichtshalber für zwei neue Zahnräder (siehe Bild rechts)

Bild 81: Ölfiltergehäuse vorher und nachher: Bis auf Filtereinsatz und Dichtungen konnten alle Komponenten wieder verwendet werden.

Vergaseranlage: In den 50er-Jahren steckte die Benzineinspritzanlage noch in den Kinderschuhen und war damals allenfalls dem Rennsport und dem großen Bruder 300 SL vorbehalten. Dieser wurde mit einer Direkteinspritzanlage von Bosch ausgerüstet. Für die Gemischaufbereitung im Großserienfahrzeug musste eine zuverlässige Vergaseranlage herhalten. Nach intensiven Testreihen mit Weber-, SU- und Solex-Vergasern entschieden sich die Verantwortlichen von Daimler-Benz letztlich für zwei Solex-Register-Horizontal-Vergaser vom Typ 44 PHH. Weil die angegebene Motorleistung und Spitzengeschwindigkeit damit nicht immer erreicht wurde, sorgten die beiden Aggregate bis zum Ende der Produktion immer wieder für Diskussionsstoff.

Hinzu kamen gelegentlich Probleme mit den Drosselklappenwellen, die mit der Zeit ausschlugen und sich in der Folge der Motorleerlauf nicht mehr richtig einstellen ließ. Auch die Anfälligkeit gegenüber Undichtigkeit und Falschluftziehen am Ansaugtrakt trug dazu bei. Zur Ehrenrettung der Ingenieure von Mercedes muss hier allerdings festgehalten werden, dass der Motor mitunter deshalb nicht rund lief, weil so mancher Besitzer die Wartungssorgfalt nicht ernst genug nahm.

Die beiden Solex-Register-Flachstromvergaser haben es im wahrsten Sinne des Wortes in sich. Sie bestehen zusammen mit Anbauteilen aus über 500 Präzisionsteilen, die sehr sorgfältig und präzise überholt werden mussten. Ohne die gründliche Analyse der Einzelteile und Aufbereitung handelt man sich sonst unweigerlich Motorschütteln in allen Lastbereichen und Sägen im Leerlauf ein. Das war tatsächlich eine große Herausforderung, denn unsere beiden Gemischfabriken waren äußerlich in einem absolut erbärmlichen Zustand (Bild 82). Ein ähnliches Bild offenbarte sich auch im Inneren nach dem fein säuberlichen Zerlegen der beiden Präzisionsaggregate. Die Drosselklappenwellen und Wellen für die Starterklappen waren stark verschmutzt und verklebt. Die Schwimmerkammern, die Hauptkanäle sowie alle Düsen für Leerlauf, Teillast und Volllastbereich waren nicht minder mit hartnäckigem Schmutz überzogen. Sogar eine der beiden Membranen der Beschleunigungspumpen wies Risse auf.

Im Nachhinein betrachtet war es sehr außergewöhnlich, dass der Motor bei der Probefahrt und im Leerlauf dennoch recht ordentlich lief. Aber das gehört wohl zu den großen Mysterien von Vergaseranlagen, über die sich selbst Spezialisten oft wundern. Es scheint, als ob sich manchmal Toleranzen und Einstellungen exakt so verstellen, dass sie sich gerade wieder aufheben. Wesentlich häufiger ist allerdings das Gegenteil der Fall. Eine falsche Einstellung außerhalb der Toleranz, nur eine undichte Stelle oder Falschluft führen fast immer zu unrundem Leerlauf oder Übergangsproblemen vom Teil- in den Volllastbereich, vorausgesetzt der Motor springt überhaupt an.

Bild 82: Zwei Vergaser im erbärmlichen Zustand.

Bild 83: Verbackene Drosselklappen – ein wahres Wunder, dass der Motor noch lief.

Beim Zerlegen und Zusammenbauen der beiden Vergaser war die exakte Fotodokumentation von zentraler Bedeutung. Besonders vorteilhaft war die einschlägige Erfahrung eines ehemaligen Rennmechanikers von Zsolt, der bereits mehr als zwanzig Vergaser dieses Typs überholt hat. Ohne diese Expertise wäre es wohl zweckmäßig gewesen, die beiden exakt baugleichen Vergaser nacheinander zu zerlegen und aufzubereiten. Im Bedarfsfall hilft dann der andere Vergaser als Anschauungsobjekt.

Bild 84: Vergaser vor dem Zusammenbau.

Die Gehäuseteile aus Spritzguss wurden mit niedrigem Druck vorsichtig und sorgfältig mit Glasperlen gestrahlt und alle Dichtflächen – vor allem zum Ansaugkrümmer – plan geschliffen. Bis auf einen Gehäusedeckel der Schwimmerkammer waren erfreulicherweise alle Teile für die Aufbereitung geeignet. Einen gebrauchten Ersatz für den Schwimmerkammerdeckel fanden wir auf dem Oldtimergebrauchtteilmarkt. Auch die Kleinteile aus Stahl oder Messing (z. B. Schrauben, Muttern, Federn, Hebel) waren zum größten Teil wieder verwendbar, nachdem sie gestrahlt, geschliffen und gelb verzinkt (Teile aus Stahl) waren.

Erneuert wurden lediglich alle Gummi-, Kupfer- und Papierdichtungen, die Membranen für die Beschleunigerpumpen und Unterdruckdosen sowie die Düsen für den Leerlauf. Außerdem wurden die Drosselklappen-

Bild 85: Aus alt mach neu – fast alle Schrauben und Kleinteile konnten wieder verwendet werden.

und Startklappenwellen mit neuen Büchsen gelagert, so dass das Radialspiel wieder in den Toleranzen war und die Wellen ohne Klemmen leichtgängig bedient werden konnten.

Auch in der Peripherie des Vergasers gab es eine Menge zu tun. Erwähnt seien hier die vielen Kraftstoffleitungen, kleinen Halter, Gas- und Chokezug, das Gasgestänge oder das Heißstartgestänge. Einen Eindruck davon soll exemplarisch das Heißstartgestänge liefern (Bild 86).

Die insgesamt 22 Einzelteile wiegen zusammen dreihundert Gramm. Nachdem alles fein säuberlich zerlegt, gereinigt, geschliffen verzinkt und wieder zusammengebaut war, waren immerhin rund 0,02 Gewichtsprozent des 190 SL (Leergewicht 1.160 kg) fertiggestellt.

Kraftstoffpumpe: Zum Zeitpunkt des Fahrzeugkaufs war die mechanische Benzinpumpe außer Kraft gesetzt. Eine elektrische Pumpe erfüllte ersatzweise die Aufgabe, den Kraftstoff vom Tank zum Vergaser zu fördern. Eine vollständige Überholung der Pumpe war also ohnehin fällig. Nennenswerte Mängel bis auf die üblichen Verschleißteile waren nicht zu verzeichnen. Die Pumpe wurde komplett in ihre 56 Einzelteile zerlegt, alle funktionsfähigen Kleinteile aufbereitet und äußere Stahlteile gelb verzinkt. Erneuert wurden die Pumpenmembrane sowie alle Dichtungen und Ventile.

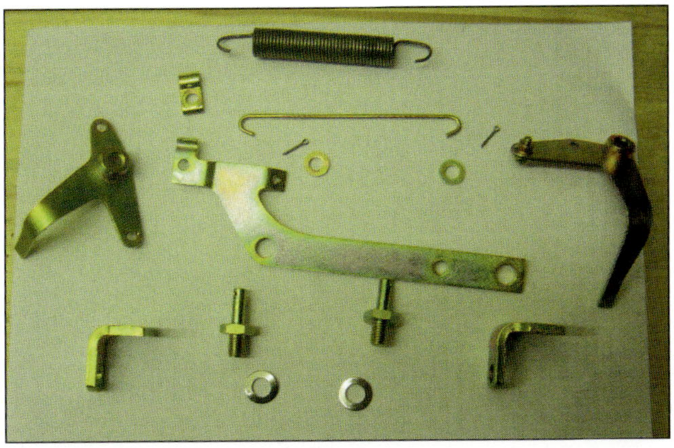

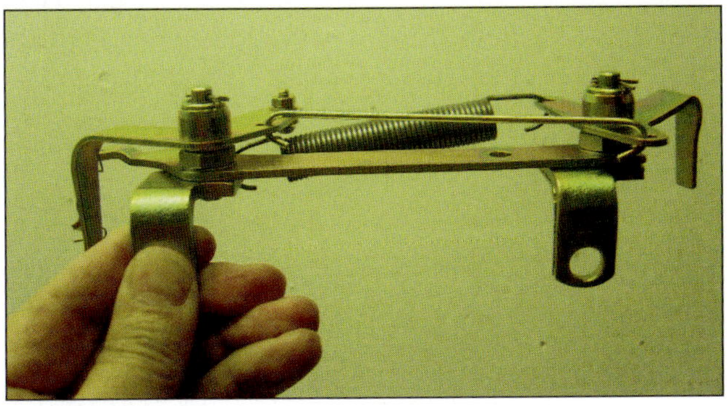

Bild 86: Mühsam, aber lohnend: Nach dem Strahlen, Verzinken und Zusammenbauen war das über 50 Jahre alte Heißstartgestänge wieder wie neu! Wer es genau wissen will: Mit 0,3 kg Gewicht waren immerhin 0,02 Gewichtsprozent des Fahrzeuges fertiggestellt.

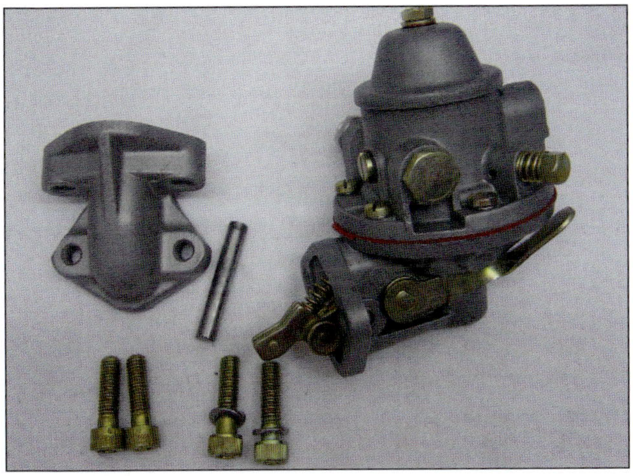

Bild 87: Kraftstoffpumpe wieder funktionsfähig.

Ansaugkanal, Sammelrohr und Luftfilter: Das Sammelrohr und die beiden Ansaugkanäle aus Aluminiumlegierung waren in einem recht passablen Zustand und konnten mittels Glasperlenstrahlen wieder aufbereitet werden. Besonders wichtig war dabei, dass die Dichtflächen zum Motorblock und Vergaser absolut plan geschliffen wurden. Ansonsten würde der Motor Falschluft ziehen und ein optimales Einstellen des Vergasers praktisch unmöglich sein.

Ebenso gut erhalten und für das Aufbereiten geeignet waren die Kleinteile rund um den Wasserkreislauf der Ansaugkanäle. Der Wasserkreislauf sorgt dabei für eine gleichmäßige Betriebstemperatur im Ansaugtrakt. Nur die Wasserleitungen und Schläuche wurden ersetzt. Die Verbindungsstücke und Blindstopfen aus Stahl wurden gelb verzinkt.

Der Luftfilter war bedauerlicherweise im Bereich der Auflage auf dem Vergaser und dem Luftfiltereinlassrohr vollkommen durchgerostet. Eine Aufbereitung in perfektem Zustand wäre nur mit erheblichem Aufwand möglich gewesen. Wir entschieden uns daher für ein Neuteil.

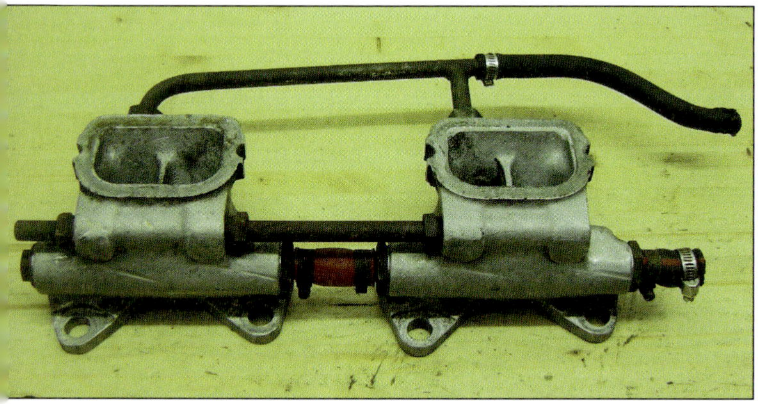

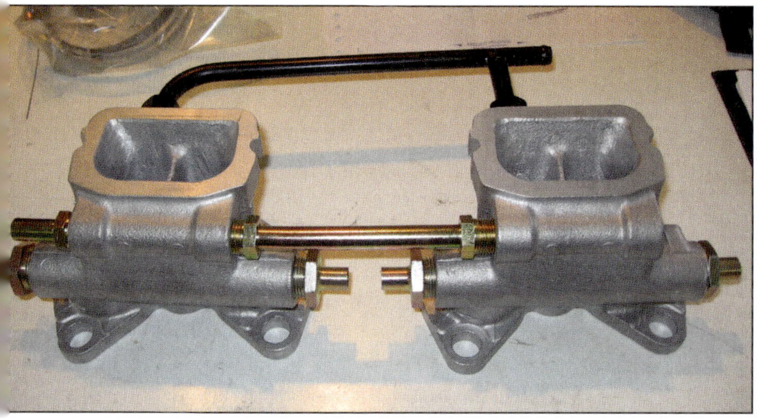

Bild 88: Ansaugkrümmer: Zustand besser als man glauben mag – alle Teile bis auf die Schläuche und Leitungen konnten restauriert werden.

Bild 89: Und so sehen die Bauteile rund um den Vergaser heute aus.

Kraftstofftank und Leitungen: Der Tank des 190 SL hat ein Fassungsvermögen von 65 Liter einschließlich Reserve. Beachtlich, denn bei einem selbst gemessenen Durchschnittsverbrauch von rund 10 Liter pro 100 Kilometer reicht der Sprit immerhin für rund 600 Kilometer. Freilich nur bei gemächlicher Fahrt und unter der Voraussetzung, dass der Tank dicht bleibt.

Zwar war unser rostiger Kraftstoffbehälter nicht undicht, aber die vollständige Aufbereitung wäre zum einen unverhältnismäßig teuer gewesen, da er zur Restaurierung in der Mitte hätte aufgetrennt werden müssen. Zum anderen war uns das Risiko von verstecktem Rostfraß und Ablagerungen im Inneren des Tanks zu groß, was neben Verstopfung des Kraftstoffsystems, insbesondere an Filter und Vergaser, im schlimmsten Fall auch zum Motorschaden führen kann. Zusätzlich erneuert wurden sämtliche Befestigungsteile, Dichtungen, Kraftstoffleitungen sowie der elektrische Tankgeber und der verchromte Tankdeckel.

Auspuffanlage: Bis auf den Auspuffkrümmer, der in einem guten restaurierbaren Zustand war, wurde die Auspuffanlage mit all seinen Befestigungsteilen komplett erneuert. Dabei standen wir vor der zuweilen von Experten als fast schon philosophisch gewerteten Frage: Edelstahlausführung oder konventionelle Anlage? Nach reichlicher Überlegung entschieden wir uns für das Original. Unsere Argumente: Die Auspuffanlage ist ein Verschleißteil, das es früher nicht in rostfreier Ausführung gab. Wenn sie länger als sechs bis sieben Jahre hält, hat sie ihren Zweck erfüllt. Nach einer gewissen Zeit auftretender unschöner äußerer Korrosion kann mit temperaturresistenter Farbe entgegengewirkt werden. Außerdem ist das Stahlpendant preiswerter und resistenter gegenüber Spannungsrissen.

Bild 90: Kraftstofftank und Auspuffanlage aus normalem Stahl wurden komplett erneuert.

Motorkühlsystem: Der Kühler besteht aus Messingblech (Kupfer-Zinklegierung) und war erfreulicherweise restaurierbar. Andernfalls wäre ein neuer Kühler für rund 600 Euro fällig gewesen. Voraussetzung für die Restaurierung war eine professionelle Kühlerbaufirma, die noch die mittlerweile seltene Handwerkskunst des Kühlerüberholens beherrscht. Der Kühler wurde dort komplett zerlegt und von Kalk und Schmutz befreit. Anschließend wurde ein neues Hochleistungsnetz eingelötet und sämtliche Nähte an beiden Wasserkästen und den Wassereintritts- und -austrittsstutzen nachgelötet. Mit einem schwarzen Speziallack behandelt, führt er heute die Motorwärme wieder gut an die Umgebungsluft ab und erstrahlt im neuen Glanz.

Restaurierbar waren auch das Gehäuse für die Kühlwasserregelung sowie die vielen Kleinteile (Leitungen, Stutzen etc.) rund um die Wasserpumpe. Der Thermostatdeckel und der Thermostat selbst waren allerdings so stark korrodiert, dass ein Austausch unvermeidbar war. Bei der Wasserpumpe gingen wir vorsichtshalber kein Risiko ein und ersetzten sie vollständig gemeinsam mit dem Gehäuse, auch wenn eventuell eine Überholung durch neue Lager, Dichtringe und Flanschdichtung ausreichend gewesen wäre. Selbstverständlich wurden noch alle Wasserschläuche und Rohrleitungen erneuert. Schließlich wurde das defekte Lüfterrad, an dem eines der Rotorblätter gebrochen war, durch ein gut erhaltenes Gebrauchtteil ersetzt. Fündig wurden wir wieder einmal am Oldtimergebrauchtteilemarkt.

Bild 91: Durch gründliche Spülung, ein neues Hochleistungsnetz und nachgelötete Nähte bekommt der Motor heute wieder die optimale Kühlung.

Heizungssystem: Die beiden Heizungskästen links und rechts im Motorraum waren ursprünglich aus verstärktem Pappkarton gefertigt. Wie bei den meisten in die Jahre gekommenen 190 SL unterlagen sie öl- und säurehaltigem Schmutz zusammen mit Feuchtigkeit. Eine Restaurierung mit den Ansprüchen für einen Top-Zustand erschien unmöglich, folglich blieb nur der Austausch. Von Mercedes sind Nachfertigungen erhältlich, links aus Kunststoff und rechts aus Stahlblech. Zudem mussten die Schläuche für die Luftzufuhr an den Heizungskästen, alle Seilzüge für die Betätigung der Heizungsklappen und die Wasserrohrleitungen ausgetauscht werden.

Mit den weiteren knapp 170 Bestandteilen der Heizungsanlage hatten wir Glück. Beide Wärmetauscher konnten vom Kühlerbauer instand gesetzt werden, ebenso der elektrische Heizungslüfter. Im schlimmsten

Bild 92: Die zeitaufwändige Restaurierung des ehemals als Sonderausstattung lieferbaren Heizungslüfter hat sich gelohnt.

Fall hätte dies sonst das Budget um rund 1200 Euro mehr belastet. Auch alle Betätigungshebel und die Hebelwerke waren für die perfekte Aufbereitung brauchbar. Bild 93 zeigt hier exemplarisch die zwar mühsame aber durchaus sehr lohnende Kleinarbeit am Heizungshebelwerk auf, um wirklich auch den letzten Rest an Rost aus den Ritzen zu bringen. Genau so wurde letztlich jedem Einzelteil zu Leibe gerückt. Das Beispiel dokumentiert zugleich ein Stück weit unsere Philosophie, »besser als neu« in Sachen Korrosionsschutz, denn die Heizungshebelwerke waren ursprünglich nicht gegen Korrosion oberflächenbehandelt.

Aus heutiger Sicht ist bemerkenswert, dass für den Roadster das Lüfter- und Heizungsgebläse bis April 1956 nur als Sonderausstattung für 40 Mark Aufpreis erhältlich war. Damals war tatsächlich noch ein ausgeprägter Kleidermarkt für den Automobilist von hoher Bedeutung, auch im Sinne von »mit guter Kleidung braucht man keine Heizung«. Zu kaufen gab es spezielle Autojacken, Mützen und Handschuhe. Oder denken wir an das beliebte Schaffell, das man sich im Winter über die Sitzbezüge zog, um wohlige Wärme zu erzeugen. Wir erfreuten uns jedenfalls daran, dass der erste Besitzer damals das Heizungsgebläse gleich mitbestellte.

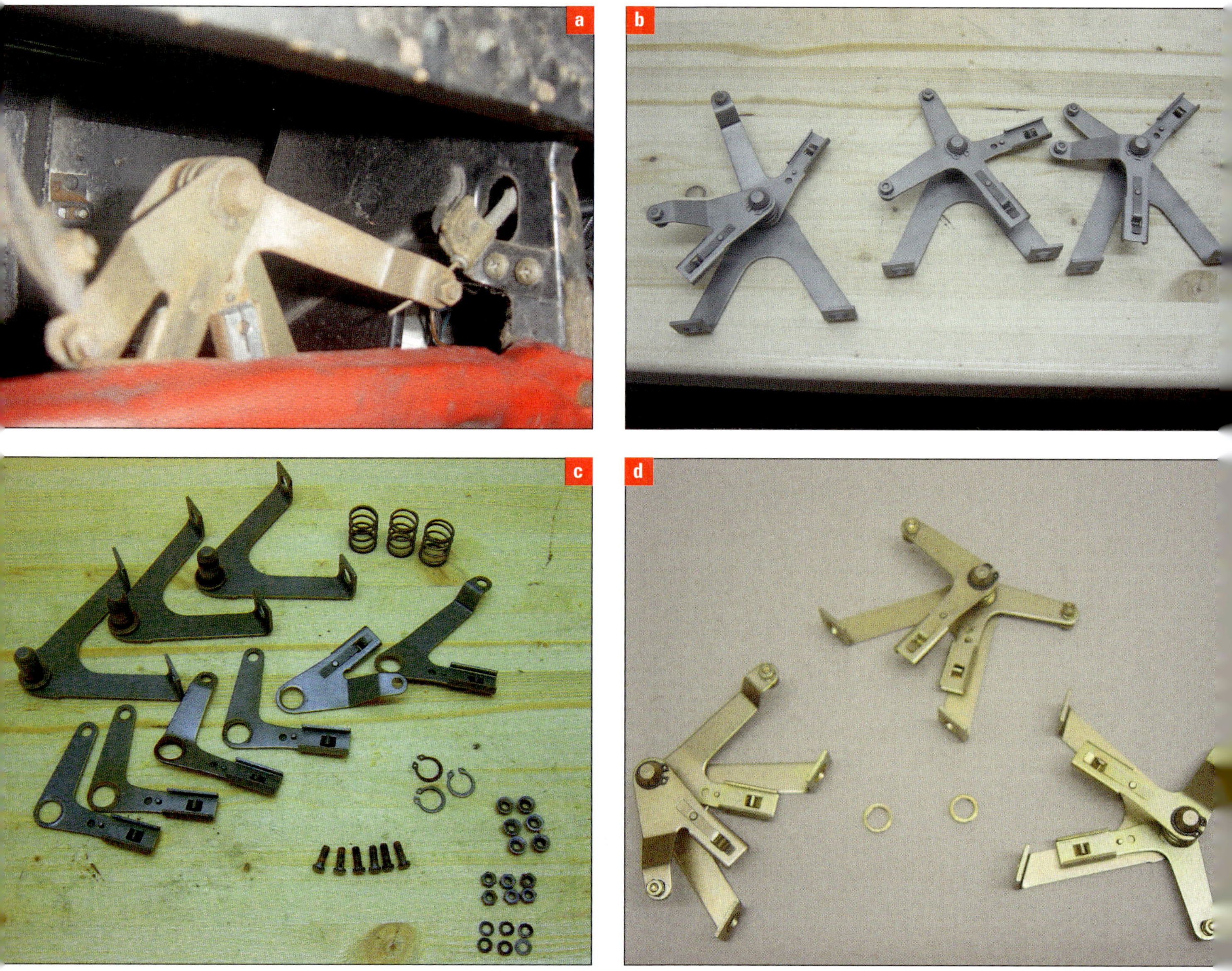

Bild 93: Mühsame aber lohnende Kleinarbeit am Beispiel des Heizungshebelwerks. a: vorher b: glasperlengestrahlte Hebelwerke c: Zerlegen in die Einzelteile und erneutes Strahlen d: Fertig zusammengebaut, rostfrei und verzinkt bis in die letzten Ritzen.

Getriebe

Das Getriebe des 190 SL ist ein vollsynchronisiertes Vierganggetriebe, so wie es nach dem Krieg in vielen Personenkraftwagen verbaut wurde. Ganz im Sinne der Sportwagenfahrer wird über einen sportlich kurzen geraden Schaltknüppel auf dem Getriebetunnel geschaltet, der über eine lange Stange mit dem Schaltmechanismus im Getriebedeckel verbunden ist. Im ersten Jahr der Produktion war für die Ingenieure von Mercedes-Benz das Beschleunigungsvermögen noch nicht zufriedenstellend. So wurden kurzerhand nach dem Serienanlauf im November 1955 die ersten drei Gänge kürzer übersetzt. Dies ging nahezu zeitgleich einher mit einer längeren Übersetzung für das Hinterachsgetriebe. Im Prospekt hieß es dann beachtlich: *»Der 2. Gang kann bis 90 km/h und der 3. Gang gar bis 140 km/h ausgefahren werden«*. Solche Strapazen muten wir unserem Herzstück mitsamt der Schaltfabrik heute freilich nicht mehr zu.

Nach dem unerfreulichen Befund des Motors waren wir beim Getriebe auf wirklich alles gefasst, auch wenn weder der Zustand des Getriebeöls noch das Durchschalten der Gänge oder Durchdrehen der Wellen Anzeichen für Besorgnis zeigten. Im Werkstatthandbuch ist jeder Arbeitsschritt des Zerlegens gut beschrieben und nachvollziehbar. Beschränken wir uns also wieder auf die wesentlichen Schritte und die Schadenanalyse.

Zunächst wurden Getriebeglocke und der Schaltdeckel abgebaut. Danach folgte die Demontage der beiden Deckel an der Antriebswelle auf der hinteren Seite des Getriebes, dort wo die Hauptwelle austritt und über einen dreiarmigen Flansch und eine Gelenkscheibe an der Kardanwelle angeschlossen ist. Der Deckel hinten besteht aus Aluminiumlegierung und dient neben der Abdichtung auch der Fixierung der Getriebewellenlager in Längsrichtung und des Tachoantriebes. Hier zeigte sich schon der erste größere Schaden. An eine Aufbereitung des Deckels durch Glasperlenstrahlen war wegen des massiven Korrosionsfraßes nicht zu denken. Auch nach dem Zerlegen des Schaltdeckels in seine Einzelteile offenbarte sich massiver Verschleiß. Beide Schaltgabeln, die über die Schiebemuffen die vier Vorwärtsgänge schalten, waren stark verschlissen. Der Austausch blieb unvermeidbar.

Beim weiteren Zerlegen und Ausbauen der Getriebewellen war etwas Fingerspitzengefühl erforderlich. Hierbei müssen zuerst die beiden Lager der Vorgelegewelle mit Spezialwerkzeug abgezogen und anschließend die Vorgelegewelle auf den Getriebeboden abgesenkt werden. Erst dann können Antriebs- und Hauptwelle schadlos herausgenommen werden. Zu guter Letzt kann das Zahnrad für den Rückwärtsgang mit Hebel aus dem Gehäuse ausgebaut werden.

Bild 94: Erster Teil der Zerlegung.

Bild 95: Getriebe- und Kupplungsteile in Reih und Glied – diverse Teile wurden bereits aufbereitet, andere warten auf den Schadenbefund.

Bild 96: Das Getriebegehäuse erhielt einen frischen Lack.

Bild 97: Überholbare Kupplung – mit dem Komplettaustausch sind wir allerdings auf der sicheren Seite.

Alle Zahnräder auf der Vorgelege- und Hauptwelle waren glücklicherweise in Ordnung. Auch die Gleichlaufkörper und Schiebemuffen wiesen keine Verschleißspuren auf. Einzig und allein das Zahnrad des Rückwärtsganges wies starke Einkerbungen an den Flanken auf.

Insgesamt waren wir zufrieden mit dem Schadenbild, denn der Austausch von teuren Getriebezahnrädern blieb uns weitgehend erspart. Ersetzt werden mussten zwei Schaltgabeln, der Aludeckel hinten, das Zahnrad für den Rückwärtsgang, ein Satz Synchronringe und alle Lager für die Haupt- und Vorgelegewelle. Der Rest der Teile konnte in gewohnter Manier durch Reinigung und Sandstrahlen aufbereitet werden. Das Getriebegehäuse erhielt eine schwarze Lackierung und zahlreiche Kleinteile wurden galvanisch verzinkt.

Kupplung: Bleibt noch die Instandsetzung der Kupplung zu erwähnen. Sie soll später wieder dafür sorgen, dass das Motordrehmoment an das Getriebe übertragen wird und im ausgekuppelten Zustand möglichst geräuschfrei geschaltet werden kann. Die Schadenanalyse der Kupplungsdruckplatte und Mitnehmerscheibe erbrachte hier kein problematisches Bild. Rein theoretisch wären die beiden Verschleißteile durchaus nach Reinigen, Entrosten und Einstellen wieder verwendbar gewesen. In den 1960er-Jahren war es sogar üblich, dass Kupplungen lediglich durch Austausch von Druckfedern und Kupplungsbelägen überholt wurden.

Angesichts des hohen Aufwandes für den Aus- und Einbau des Getriebes riskierten wir besser nichts und entschieden uns für den kompletten Austausch der Verschleißteile einschließlich des Ausrücklagers. Auch die Schwungscheibe selbst tauschten wir vorsorglich aus, auch wenn eventuell Abdrehen der Anpressfläche genügt hätte. Der ursprüngliche Zahnkranz, der dafür sorgt, dass der Anlasser beim Starten den Motor durchdrehen kann, wurde kurzerhand um 180 Grad gewendet und wieder auf die neue Schwungscheibe aufgeschrumpft. Damit greift das Anlasserritzel die nächsten 50 Jahre wieder in »gesunde Zähne«, und wir haben erfreulicherweise hundertfünfzig Euro gespart.

Gelenkwelle: Aufgabe der Gelenkwelle ist es, das Drehmoment vom Wechselgetriebe auf den Achsantrieb ohne störende Geräusche und Schwingungen zu übertragen. Bei unserem Tourensportwagen ist die Welle nichts anderes als eine Weiterentwicklung der Kardanwelle mit zwei um 90 Grad gedrehten Kreuzgelenken. Wer es genau wissen möchte: Der Name leitet sich vom Mathematiker und Arzt Gerolamo Cardano ab, der bereits im 15. Jahrhundert die so genannte kardanische Aufhängung theoretisch beschrieben hat.

Nach dem vollständigen Zerlegen in die Einzelteile ergab sich ein sehr überschaubares Schadenbild, denn Gelenkwellen, Kreuzgelenke und Flansche sind aus Vergütungsstahl gefertigt. Die leichte oberflächliche Korro-

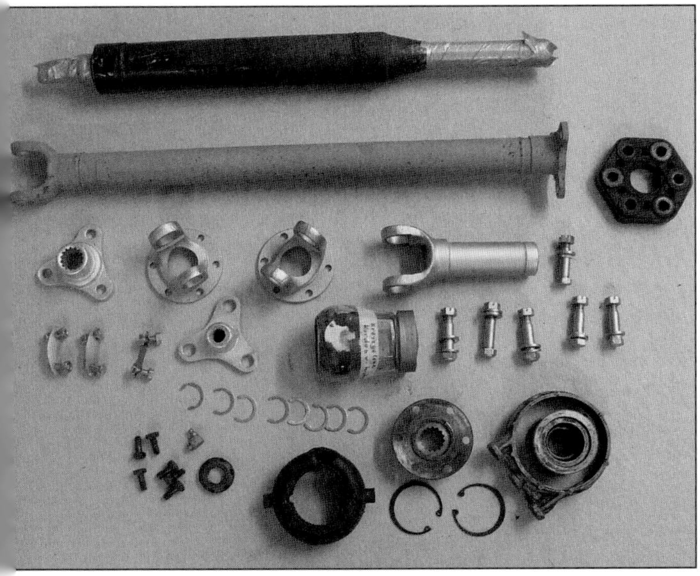

Bild 98: Doppelt hält besser! Die Kleinteile wurden teilweise vor dem Lackieren galvanisch verzinkt. Durch die Vorbehandlung mittels chemischer Bäder wurde der Rost restlos aus allen Ritzen entfernt.

sion konnte mit Strahlen, Schleifen und Lackieren behoben werden. Gleichermaßen gut zum Aufbereiten geeignet waren die meisten Kleinteile wie Schrauben und Muttern, sie wurden galvanisch verzinkt. Im Übrigen auch dann, wenn sie zum Teil später noch zusätzlich lackiert wurden. Denn der Vorteil ist, dass durch die Vorbehandlung durch entfettende, rostlösende und passivierende Chemikalien (u. a. Salzsäurebad) die Korrosion auch in kleinsten Ritzen restlos entfernt wird.

Erneuert werden mussten lediglich alle Lager der Kreuzgelenke, der Gummikörper des Polygongelenks und das mittlere Gummilager. Nach dem Zusammenbau wurde die Gelenkwelle von einer Spezialfirma präzise mittels passenden Masseblättchen ausgewuchtet.

Vorderachse

Die Vorderachskonstruktion des Mercedes 190 SL mit Fahrschemel und den doppelten unterschiedlich langen Dreieckslenkern war hinsichtlich der fahrdynamischen Eigenschaften seiner Zeit voraus und diente als Basis für die gesamte damalige Ponton-Baureihe. Im Jahr 1955 bezeichnete etwa die Berner Automobil Revue anlässlich der Europa-Premiere die Straßenlage als *»sehr gut«* und das Fahrwerk *»als das Beste, welches auf der Ausstellung zu fahren war«*. Außerdem hat die Achskonstruktion hervorragende Isolationseigenschaften gegenüber Fahrbahn- und Motorgeräusche. Das war damals auch dringend erforderlich, um die Schwingungsprobleme des raubeinigen Vierzylindermotors in den Griff zu bekommen. Außerdem können durch die Einzelradaufhängung die ungefederten Massen klein gehalten werden und beim einseitigen Überrollen eines Hindernisses wird das jeweils andere Rad nicht beeinflusst. Auch heute noch findet diese damals hoch innovative Achskonstruktion in modifizierter Form in vielen Limousinen ihre Anwendung.

Nach über einem halben Jahrhundert war die Achse allerdings stark in die Jahre gekommen, was ihr bereits äußerlich anzusehen war. Nach dem vorsichtigen Zerlegen, unter Verwendung spezieller Federspanner, offenbarten sich die üblichen Verschleißerscheinungen dieses Achstyps. Die vier inneren und vier äußeren Achsschenkellager waren defekt, wobei die inneren vier Bolzen aus Baustahl noch in Ordnung waren und zusammen mit den Gewindebuchsen aufbereitet werden konnten. Die restlichen Bauteile konnten mit Original-Reparatursätzen wieder instand gesetzt werden.

Stark beschädigt waren auch die beiden Steckachsen, die die oberen und unteren Querlenker jeweils mit den beiden Radnaben links und rechts verbinden. Sie waren so stark verschlissen, dass nur noch der vollständige Austausch mit allen Lagern und Büchsen als Lösung blieb. Auch dafür gibt es Reparatursätze von Mercedes mit allen erforderlichen Kleinteilen. Komplett erneuert werden mussten schließlich noch die beiden Stoßdämpfer, die Radlager sowie alle elastischen Elemente wie Anschlaggummi und die drei Gummipuffer für den Achsträger.

Kommen wir zur Analyse der tragenden Achsteile. Der massive Achskörper hatte erfreulicherweise keine Verformungen oder unrestaurierbare Korrosionsschäden zu verzeichnen. Das hätte ansonsten erhebliche Zusatzkosten verursacht. Auch die oberen beiden Achsschenkel, die Spiralfedern sowie Radnaben mit Bremsankerplatten waren für die Aufbereitung geeignet. Erhebliche Zweifel über die Wiederherstellungsmöglichkeiten gab es allerdings bei den beiden unteren Querlenkern, in denen wohl wegen ihrer Formgebung über die Jahre aggressiver säurehaltiger Schmutz sein Unwesen trieb und die Korrosion vorantrieb. Erst nach dem Strahlen und der genaueren Begutachtung der übrig gebliebenen guten Stahlsubstanz fiel die Entscheidung für den Austausch, zumal

Bild 99: Hauptteile der Vorderachse.

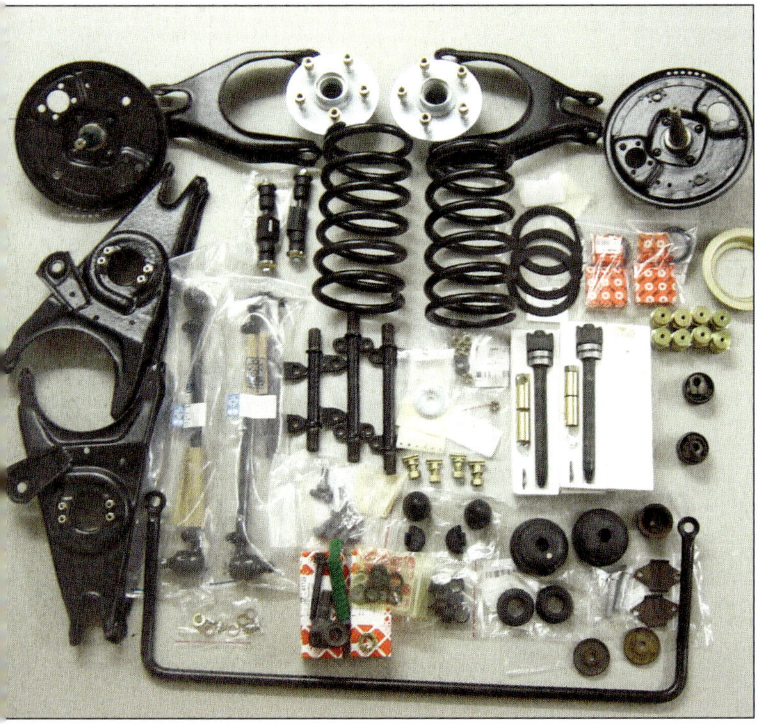

Bild 100: Neue und aufbereitete Achsteile warten auf den Zusammenbau.

wir am Oldtimerteilemarkt zwei sehr gut erhaltene, gebrauchte Exemplare ausfindig machen konnten.

Bezüglich der Aufbereitung stellte sich die Frage der Oberflächenbehandlung. Im fabrikneuen Originalzustand waren die Achsteile ursprünglich schwarz lackiert. Aufgrund der höheren Widerstandsfähigkeit gegenüber mechanischen Belastungen entschieden wir uns für das Pulverbeschichten in Seidenmattschwarz. Dies bietet derzeit den besten nachhaltigen Schutz von Achsteilen und anderen Bauteilen, die besonders durch Steinschlag gefährdet sind.

Bild 101: Der komplette Fahrschemel wartet auf Motor und Getriebe für die gemeinsame Hochzeit.

Bemerkenswert sind die Einstellmöglichkeiten der Achsgeometrie beim Mercedes 190 SL. Im Gegensatz zu vielen heutigen Modellen sind nahezu alle achsgeometrischen Größen wie Spur, Sturz, Nachlauf, Spreizung und Spurdifferenzwinkel einstellbar. Das bedeutet natürlich im Umkehrschluss, dass bei der Einstellung der Achsgeometrie besondere Sorgfalt geboten war. Wir entschieden uns für eine grobe Voreinstellung nach dem Werkstatthandbuch und brachten das Fahrzeug anschließend zu einem Fachbetrieb mit elektronischem Achsvermessstand.

Lenkung

Zweifelsohne erscheint aus heutiger Sicht das Lenkrad mit einem Durchmesser von fast einem halben Meter (45 cm) überdimensioniert. Man könnte meinen, es würde wohl besser in einen Lkw passen. Die Größe ist für den 190 SL aber gerade recht, um auch nicht auf Muskelkraft trainierte Fahrerinnen in die Lage zu versetzen, die Vorderräder ohne Servolenkung im Stand und bei langsamer Fahrt einschlagen zu können.

Geprägt durch die Dimension des Lenkrades und der Lenkgetriebeübersetzung ist ein entsprechend großer Einschlagwinkel erforderlich, bis die Vorderräder eine spürbare Richtungsänderung erfahren. Dementsprechend anspruchsvoll sind daher auch rasante Fahrten. Denn im Gegensatz zur heutigen Präzision des Geradeauslaufs muss man bei unserem Tourensportwagen ständig auf der Hut sein, den Lenkwinkel nachzujustieren um Bodenunebenheiten oder Seitenwind auszugleichen. Das gilt besonders bei Geschwindigkeiten über der Hundertermarke. Mit entsprechender Erfahrung und Übung hat man das Steuer jedoch bald gut im Griff.

Ohne Sicherheitsgurt verbleibt bei rasanter Fahrt trotzdem stets ein leicht mulmiges Gefühl. Gurte waren im 190 SL erst ab Oktober 1961 als Sonderausstattung oder zur Nachrüstung verfügbar, nachdem serienmäßig die Befestigungspunkte montiert wurden. Hinzu kommt die latente Bedrohung durch die starre Lenksäule, die bei schweren Unfällen den gefürchteten Lanzeneffekt zur Folge hatte.

Erst die »Pagode« bzw. der SL-Nachfolger Mercedes-Benz W113 erhielt umfangreiche Sicherheitsmaßnahmen, die im Wesentlichen auf den Begründer der passiven Sicherheit Béla Barényi (1907 – 1997) zurückgehen. Das Lenkgetriebe wurde aus dem crashgefährdeten Bereich des Vorderwagens an die Stirnwand gerückt, die Lenksäule wurde geknickt und mit Gelenken versehen. Dazu erhielt die Pagode eine steife Fahrgastzelle mit leicht verformbaren Bug- und Hecksegmenten als Knautschzone und einen »entschärften« Innenraum ohne harte Ecken und Kanten. Im Jahr 1967 kamen dann serienmäßig für alle Mercedes-Benz-Personenwagen ein Sicherheitslenkrad mit Aufpralldämpfer und Teleskoplenksäule hinzu.

Nur gut, dass wir heute mit unseren Veteranen besonders vorausschauend und vorsichtig unterwegs sind. Damit können wir das Unfallrisiko durchaus begrenzen, auch wenn unser Auto damals noch nicht nach passiven Sicherheitskriterien konstruiert wurde.

Angesichts der besonderen sicherheitstechnischen Anforderungen wurde die Lenkanlage mit Lenkrad, Lenksäule und Lenkgetriebe vollständig in ihre Einzelteile zerlegt und auf kleinste Haarrisse und Schäden untersucht. Auch hier hatten wir erfreulicherweise keine bemerkenswerten Schäden zu verzeichnen. Das Lenkgetriebe war in Ordnung und erhielt lediglich neue Lager und eine neue Abdichtung. Außerdem wurden die Gehäuseteile aus Guss innen rot und außen schwarz lackiert. Das Kreuzgelenk, das die Lenkspindel mit dem Getriebe verbindet, wurde ebenso neu gelagert, und die restlichen Kleinteile rund um Lenksäule und -getriebe konnten alle aufbereitet werden.

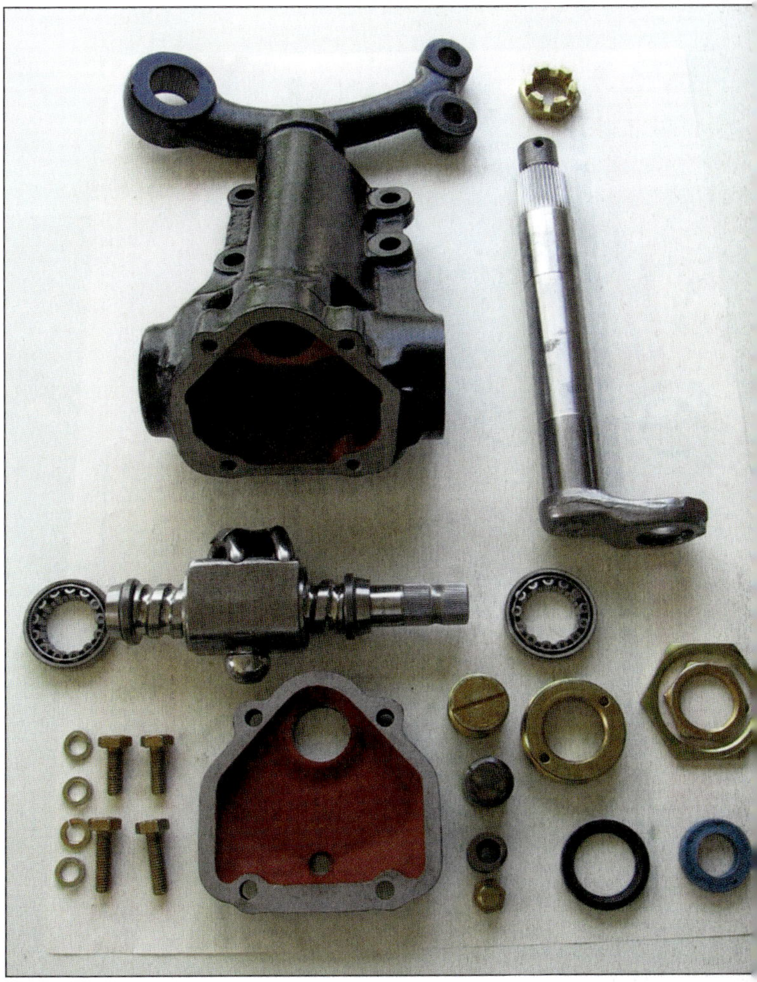

Bild 102: Kugelumlauflenkgetriebe – nach der Restaurierung wieder robust und sicher. Nach einem halben Jahrhundert waren lediglich neue Lager und Dichtungen auszutauschen.

Bild 103: Lenkrad mit entsprechend großem Durchmesser sorgt für Lenkbarkeit (*Martin Grimme*).

Das große, weiße Lenkrad war bedauerlicherweise zu verbraucht und rissig, als dass es für einen 1er-Zustand tauglich gewesen wäre. Zu kontrastreich wäre der Unterschied zum fabrikneu restaurierten Armaturenbrett und zur Innenausstattung gewesen. Heute schmückt das Original deshalb besser die Werkstattwand und ein neues den Innenraum unseres Tourensportwagens.

Hinterachse

Mit dem Produktionsanlauf des Tourensportwagens wurde für nahezu alle Mercedes-Benz-Personenwagen die Eingelenk-Pendelachse eingeführt. Sie wurde 1954 erstmals im Typ 220a verbaut und galt anno dazumal als eine der fortschrittlichsten Hinterachskonstruktionen. In den einschlägigen Fachzeitschriften wie Auto Motor Sport führte das seinerzeit zu euphorisch guten Urteilen über die Fahrdynamik und das Grenzbereichverhalten in Kurven (Engelen, 2005).

Bemerkenswert war in der Anfangszeit die Abstimmung der Hinterachsübersetzung. Sie wurde noch im ersten Produktionsjahr zweimal geändert von 1:3,7 auf 1:3,89 und dann später auf 1:3,9 bzw. optional auf 1:4,1. Die etwas längere Übersetzung ging zwar zu Lasten des Beschleunigungsvermögens, allerdings gewannen die Ingenieure damals auch den Kampf gegen die Fahrwiderstände, denn mit dieser Maßnahme erreichte die Tachonadel zumindest gelegentlich die 180 km/h-Marke, so wie es im ersten Prospektblatt der Serienversion des 190 SL angegeben war.

Hochgepriesene Straßenlage in Ehren, vom ehemaligen Ruhm und Glanz der innovativen Achskonstruktion war an unserem Exemplar nichts mehr zu erkennen (Bild 104). Auch hier hat der Zahn der Zeit an der guten alten Ingenieurskunst leider seine braunen Spuren hinterlassen. Massiver Rostbefall wo man hinschaut, besonders an den Schubstreben, Federn und am Achsgehäuse. Obendrein war der Faltenbalg weiträumig gerissen und ließ nichts Gutes erahnen für das, was sich im Inneren der Achse noch verbergen mochte.

Bild 104: Hinterachsgehäuse mit massivem Rostbefall – wenig war übrig vom ehemaligen Ruhm und Glanz der innovativen Eingelenkpendelachskonstruktion.

Also machten wir uns in gewohnter Weise an die Zerlegarbeit der Hinterachse mit ihren insgesamt knapp 400 Einzelteilen, Schrauben und Muttern mitgezählt. Zuerst zerlegten wir fein säuberlich die Teile der Achsaufhängung. Dazu gehört das massive Pendelgelenk aus Gusseisen mit dem Gelenkbolzen. Es hat vor allem die Aufgabe, die Hinterachse über ein zentral angebrachtes Gummikissen am Wagenkasten zu halten und ihr dabei ein begrenztes dämpfendes Axialspiel zu ermöglichen. Anschließend wurden die beiden Längsschubstreben und die Querstreben abgebaut und zerlegt. Wie üblich war es erforderlich, die stark verrosteten Schraubverbindungen erst einmal sorgfältig mit Rostlöser zu behandeln und mit dem Autogenschweißgerät zu erhitzen. Besonders durch Schmutz und Korrosion festgebacken war das Pendelgelenk mit den vielen Lagerbüchsen und Distanzringen. Bis das Gelenk vollständig in seine Einzelteile zerlegt war, verging ein ganzer Tag Arbeit.

Auch das Hinterachsgehäuse ließ sich nicht so ohne Weiteres zerlegen, wie es im Mercedes-Werkstatthandbuch für gut gewartete Baugruppen beschrieben steht. Trotz vorheriger mehrtägiger Behandlung mit Rostlöser und zusätzlicher intensiver Wärmezufuhr mit dem Schweißbrenner, sind uns leider mehrere Schrauben abgebrochen, besonders an den beiden Flanschen für die Bremsträgerplatten, dort wo die Steckachsen befestigt sind. In der Folge war es erforderlich, die Schraubenbruchstücke auszubohren und die Gewinde nachzuschneiden. Das Zerlegen des Ausgleichsgetriebes mit Teller- und Kegelrad gelang uns vergleichsweise einfach. Ebenso war das Schiebegelenk im Gehäuse trotz zerrissener Achsmanschette über Jahrzehnte gut geschmiert und einfach zerlegbar.

Nun zum Befund: Beginnen wir zunächst mit den äußeren Bauteilkomponenten. Die Verschleißteile wie Gummipuffer und -lager, Büchsen, Dichtungen und Reibscheiben wurden selbstverständlich alle durch originale Mercedes-Neuteile ersetzt. Das gilt auch für die Stoßdämpfer, hier entschieden wir uns für Gasdruckdämpfer der Marke Bildstein. Die massiven Achsgehäuseteile aus Gusseisen sowie die Hauptkomponenten der Achsaufhängung wie Schubstreben, Querstrebe, Spiralfedern und Pendelgelenk waren gut erhalten und instandsetzbar. Alle Teile wurden sorgfältig durch Glasperlenstrahlen entrostet, geschliffen und erhielten eine neue vor Rost und Korrosion schützende Oberflächenbeschichtung. Die Achsgehäuseteile und der mittlere Pendelgelenkträger wurden schwarz lackiert, die beiden Längszugstreben, die Spiralfedern und die Querstrebe wurden wegen der besonderen Steinschlaggefährdung kunststoffbeschichtet.

Summa summarum war das Schadenbild begrenzt. Lediglich die hintere rechte Bremsträgerplatte war wegen massiven Rostbefalls nicht mehr zu retten. Der Ersatz durch ein Neuteil war unvermeidbar. Als Rost- und Steinschlagschutzmaßnahme entschieden wir uns auch bei den beiden Bremsträgerplatten für eine widerstandsfähige schwarze Kunststoffbeschichtung.

Auch im Inneren der Hinterachse war das Schadenbild den Umständen entsprechend überschaubar. Ausgetauscht wurden selbstverständlich alle Dichtungen und Dichtringe sowie die Lager der Steckachsen, die beiden Lager des Kegelrades und die Kegelrollenlager links und rechts vom Differentialkörper. Die Rollenlager und das Kreuzgelenk des Schiebegelenks, das für den Längenausgleich der rechten hinteren Steckachse beim Ein- und Ausfedern sorgt, waren in Ordnung und konnte ohne jegliche Instandsetzungsarbeiten wieder verwendet werden. Ebenso aufbereitet werden konnten beide Steckachsen.

Beim Kegel- und Tellerrad waren wir uns nicht ganz sicher. Beide Zahnräder sowie die vier Ausgleichskegelräder des Differentials wiesen zwar keine besonderen Verschleißerscheinungen an den Zahnflanken auf. Und auch das Tragbild sowie das Zahnflankenspiel unser Kegel-/Tellerradkombination mit der Übersetzung 1:3,9 waren in Ordnung.

Bild 105: Kegel- und Tellerrad waren offensichtlich in gutem Zustand – ein Versuch war es Wert, die Teile wieder zu verwenden. Leider vergeblich! Später mussten sie doch erneuert werden.

Allerdings lehrt die langjährige Erfahrung von Zsolt an zahlreichen Hinterachsinstandsetzungen dieses Typs, dass selbst Kegel-/Tellerradkombinationen im besten Zustand zuweilen zu Heulgeräuschen neigen. Grund dafür ist, dass die Zahnradhersteller beide Räder genau aufeinander abstimmen und es für die jeweilige Kombination ein Einstellungsoptimum gibt, bei denen die Paarung am geräuschärmsten ist. Nur eine kleine Abweichung davon kann zu Heulgeräuschen führen.

Bild 106: Hinterachse für den Einbau bereit.

Unsere Strategie war demnach, Kegel- und Tellerrad mit den richtigen Einstellungswerten wieder genau so einzubauen, wie sie waren und zu hoffen, dass die Achse ruhig ist. Die erste Testfahrt wird allerdings später noch offenbaren, dass Teller- und Kegelrad leider doch erneuert werden mussten.

Bild 107: Perfekt restauriert kann die Eingelenkpendelachse ihre für damalige Verhältnisse hervorragenden fahrdynamischen Eigenschaften wieder beweisen.

Bremsanlage

Bei der Restaurierung der Bremsanlage ist grundsätzlich besondere Sorgfalt geboten, zumal es sich hier um Sicherheitsbauteile handelt. Kompromisse dürfen vor allem deshalb nicht eingegangen werden, weil die hydraulische Anlage als Einkreissystem ausgelegt ist. Im Klartext heißt das: Ein Leck im Hauptbremszylinder, im ATE-Bremsgerät, an den Leitungen oder in den Radbremszylindern kann zum Totalausfall der Bremsanlage führen. Angesichts dieser Tatsache analysierten wir die Komponenten der Bremse besonders akribisch auf kleinste Korrosionsherde und Haarrisse.

Hauptbremszylinder: Der Hauptbremszylinder, der die Aufgabe hat, den mechanischen Druck auf das Bremspedal über einen einzigen Kolben hydraulisch an die Bremsflüssigkeit weiterzugeben, war nicht zu retten. Auch wenn der Kolben mit seinen Kleinteilen, zumindest im Inneren, keinen erheblichen Verschleiß aufwies, war uns das Ausfallrisiko beispielsweise durch Materialermüdung des Zylinders einfach zu groß. Die komplette Erneuerung war hier eindeutig die sichere Wahl.

Bremskraftverstärker: Das ATE-Bremsgerät gehört zweifelsohne zu den großen sicherheitstechnischen Innovationen der Nachkriegszeit. Die Idee für den pneumatischen Bremskraftverstärker hatte man zwar schon in den 20er-Jahren, zur Realisierung des komplexen Sicherheitsbauteils kam es allerdings erst in den Fünfzigern, zunächst durch Bendix (Rieth, 2008) und bald darauf als Lizenzbau durch die Firma Albert Teves ATE. Mit Hilfe des Motorunterdrucks unterstützt es die Fußkraft des Fahrers und hilft den Bremsweg zu verkürzen.

Bild 108: Einkreis-Hauptbremszylinder wurde erneuert – Aufbereiten wäre lebensgefährlich.

Im Gegensatz zur nächsten Fahrzeuggeneration war das ATE-Bremsgerät T50 bei unserem Tourensportwagen noch separat vom Hauptbremszylinder verbaut. Erst in späteren Baureihen, wie Mercedes Pagode, wurden die Systeme zusammengeführt. Bis April 1956 gab es beim Mercedes 190 SL den Bremskraftverstärker sogar nur als Sonderausstattung. Vielfach wurde er mitbestellt, so erfreulicherweise auch bei unserem Fahrzeug.

Bei der Restaurierung des komplexen Sicherheitsbauteils mit knapp hundert Teilen war äußerste Präzision gefordert. Das gilt vor allem für den Vakuumzylinder und Kolben, den Hilfshauptzylinder und die verschiedenen Steuerventile, die für die Bremskraftregelung erforderlich sind. Fehler und Defekte äußern sich ansonsten durch schlechten Leerlauf wegen Falschluft, mangelnde Bremskraftunterstützung durch Kolbenklemmen oder Leckage an der Unterdruckseite. Leider kann es sogar noch schlimmer kommen, wenn eine Undichtigkeit zwischen Hydraulik- und Unterdruckseite zu Bremsflüssigkeitsverlust führt. Motorschäden durch Ansaugen von Bremsflüssigkeit über die Saugleitung zum Ansaugkanal sind dadurch schon aufgetreten, und selbst der Totalausfall der Bremsanlage ist im schlimmsten Fall möglich.

Bild 109: ATE-Bremsgerät im bedauernswerten Zustand – im Inneren war das nicht anders.

Bild 110: Gut geschmiert – Zylinderlauffläche und Kolben waren dank genügend Fett in einem guten Zustand.

Bild 111: ATE-Bremsgerät – die Komponenten sind aufbereitet und stehen für den Zusammenbau bereit.

Restaurierbar waren der Vakuumzylinder, der zuweilen auch Blechtopf genannt wird, der Vakuumkolben und die große Spiralfeder zur Rückholung des Kolbens. Auch der komplette Gehäusedeckel aus Aluminiumlegierung mit dem separaten Teil für die Steuerventile wurde in gewohnter Manier vorgereinigt und mit Glasperlen gestrahlt. Die besonders hartnäckig vom Rostfraß angegriffenen Stellen wurden zusätzlich geschliffen. Die äußere Oberfläche des Blechtopfes aus Stahl wurde weiß verzinkt. Die Innenfläche dagegen war wegen genügend beständig gebliebenen Schmierfettes vollkommen frei von Rost und konnte so belassen werden.

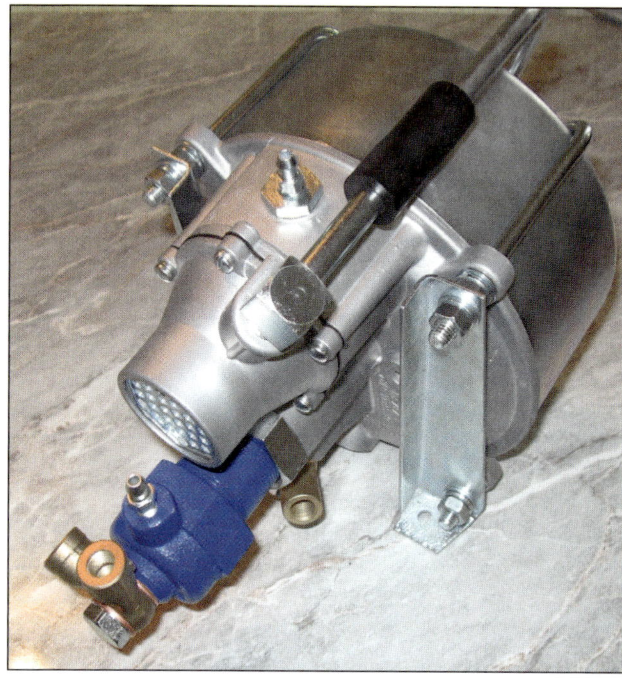

Bild 112: ATE-Bremsgerät – wieder voll funktionsfähig.

Auch Kleinteile aus Baustahl und Messing wie Haltebügel, Schrauben und Muttern wurden nach dem Aufbereiten und Verzinken weitgehend wieder verwendet. Unrestaurierbar und erneuert wurden dagegen der Hilfsbremszylinder (er ist als Austauschteil erhältlich), alle Dichtungen und Kugelventile sowie das Membranventil für die Unterdruckregelung.

Tipp: Der gute Zustand unseres ATE-Bremsgerätes war ein Glücksfall. Die Einzelteile waren restaurierbar. Das ist allerdings nicht immer so. Im Zweifel sollte man hier besser auf Nummer sicher gehen und vorsichtshalber ein neues Aggregat einbauen. In einer aufwändigen Nachfertigungsaktion hat das Mercedes-Benz Classic Center in enger Zusammenarbeit mit Continental Teves das Bremsgerät seit kurzer Zeit wieder neu aufgelegt.

Trommelbremsen: Die Trommelbremsen an der Vorderachse sind als Duplexbremsen ausgelegt, mit jeweils zwei einfach wirkenden Radbremszylindern und Al-Fin-Bremstrommeln aus Aluminiumlegierung mit eingeschrumpftem Stahlring und Kühlrippen (vgl. Bild 115). Durch die Duplex-Anordnung wirken die Bremsbacken selbstverstärkend und erzielten eine für die damalige Zeit sehr beachtliche Bremswirkung von mehr als 6 m/s^2. Hinten dagegen leistet eine einfache Duplexbremse den »Bremsendienst« mit doppelt wirken-

Bild 113: Trommelbremse vorne – Radbremszylinder und Bremsbacken waren restaurierbar. Viele Kleinteile konnten nach sorgfältigem Aufbereiten gerettet werden.

Bild 114: Wie neu! Radbremszylinder mit Kleinteilen und Handbremshebel.

den Radbremszylindern (zwei Kolben). Die Trommeln bestehen aus Gusseisen.

Wie weiter oben bereits erwähnt, war der letzte Besitzer unseres Wracks so »geschäftstüchtig« und hat die Bremse notdürftig repariert, mit dem Ziel das Fahrzeug als fahrfertig zu deklarieren und den Verkaufspreis anzuheben. Dieser Umstand kam uns zumindest jetzt ein wenig zugute. Die Bremszylinder waren im guten Zustand und konnten nach galvanischer Aufbereitung und Verzinken mit den üblichen Reparatursätzen instand gesetzt werden. Auch die vorderen Bremsbacken aus Aluminiumguss und die hinteren aus Stahl waren restaurierbar. Sie wurden mit Glasperlen gestrahlt und mit neuen Bremsbelägen versehen, vorne geklebt und hinten genietet. Die hinteren Backen erhielten zusätzlich eine hitzebeständige braune Lackschicht, um Korrosion vorzubeugen.

Erfreulicherweise hatten auch die Bremstrommeln vorne und hinten keine unbehebbaren Schäden. Nach dem Strahlen wurden die Innenflächen sorgfältig auf einer Präzisionsdrehbank ausgedreht, um Bremsrütteln oder -schlagen vorzubeugen. Die hinteren Trommeln aus Stahlguss erhielten zudem einen speziellen schwarzen, temperaturbeständigen Lack.

Bild 115: Duplex-Trommelbremse vorne mit Selbstverstärkung – wieder für den Bremsendienst bereit.

Auch diverse Bremsenkleinteile konnten nach Aufbereitung und galvanischer Behandlung wieder verwendet werden. Dazu zählten beispielsweise die beiden hinteren Hebel für die Feststellbremse oder die zahlreichen Hülsen und Schrauben zur Befestigung der Backen. Alle Verschleißteile wie Rückholfedern oder Reibscheiben wurden dagegen ausgetauscht. Bedauerlicherweise nicht mehr zu retten waren die nicht gerade preiswerten hinteren Seilrollengehäuse aus Aluminium, in denen das Handbremsseil geführt ist. Außerdem mussten alle vier Bremsleitungen sowie die zwei Bremsschläuche an den vorderen Bremsankerplatten ausgetauscht werden.

Elektrik

Im Gegensatz zu modernen Automobilen mit Motormanagement, CAN Bus und Lichtwellenleiter ist die elektrische Einrichtung bei Fahrzeugen bis Anfang der 1980er-Jahre noch überschaubar. Für die Elektrik des Motors und der Motorsteuerung benötigte es damals gerade mal eine Handvoll Komponenten wie Zündverteiler, Zündspule, Lichtmaschine und einen Anlasser. Der überwiegende Teil der Elektrik war für die Lichtanlage sowie Scheibenwischer und Heizungsgebläse erforderlich. So gesehen haben wir also eindeutig einen Vorteil, nicht einen der jüngeren Youngtimergeneration mit zahlreichen elektronischen Steuergeräten vor uns zu haben. Der Schaltplan unseres Veteranen ist in der Tat sehr überschaubar (Bild 116).

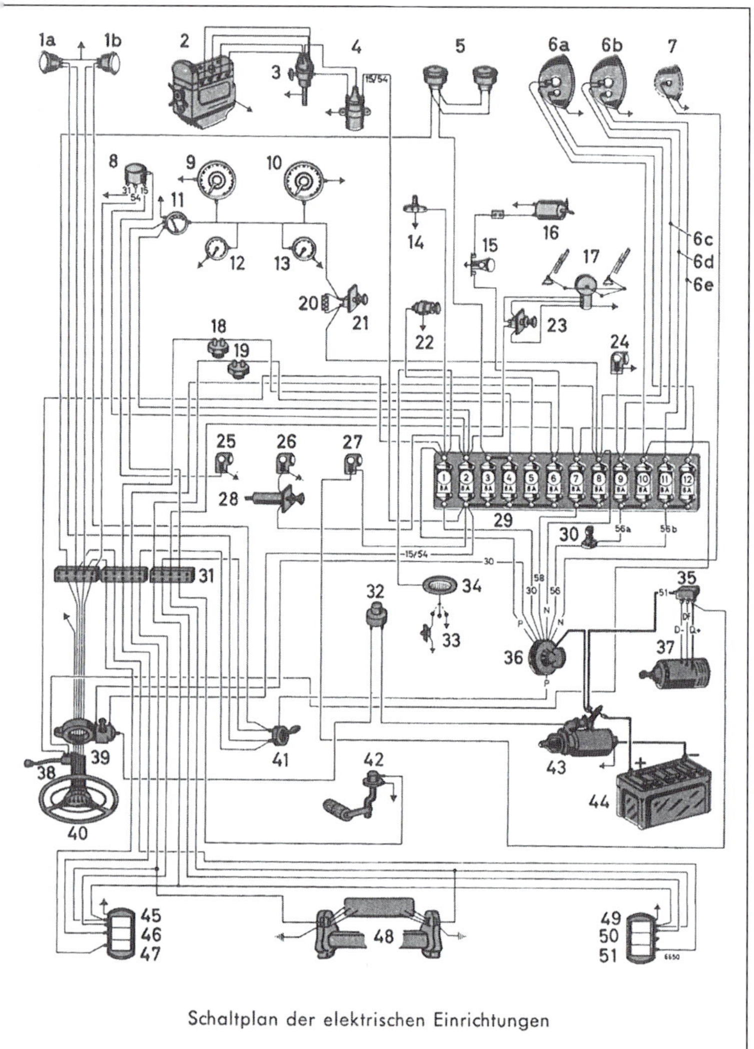

Bild 116: Schaltplan der elektrischen Einrichtungen des 190 SL (*Auszug Bedienungsanleitung 190 SL*).

Dennoch darf die Arbeit nicht unterschätzt werden, die beim vollständigen Überholen der Elektrik mit allen Aggregaten von Anlasser bis Zündkabel anfällt. Die wichtigsten Arbeitsumfänge werden nachfolgend kurz dargestellt.

Anlasser, Lichtmaschine und Elektromotoren: Der Anlasser, die Lichtmaschine als Gleichstromgenerator sowie die beiden Elektromotoren für das Heizungsgebläse und Scheibenwischerbetrieb wurden vollständig in ihre Einzelteile zerlegt, die Gehäuse gestrahlt und lackiert und die Schrauben und Kleinteile verzinkt. Besonders sorgfältig musste dabei bei der Aufbereitung des Innenlebens der entweder als Generator oder Elektromotor wirkenden Bauteile geachtet werden. Die Magnete sowie Feld- und Erregerspulen wurden auf Beschädigung analysiert. Sämtliche Anker und Kollektoren wurden fein säuberlich abgedreht, und selbstverständlich erhielten alle Aggregate neue Kohlebürsten und neue Lager, so dass sie heute wieder nachhaltig funktionsfähig sind.

Bemerkenswert ist in diesem Zusammenhang, dass bis auf die Lager und Polschuhe keine nennenswerten Verschleißspuren aufgetreten sind. Lediglich den Magnetschalter des Anlassers haben wir vorsichtshalber erneuert, um später bei Ausfahrten keine bösen Überraschungen zu erleben. Die Ersatzteilkosten hielten sich in Grenzen.

Bild 117: Zerlegte Bauteile der Fahrzeugelektrik.

Bild 118: Anlasser und Gleichstromlichtmaschine wieder für den Einbau bereit.

Regler: Der im Mercedes 190 SL eingebaute U-Regler von Bosch war in den Sechzigern weit verbreitet. Mit seinen drei Spulen für Spannungsregelung, Strombegrenzung und für den Rückstromschalter sorgt er unabhängig von der Motordrehzahl für konstante Ladespannung. Geschätzt wurde damals der übersichtliche Aufbau, seine Robustheit und die universelle Einsetzbarkeit für Fahrzeuge mit Gleichstromlichtmaschine. Während allerdings heute elektronische Regler gerade mal das Ausmaß einer Fingerkuppe haben und direkt in der Lichtmaschine eingebaut sind, war damals immerhin ein Kästchen in der Größe von drei Zigarettenschachteln erforderlich, um für korrekten Ladestrom und Ladespannung zu sorgen.

Für die Restaurierung gab es für uns zwei Optionen. Entweder einen kleinen elektronischen Regler in das alte Gehäuse mit originaler Optik verbauen oder vollständig Originalität von Elektromechanik und Optik. Nach dem Entfernen des schwarzen Deckels und der Schadenanalyse an Spulen, Kontakten und bei diesem Reglertyp außen angebrachten Regelwiderständen, stellten wir außer Reinigungs- und Entrostungsbedarf keine erheblichen Verschleißspuren fest. Demnach freuten wir uns nicht nur über die Einsparung von rund 150 Euro, sondern vor allem über die Funktionsoriginalität.

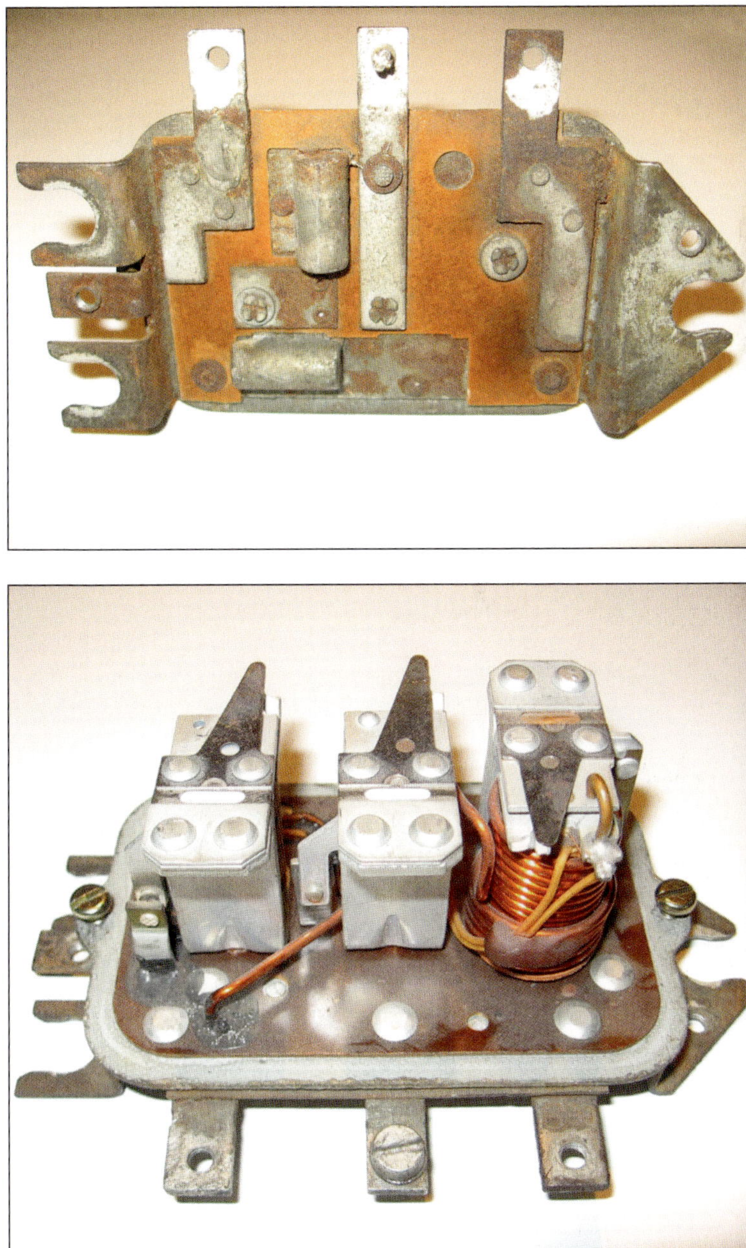

Bild 119: U-Regler – die Kontakte waren zwar stark korrodiert aber vollständig restaurierbar.

Bild 120: Blackbox mit Funktionsoriginalität.

Bild 121: Säure, Öl und Schmutz setzen den Kabeln und Steckern zu.

Bild 122: So sind Pannen und Kabelbrände vorprogrammiert.

Kabelbaum: Auch wenn der Schaltplan überschaubar sein mag, kommen doch im 190 SL insgesamt rund 200 Meter Kabel zum Einsatz, die sich von vorne bis hinten wie ein Netzwerk durchs Auto schlängeln. Das ist natürlich nichts im Vergleich zu modernen Fahrzeugen, die zuweilen mit einer Kabellänge von weit über einem Kilometer aufwarten, dennoch war die Schadenanalyse sehr sorgfältig vorzunehmen. Eine brüchige Strippe oder ein wackeliger Stecker könnte sonst sehr schnell zu einer Panne oder gar zum Kabelbrand führen.

Die Schäden und Probleme am Kabelbaum waren bei unserem Tourensportwagen trotz seines fortgeschrittenen Alters recht überschaubar, besonders im Innenraum und unter dem Armaturenbrett waren kaum Schäden an der Isolierung, den Ummantelungen oder den Steckern zu verzeichnen. Hier und da war es erforderlich, den Stecker vollständig auszutauschen oder nachzulöten. Im Motorraum und an der Verkabelung zu den vorderen Leuchteinheiten sah es dagegen anders aus. Die meisten Kabel sind durch Säure, Öl, Schmutz sowie thermische Einwirkung so spröde geworden, dass eine Erneuerung dringend geboten war.

Durch zurückliegende Kabelreparaturen, oder besser gesagt Pfuscherei, kam hinzu, dass die Kabel irgendwo auf ihrem Weg zum Verbraucher die Farbe wechselten. Wir mussten deshalb auch unter jeder Ummantelung nach dem Rechten sehen, ob nicht wackelige Quetschklemmen oder kalte Lötstellen darunter verborgen sind.

Insgesamt waren die Schäden am Kabelbaum moderat und wir freuten uns, dass wir viel Kabelsubstanz und

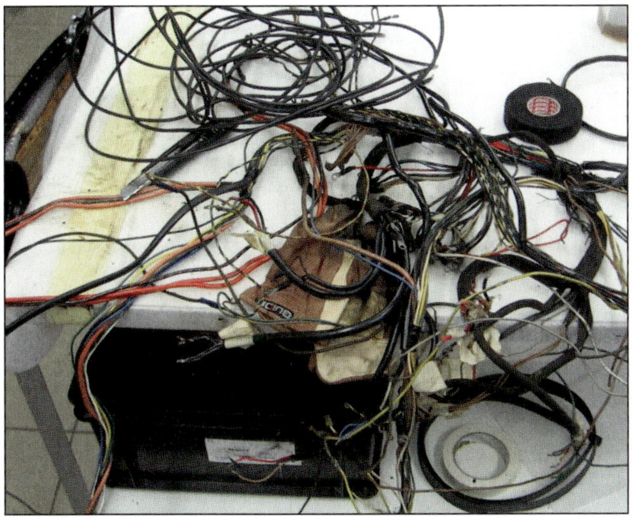

Bild 123: Kabelbauminstandsetzung – nach sorgfältiger Analyse und Instandsetzung blieben immerhin rund zwei Drittel der Kabel und Stecker erhalten.

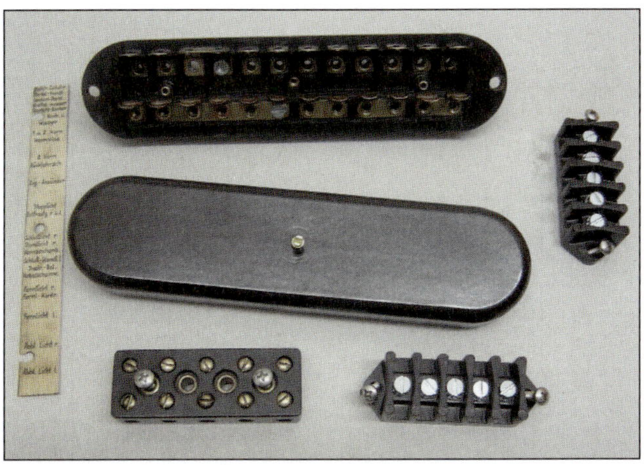

Bild 124: Sicherungskasten und Bakelitklemmen – aufbereitet für den Einbau bereit.

Steckverbindungen – zum Teil durch Nachlöten und neue Isolierung auf Textilbasis – retten konnten. Außerdem wurden alle Polschuhe und Stecker fein säuberlich mit Glasperlen gestrahlt, damit sie wieder optimal Kontakt haben. In Metern ausgedrückt blieben am Ende ca. 150 Meter bzw. etwa zwei Drittel der Kabel in unserem Roadster original erhalten.

Auch der Sicherungskasten und die Bakelitklemmen, von denen aus sich der Kabelstrang in die verschiedenen Richtungen auseinanderzweigt, waren nach gründlicher Reinigung wieder einsatzfähig für den Stromdienst. Lediglich ein paar stark beschädigte Klemmschrauben wurden ersetzt.

Zündverteiler: Für den 190 SL gab es während der Produktionszeit mehrere verschiedene Ausführungen von Zündverteilern. In unserem Roadster war noch das Original ab Werk erhalten. Zwei Punkte sind hier bemerkenswert. Erstens besitzt er keine Unterdruckverstellung sondern nur eine Fliehkraftverstellung, und zweitens ist der Verteiler mit einem so genannten Oktanzahlkompensator ausgerüstet. Damit kann der Zündzeitpunkt per Drehknopf vom Fahrerplatz aus in Richtung Spätzündung justiert werden. Das war zur damaligen Zeit zuweilen durchaus angebracht, da die Benzinqualität äußerst unterschiedlich war und man somit Frühzündung und Motorklingeln vorbeugen konnte.

Wieder einmal erfreuten wir uns an einem kleinen Detail der Originalität, zumal viele der originalen Verteiler im Laufe der Zeit beim Kundendienst durch modifizierte ersetzt wurden, etwa dann, wenn der Kunde über schlechte Motorleistung klagte. Also legten wir großen Wert darauf, das gute alte Stück von Bosch wieder optimal zu restaurieren, zerlegten es vollständig, verpassten ihm neue Lager und neue Federn für die Fliehkraftregelung. Erneuert wurden selbstverständlich auch Verteilerkappe, Verteilerfinger und Unterbrecherkontakte. Zum Glück waren auch der Bautenzug und Drehknopf für die manuelle Zündverstellung noch in Ordnung. Andernfalls hätte eine Nachfertigung unser Budget mit rund 400 Euro enorm geschmälert.

Bild 125: Der Schaden am Bosch-Verteiler war überschaubar – Gehäuse und Verteilerwelle waren vollständig in Ordnung.

Bild 126: Rares Detail – Bosch-Verteiler ab Werk mit manueller Zündverstellmöglichkeit.

Batterie: Die Batterie ist an ihrem zentralen Platz im Motorraum ein wahrer Blickfang, weshalb bei unserem Roadster nur eine klassische schwarze Batterie in Frage kommt. Heute hat man die Wahl zwischen einem modernen wartungsfreien Gel-Akku, der in einem schwarzen Hartgummigehäuse implantiert ist oder einer wieder aufgelegten herkömmlichen Batterie in Blei-Calcium-Silberlegierung-Ausführung und Schwefelsäure als Elektrolyt.

Die Entscheidung fiel schließlich für die 12 Volt-Bleibatterie mit Schwefelsäure und einer Kapazität von 56 Amperestunden. Im nostalgischen Design und mit einer Nachbildung des Bosch-Aufklebers passt sie gut zum damaligen Erscheinungsbild. Wie sie sich bewährt, werden wir spätestens in vier Jahren wissen. So lange sollte sie auf jeden Fall ihren Starterdienst erfüllen.

Bild 127: Schwarze Batterie – alles andere verschandelt das Bild.

Beleuchtung

Bei modernen Autos steht heutzutage bald alle zwei Jahre ein Face Lift an, bei manchen Marken sogar ein vollständiger Modellwechsel. Im Gegensatz dazu war das äußere Design des 190 SL sehr beständig, die Karosserieform blieb über acht Jahre von 1955 bis 1963 weitgehend unverändert. Moderate Änderungen beschränkten sich hauptsächlich auf die äußeren Zierteile aus Chrom und die Beleuchtungseinheiten. So wurden ab Anfang Juni 1956 die kleinen Heckleuchten durch größere ersetzt, ab Ende Juli 1957 erfolgte die Beleuchtung der Kennzeichen aus den hinteren Stoßstangenhörnern und im Jahr 1958 wurden die vorderen Blinker durch größere ersetzt. Für unsere Restaurierung war das insofern bedeutsam, dass wir selbstverständlich so weit wie möglich, dem Baujahr 1955 entsprechend, die originalgetreuen Beleuchtungseinheiten einbauen wollten.

Zwar waren die so genannten Sealed Beam-Scheinwerfer (deutsch: versiegelter Strahl), mit denen unser Fahrzeug für den US-Markt ursprünglich ausgerüstet war, noch vorhanden, allerdings sind sie in Deutschland seit etwa 1990 nicht mehr zulassungsfähig. Bei diesen SB-Scheinwerfern sind der Reflektor, die Glasscheibe, das Gehäuse und das Leuchtmittel untrennbar miteinander verbunden und unter Vakuum verklebt. Sobald die Einheit geöffnet wird, ist der Scheinwerfer zerstört. Außerdem besitzen sie kein in der EU gefordertes asymmetrisches Abblendlicht mit Hell-Dunkel-Grenze. Folglich blieb als Lösung nur der komplette Austausch. Wir montierten neue Bosch-Scheinwerfer mit den recht robusten altbekannten Zweifaden-BILUX-Birnen mit immerhin 35 Watt. Mit den heutigen Lampen, beispielsweise H7 Halogenlampe (55 Watt) oder gar dem Xenonlicht kann freilich nicht konkurriert werden. Aber das wollen wir ja auch nicht. Die dazu passenden verchromten Scheinwerferringe für die deutsche Ausführung konnten wir gebraucht auf dem Oldtimerteilemarkt finden und aufbereiten.

Für die Rücklichter sah die Angelegenheit schon etwas schwieriger aus. Während der Lampenträger des linken Rücklichtes noch zum Restaurieren taugte, war das rechte Pendant restlos durch Korrosion zerstört. Das Problem dabei: Leider gab es weder neue Lampenträger noch komplette neue Rücklichter zu kaufen. Lediglich die Dichtungen und die Rücklichtgläser sind für viel Geld zu erwerben. Bei den vorderen Blinkern stellte sich ein ähnliches Problem dar. Zwar gibt es die neueren Sockelvarianten für die größeren

Bild 128: Viel vom Licht war nicht mehr übrig und die gut erhaltenen Sealed Beam-Scheinwerfer leider unbrauchbar.

Bild 129: Der Spezialist erkennt die Feinheiten – kleine vordere Blinklichter gab es nur bis 1958 (*Martin Grimme*).

orangefarbenen Gläser, nicht aber für die bis Baujahr 1958 verbauten kleineren Blinker (vgl. Bild 129).

Also blieb nur die Suche auf dem Oldtimergebrauchtteilemarkt, wo wir nach geraumer Zeit glücklicherweise fündig wurden. Der Lohn der Mühe: Den hinteren Lampenträger konnten wir in einem guten Zustand für 10 Euro erwerben, im Vergleich dazu ist seit letztem Sommer wieder ein Nachbauteil für rund 300 Euro erhältlich. Zudem konnte Zsolt aus seinem mittlerweile beachtlichen Fundus an gebrauchten Teilen zwei restaurierbare vordere Blinkersockel der ersten Generation hervorkramen. Das sind die kleinen Freuden am Rande, wenn man auf dem Teilemarkt gelegentlich solche Schnäppchen findet. Das Internet bietet dabei zuweilen gute Möglichkeiten, auch wenn mitunter leider auch viele Schrottteile angeboten werden.

Bleiben noch die Kennzeichenleuchten zu erwähnen. Hier hatten wir kein nennenswertes Problem. Die beiden an der Heckwand montierten Chromleuchten – jeweils rechts und links vom Nummernschild – waren mitsamt den Fassungen in einem guten, wieder instand setzbaren Zustand. Beide Fassungen wurden gereinigt, blanke Teile aus Stahl verzinkt und die Gehäuse verchromt.

Bild 130: Kleine Rücklichter und Kennzeichenleuchten an der Heckwand – Erkennungsmerkmale für das frühe Modell.

Räder und Reifen

Über die Felgengröße 5 K x 13 mit der Conti-Bereifung in Super-Sport-Ballonausführung der Größe 6,40-13 mag man heute wohl schmunzeln. Zur damaligen Zeit war dies allerdings ein beachtliches Maß im Vergleich zu anderen Zeitgenossen. Ein Mercedes 170 V hatte beispielsweise nur 3,5 Zoll breite Räder und selbst der große Bruder 300 SL hatte keine breiteren Reifen als unser Tourensportwagen. Niederquerschnittsreifen gab es damals noch nicht.

Nach einem Probelauf auf dem Auswuchtgerät zeigte sich, dass die vier ursprünglich am Fahrzeug montierten Stahl-Tiefbettfelgen keinen nennenswerten Höhen- und Seitenschlag aufwiesen. Ebenso hielt sich die Korrosion in Grenzen und konnte durch Strahlen gut entfernt werden. Vielleicht lag es an den insgesamt drei Farbschichten von schwarz auf weiß und später dann rot, welche die Vorbesitzer während der Jahre als Rostschutz und zur vermeintlichen Verschönerung aufbrachten.

Dem geübten Blick fällt der Unterschied der im Bild 131 dargestellten unteren linken Felge auf. Diese Felgenart wurde erst ab 1960 verbaut und konnte erstmals zusammen mit schlauchlosen Reifen gefahren werden, weil sie als so genannte »Hump-Felge« ausgelegt ist. Damit die gleichen Felgen auf den Achsen

Bild 131: Felgen nach dem Strahlen – das Exemplar unten links ist für den schlauchlosen Gebrauch mit Hump ausgelegt.

montiert sind, wie bei der Auslieferung ab Werk, beschafften wir uns passend zum Baujahr zusätzlich ein gutes gebrauchtes Exemplar der Ausführung ohne Hump. Anschließend lackierten wir die fünf Felgen in der Originalfarbe schwarz und das Exemplar mit dem Hump kam als Reserverad in den Kofferraum. Pedanten, die entgegnen könnten, dass eigentlich auch das Reserverad eine frühe Felge sein müsste, begegnen wir recht gelassen mit dem Argument von Seite 22. Es gehört zur Geschichte des Fahrzeuges.

Bei der Auswahl der Reifen dürfen selbstverständlich nicht nur optische Gründe im Vordergrund stehen, denn nur vier postkartengroße Flächen übertragen beim Pkw die Kräfte auf die Straße. Diesen kleinen Bereich müssen sich Bremskraft, Antriebskraft und Seitenführungskraft teilen. Damit wird deutlich, wie viel Leistung von den Reifen erwartet wird. Es ist also sehr ratsam, bei der Auswahl der Pneus die Kriterien Sicherheit und Zuverlässigkeit heranzuziehen.

Als wir uns auf die Suche nach Reifen machten, gab es leider auf dem Markt keine akzeptablen Diagonalreifen mit einem breiten, einvulkanisierten Weißwandring. Zsolt hatte bereits mit einigen Nachfertigungen Erfahrungen gesammelt und festgestellt, dass einerseits mit den am Markt verfügbaren Exemplaren die Fahreigenschaften zu wünschen übrig ließen und andererseits der breite Weißwandteil nach kurzer Zeit gelbe Flecken bekommt. Das Nachrüsten von am Zubehörmarkt erhältlichen Weißwandzierringen kam für uns selbstverständlich auch nicht in Frage. Sie sind nicht erlaubt, belasten die Reifenflanken und schränken die Fahrsicherheit erheblich ein.

Letztlich entschieden wir uns für die zugelassenen Radialreifen der Größe 185/80 R13 90S mit schmalem Weißwandstreifen und moderatem Niederquerschnitt. Sie können mit Schläuchen verwendet werden und lassen eine Höchstgeschwindigkeit von 180 km/h zu. Das reicht dicke aus für einen Klassiker, mit dem wir überwiegend mit gemächlicher Cabrioletreisegeschwindigkeit über die Landstraße gleiten. Auch wenn wir mit den Pneus von der Originalität ein wenig abweichen, fühlen wir uns damit sicher und obendrein kosten die Reifen nur rund ein Drittel dessen der Diagonalreifen. Wenn es beim nächsten fälligen Reifenwechsel nach etwa sechs Jahren schöne zuverlässige und erschwingliche Diagonalreifen gibt, greifen wir zu.

Bild 132: Radialreifen mit schmalem Weißwandring – nicht original aber schön und sicher (*Martin Grimme*)!

Innenausstattung

Die Innenausstattung des Wracks einschließlich des Verdeckgestänges war fast komplett. Zum Glück, denn andernfalls hätte das vielleicht den privaten Bankrott bedeutet. Trotz erheblicher Alterserscheinungen waren die mit sehr viel patiniertem Chrom (manche würden wohl sagen vergammelter Chrom) umsäumten, filigranen Instrumente, Schalter, Kontrollleuchten und das Radio immer noch ein äußerst pittoresker Anblick. Im Vergleich dazu wird wohl die Kunststoffarmaturentafel eines modernen Autos nach einem halben Jahrhundert richtig alt aussehen. Verzeihung, das war gerade ein Vorurteil. Warten wir es lieber ab, ob sich das entsprechend dem zukünftigen Geschmack so einstellen wird.

Ganz besonders gelungen sind den damaligen Designern von Mercedes das elfenbeinfarbene Lenkrad mit verchromtem Signalring und die filigranen Sonnenblenden aus Plexiglas im Chromrahmen, auch wenn sie offensichtlich bei tief stehender Sonne nur begrenzt Wirksamkeit zeigen.

Der insgesamt schöne Anblick des Interieurs war wohl ausschlaggebend dafür, dass ich die attraktiv aussehende rote Kunstlederpolsterung an Sitzen, Türbelägen und Instrumententafel für echtes Leder im Original Mercedes Code 1079 hielt. Die zwar leicht verschmutzten aber tiefroten Teppiche trugen wohl ebenso zur Verblendung bei. Nun gut, machen wir uns auf zur Beschreibung der Einzelheiten bei der Restaurierung.

Bild 133: Trotz erheblicher Patina konnte sich das Interieur noch sehen lassen.

Sitze und Lederausstattung: Im allerersten Prospektblatt aus dem Jahr 1955 steht geschrieben: *»Sicheren Halt und bequemen Sitz bei jeder Fahrweise geben die für diesen schnellen Wagen entwickelten Spezialsitze. Sie sind in Längsrichtung verstellbar und können nach vorn umgeklappt werden. Außerdem kann im Fond ein dritter Sitz – quer zur Fahrtrichtung – angebracht werden.«*

Auch wenn man sich heutzutage freilich nicht mehr mit einem nur in Längsrichtung verstellbaren Fahrersitz zufrieden geben würde, geschweige denn mit einem quer zur Seite eingebauten hinteren Notsitz, hat die Marketingabteilung von Mercedes-Benz damals bestimmt nicht übertrieben. Für kleine Leute sind die so genannten »Kübelsitze« tatsächlich recht bequem (siehe Bild 134).

Vor allem aber war die erste Generation der 190 SL-Bestuhlung, die ein wenig wie Schalensitze anmuten, sehr schön anzusehen. Dennoch mussten sie bald dem damaligen Geschmack und Sinn für Bequemlichkeit entsprechend weichen. Sie wurden schon im April 1956 durch komfortablere und einfacher zu bedienende Sitze mit Klapplehnen ersetzt. So kam es dann auch, dass heute die schmucken Kübelsitze sehr rar geworden sind. Nur rund 4000 Fahrzeuge wurden damit insgesamt ausgerüstet, höchstens ein Zehntel davon dürfte heute noch existieren.

Bild 134: Erstes Probesitzen im Wrack – Tochter Marlene findet den Kübelsitz sehr bequem.

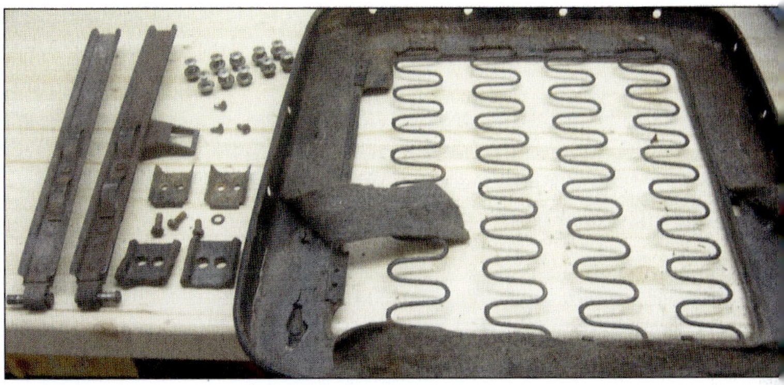

Bild 135: Sitzrahmen und Sitzschienen vor der Aufbereitung – jede einzelne Feder, Schraube und jeder Bolzen wurde restauriert.

Immerhin zwei von den begehrten Exemplaren hauchten wir wieder neues Leben ein. Sie wurden vollständig zerlegt. Die Stahlteile wie Sitzrahmen mit Federn, Sitzschienen mit Feststeller und alle Kleinteile wurden gestrahlt und aufbereitet sowie die Rückenlehnenschalen aus Aluminium ausgebeult und wieder in Form gebracht.

»Wo gehobelt wird, fallen Späne«, heißt es so schön. Dazu könnten wir zahlreiche Beispiele aufführen. Eines soll uns aber hier genügen. Versehentlich wurden die Sitzschienen und Sitzbefestigungsteile gelb verzinkt. Dort, wo man es nicht sieht – z. B. unter dem Armaturenbrett – spielt es keine Rolle, aber im sichtbaren Bereich wäre das ein echter Fauxpas. Also schnell nochmal zurück zum Galvaniseur und weiß verzinken lassen.

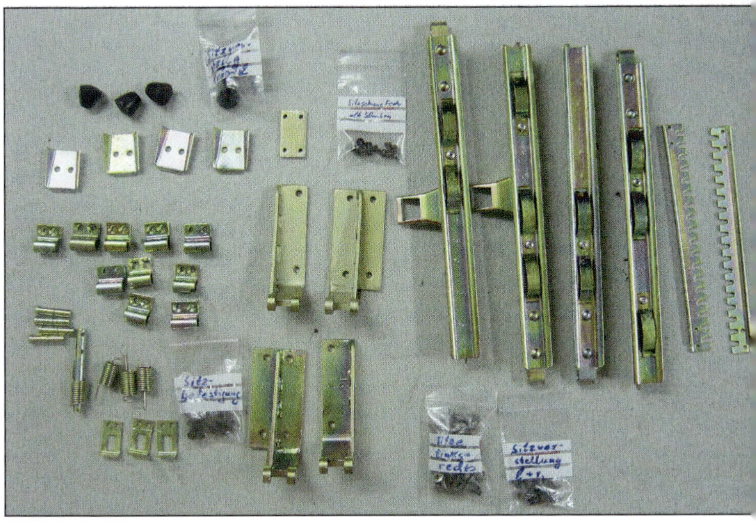

Bild 136: Zurück zum Galvaniseur – Sitzschienen mit Kleinteile gehören weiß verzinkt.

Danach kamen die Sitze zu einem professionellen Sattler. Dort erhielten sie einen neuen Federkasten und das entsprechende Füllmaterial, bevor sie mit einem fast samtweichen Rindsleder im Originalfarbton rot (1079) der höchsten Qualitätsstufe und mit dem zeitgenössischen originalen Nahtmuster bezogen wurden.

Ebenso bereiteten wir für den Polsterer fein säuberlich den Notsitz, die Türverkleidungen, Armaturenbrettteile mit Holzleisten, Aschenbecherdeckel und Verdeckkastenteile vor. Alle diese Teile sowie das Persenning mit eingenähtem Futter und glänzend schönen Befestigungsknöpfen wurden desgleichen mit der weichen strapazierfähigen Lederqualität bezogen.

Bild 137: Jetzt wieder richtig gestellt – Sitzschienen weiß verzinkt.

Bild 139: Notsitz-Innenleben – Futter und Verstärkung sind in Form gebracht.

Bild 138: Kübelsitz vom Sattler zurück – Leder und Nähte wurden so originalgetreu wie möglich rekonstruiert.

Bild 140: Einstellmöglichkeiten sucht man beim Kübelsitz vergebens, aber hübsch ist er allemal – auch der Notsitz lädt ein zum Mitfahren.

Teppiche: Als Bodenbelag entschieden wir uns vorne und hinten für eine dunkelrote Teppichausstattung aus hochwertigem Fein-Bouclé mit besonders großer Schlingendichte, obwohl ursprünglich nur hinten im Fond Teppiche verlegt waren. Vorne dagegen waren anno dazumal die Neufahrzeuge mit verschleißfesten abwaschbaren Gummimatten ausgelegt, um dem alltäglichen Straßenschmutz Paroli bieten zu können. Heute ist das kein Argument mehr, denn mit schmutzigen Stiefeln wird nicht mehr eingestiegen. Folglich ist der »rote Teppich« im Innen- und Kofferraum gerade recht.

Bevor allerdings die fertigen Formstücke des Teppichs ausgelegt werden konnten, war einiges an Untergrundarbeit nötig. Im Sinne unserer moderaten und unauffälligen »Besser-als-neu«-Strategie für Korrosionsschutz, wurden auf dem gesamten Blechboden zunächst sehr sorgfältig Antidröhnmatten aus optimiertem Kunststoffmaterial aufgeklebt, bevor die vier neuen Holzböden an den entsprechenden Stellen vorne und hinten formschlüssig aufgeschraubt wurden. Damit ist gesichert, dass kein störendes Dröhnen in den Fahrgastraum dringen kann und der Teppich nicht direkt auf der Lackoberfläche reibt. Ursprünglich taten hier einmal Filzmatten und Pappe ihren Dienst, allerdings mit dem großen Nachteil, dass sie sich durch Feuchtigkeit allmählich auflösten, wellig wurden und der Lack auf dem Blechboden allmählich durch Reibung beschädigt wurde.

Bild 141: Besser als neu – formschlüssig verklebte Antidröhnmatten sorgen für Geräuschdämmung und Oberflächenschutz des Bodenbleches.

Bild 142: Bevor der Teppichleger tätig werden kann, muss erst der Schreiner ran.

Windschutzscheiben und Seitenscheiben: Windschutzscheiben kamen erst in den 20er-Jahren auf, als buchstäblich die zunehmend höhere Fahrgeschwindigkeit Schutz vor Wind erforderte. Die ersten Glasscheiben waren allerdings sehr anfällig gegenüber Spannung, Vibration und Steinschlag, mit der Folge gefährlicher Verletzungen für die Insassen durch große scharfkantige Glasbruchstücke. Eine Lösung bot zu Beginn der 30er-Jahre das Einscheibensicherheitsglas (ESG) mit erhöhter Beständigkeit gegen Temperaturwechsel sowie hoher Biege-, Schlag- und Stoßfestigkeit. Im Bruchfall zerfällt ESG zudem in kleine, lose zusammenhängende Bruchstücke.

Wegen der Sicherheitsvorteile wurde ESG in Deutschland am 1.10.1938 gesetzlich vorgeschrieben. Unser Tourensportwagen war folglich bereits mit dem Sicherheitsglas ausgerüstet. Darüber hinaus wird seit Ende der 70er-Jahre nur noch Verbundsicherheitsglas (VSG) für die Windschutzscheibe verbaut, bestehend aus zwei Scheiben, die mittels Polyvinylbutyral-Folie miteinander verklebt sind. Bei Bruch haften die Glasstücke an der Folie, so dass sich keine großen, scharfkantigen, gefährlichen Bruchstücke bilden können. Eine frühe Variante dieser VSG hatte im Übrigen bereits Henry Ford (laminiertes Glas mit Zellulose-Stoff) ab 1919 in all seine Fahrzeuge verbaut.

Allem Anschein nach waren die beiden Seitenscheiben in unserem Tourensportwagen noch original. Entsprechend dem Alter waren sie allerdings sehr stark verkratzt und verwittert. Auch die Windschutzscheibe schien noch die Erstausrüstung vom Werk zu sein, zumindest war sie noch nicht als Verbundsicherheitsglas ausgelegt. Vor diesem Hintergrund gingen wir lieber auf Nummer sicher und entschieden uns für den Ersatz der gesamten Verglasung.

Das Cockpit: Die Armaturentafel des 190 SL gehört wohl im Innenraum zum zentralen Blickfang. Faszinierend ist vor allem der Reichtum an Chrom rund um das Ensemble der fünf Rundinstrumente und der zahlreichen Knöpfe und Schalter. Jeder einzelne ist ein wahres Designerstück. Schon deshalb sollte hier bei der Restaurierung ganz besonders gründlich Hand angelegt werden. Vergleicht man den Urzustand des Wracks mit dem Cockpit heute, so würde wohl kaum jemand für möglich halten, dass ausnahmslos alle Schalter, Hebel, Kontrollleuchten und die vier Instrumente Tachometer, Drehzahlmesser, Wassertempera-

Bild 143: Wrack mit reichlich Patina – von stilvollem Ambiente keine Spur.

tur- und Benzinanzeige mehr als ein halbes Jahrhundert auf dem Buckel haben. Lediglich die defekte Öldruckanzeige wurde erneuert und die fehlende Kienzle-Uhr ersetzt.

Der mechanische Zeitmesser war übrigens einmal im Handschuhfach als Sonderausstattung eingebaut – ab 1956 sogar serienmäßig. Er ist vermutlich, wie bei vielen Wracks, einem Sammler, Autoschlachter oder Dieb zum Opfer gefallen. Das Motiv war klar: Heute werden von Sammlern für absolut originale Zeitmesser aus den Fünfzigern bis zu 3000 Euro geboten. Zum Glück gibt es aber wieder originalgetreue Nachfertigungen für die mechanischen Chronometer, die ihren Dienst leisten können. In unserem Auto wird das Federwerk jetzt wieder von der Innenseite des Handschuhfachs aufgezogen. Dann surrt die Uhr immerhin fast fünf Tage, bis sie erneut bis zum Anschlag aufgezogen werden muss.

Besondere Präzision erforderte die Überholung der Instrumente. Die vier Anzeigen wurden von einem Spezialisten für VDO-Instrumente zerlegt, akribisch gereinigt und mit neuen Zifferblättern versehen. Das ursprüngliche Meilenzifferblatt des Tachometers ließen wir durch ein Zifferblatt mit Kilometeranzeige ersetzen, wobei gleichzeitig die Zahnradübersetzung für den Wegstreckenzähler angepasst werden musste. Ebenso erhielten Drehzahlmesser, Wassertemperatur-

Bild 144: Die mechanische Kienzle-Uhr – ein Requisit, das im 190 SL nicht fehlen sollte (*Martin Grimme*).

und Öldruckanzeige jeweils ein deutschsprachiges Zifferblatt. Auch das war wieder einmal eine Frage der Restaurierungsphilosophie. »Wie ab Werk« oder Rückrüstung auf »europäisches Erscheinungsbild«. Wie bereits beschrieben, entschieden wir uns für letztere Variante.

Bild 145: Cockpit mit grazilen Details – die Blinker bedient man per verchromten Signalring (*Martin Grimme*).

Intensive Kleinarbeit erforderten die zahlreichen Schalter und Hebelchen für die Heizung. Wussten Sie, dass der Aschenbecher aus neunzehn, die mechanische Scheibenwaschpumpe aus dreißig und der Handschuhfachdeckel aus fünfundzwanzig Kleinteilen besteht (vgl. Bilder unten)? Trösten Sie sich, wir vorher auch nicht, aber dafür jetzt genau. Und wir haben jedes einzelne Bauteil mehrmals in der Hand gehabt, beim Ausbauen, sorgfältigen Aufbereiten und Einbauen.

Bild 146: Aschenbecher – auch wenn er ausgedient hat, wurden die neunzehn Teile aufbereitet (*Martin Grimme*).

Bild 148: Bis auf ein Stück Leder war jedes der fünfundzwanzig Teile des Handschuhfachdeckels instand setzbar.

Bild 147: Damals Sonderausstattung: Die mechanische Handpumpe für die Scheibenwaschanlage – nach Aufbereitung der ca. 30 Kleinteile ist sie heute wieder ein kleines Schmuckstück.

Radio

In Zeiten von CD Radio, MP3-Player und sogar Internet im Auto ist es nur schwer vorstellbar, dass es erst Ende der 1940er-Jahre gelang, das Empfangsteil des Autoradios in das Armaturenbrett einzubauen. Vorher waren Radios mit all seinen Komponenten viel zu groß und zu schwer. Standard war damals ein Volumen von 10 Liter und ein Gewicht von 20 Kilogramm. Vor allem aber schreckte auch der Verkaufspreis ab. Anfang der 1930er-Jahre kostete beispielsweise der 5-Röhren-Superhetempfänger 465 Reichsmark, also ein Drittel eines damaligen Kleinwagens.

Einen wesentlichen Beitrag zur Veränderung leistete Max Egon Becker. Er stellte 1949 das Mittelwellengerät Autophon mit 5 Röhren und den zusätzlich Lang- und Kurzwelle empfangenden Aerophon seinem Kunden Mercedes-Benz vor. Ein Gerät, das zwar noch immer recht schwer war, aber unter der Armaturentafel Platz hatte und bezahlbar war. Im Jahr 1953 hielt dann mit dem Becker Mexico-Radio der UKW-Bereich (mono) mit automatischem Sendersuchlauf Einzug. Fast zeitgleich erschien der Becker Europa mit seinen Senderfeststelltasten. Beide Geräte waren damals zweiteilig mit einem Empfangsteil und einem Zerhacker, der die Aufgabe hatte, eine modulierbare Wechselspannung von mehr als 200 Volt für die Röhren zu erzeugen. Mit dem Monolautsprecher zusammen brachte das Röhrengerät jetzt nur noch rund 7 kg auf die Waage. Auch wenn wir heute schmunzeln, war das damals ein beachtlicher Fortschritt in Richtung Kompaktheit.

Von wirklich gutem Empfang und Klangqualität durch den Monolautsprecher konnte wahrlich nicht gesprochen werden, zumindest nach heutigen Maßstäben nicht. Aber bei langsamer Fahrt unter optimalen Sende- und Empfangsbedingungen konnte man damals für einen Anschaffungspreis zum Wert eines Kleinkraftrades seinen Lieblingssender aus dem Äther lauschen – vielleicht gerade mit Songs von Bob Dylan oder Jonny Cash.

In unserem Tourensportwagen ist das auch heute wieder so. Nach dem Einschalten des Becker Europa und einer kurzen Gedenkminute – bis die Röhren ihre Ar-

Bild 149: Radio Becker Europa – nach einer Gedenkminute tönt nostalgische Musik durch den Monolautsprecher.

beitstemperatur haben – kommt nostalgisch anmutende Musik durch den Lautsprecher. Freilich mit leichtem Hintergrundrauschen, aber wir sind sehr stolz darauf, den Rundfunkempfänger wieder mit originalen Gebrauchtteilen ohne Transistoren oder moderne Elektronik in Gang gebracht zu haben.

Der große Fundus an Radioersatzteilen, der sich bei Zsolt in den letzen Jahren angesammelt hat, war hier besonders hilfreich. Manche seiner Kunden ließen lieber ein neues Transistorradio im Retro-Look einbauen, so blieben viele alte Radioteile übrig, die wir verwenden konnten. Für unser Röhrengerät mussten letztlich insgesamt drei weitere alte Radioempfänger Federn lassen. Diverse Steckverbindungen, eine Elektronenröhre, zwei Kondensatoren und zwei Druckknöpfe mit kompletter Mechanik für die Senderwahl wurden benötigt.

Das Gerät wurde zerlegt, gereinigt, repariert und durch einen funktionsfähigen gebrauchten Zerhacker ergänzt. Die Chromteile wurden aufbereitet und der Lautsprecher mit der Konsole wurde erneuert. Wie damals frisch vom Händler glänzt der zum Kult gewordene Becker Radio im Zentrum der Armaturentafel. Das äußere Erscheinungsbild vervollständigt eine originale Hirschmann-Antenne mit roter Spitze in Tropfenform, die wir zeitgenössisch am rechten vorderen Kotflügel montierten.

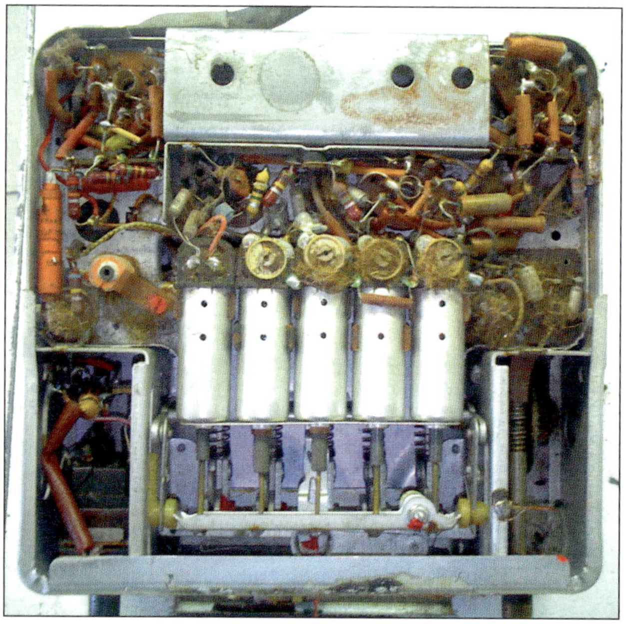

Bild 150: Radio Becker Europa – reine Elektrik, Röhrentechnik und Mechanik mit Kult.

Verdeck

Würde man die heutigen Kundenansprüche als Maßstab für die 50er-Jahre zu Grunde legen, hätte es unser Roadster wohl sehr schwer gehabt, überhaupt auf dem Markt zu bestehen. Der Tourensportwagen mit dem faltbaren Dach ist im geschlossenen Zustand unter der Hundertermarke so laut, dass die Windgeräusche mit den Radioklängen erfolgreich konkurrieren. Ab 120 km/h sollten sich dann Fahrer und Beifahrer am besten nicht mehr viel zu sagen haben. Obendrein kann man sich beim 190 SL sicher sein, dass sich bei starkem Regen das Regenwasser seinen Weg nach innen sucht. Schwachstellen aus heutiger Sicht sind die Dichtgummis am oberen Rand der beiden Seitenscheiben, die nicht sorgfältig abschließen.

Vor fünfzig Jahre – in Zeiten begrenzter Mobilität in der Gesellschaft – kümmerte die nicht ganz perfekte Technik kaum jemanden. Diejenigen, die es sich leisten konnten, erfreuten sich überhaupt mit vier Rädern mobil zu sein. Nur knapp 1,8 Mio. Personenkraftwagen waren im früheren Bundesgebiet zugelassen. Bezogen auf die damalige deutsche Bevölkerung von rund 53 Mio. hatte also nur jeder dreißigste Bundesbürger einen Pkw, heute dagegen – statistisch betrachtet – mehr als jeder Zweite (42 Mio. Pkw, 82 Mio. deutsche Bundesbürger).

Für die Restaurierung des Verdecks waren die niedrigen Qualitätsansprüche von damals ein kleiner Trost. Wir müssen und können hinsichtlich Geräusch und Dichtheit nicht absolut perfekt sein. Allerdings legten wir unsere Maßstäbe schon so hoch, dass mindestens die Qualität des Neuzustandes wieder hergestellt wird.

Beim Zerlegen des Verdecks zeigte sich, dass der rote Stoffbezug, der im Übrigen nicht der erste war, vollkommen unbrauchbar war. Untauglich für die Wiederaufbereitung waren außerdem die vollkommen morschen Holzspriegel am vorderen und hinteren Quergestänge, an denen der Verdeckstoff befestigt ist.

Das Gestänge aus Aluminium war dagegen erfreulicherweise mit all seinen Schraub- und Nietverbindungen wieder vollständig restaurierbar. Zum Glück, denn andernfalls hätten wir uns auf die wahrscheinlich langwierige Suche nach einem teuren gebrauchten Exemplar machen müssen. Neuteile und Nachfertigungen gab es zu diesem Zeitpunkt nicht. Fast gleichzei-

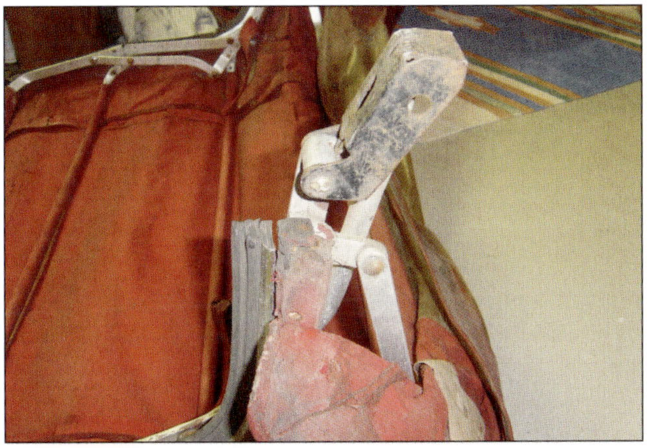

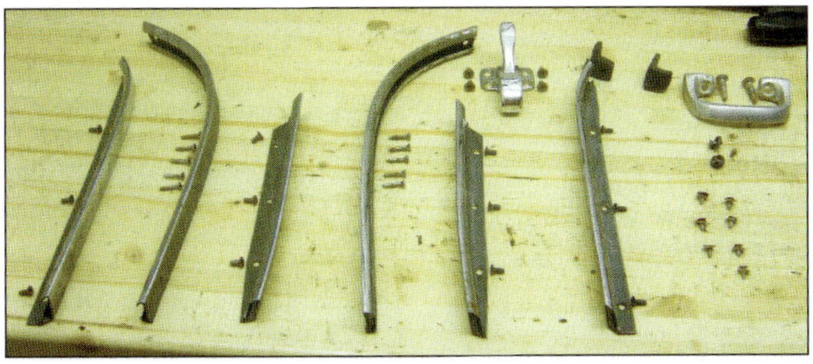

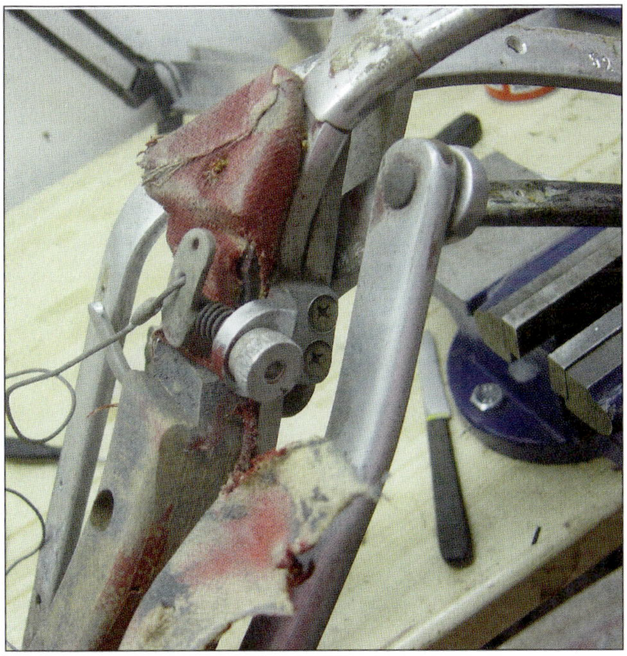

Bild 152: Das begehrte Gestänge war restaurierbar – auf dem Oldtimerteilemarkt so gut wie nicht mehr zu haben.

Bild 153: Wieder voll funktionsfähig – am liebsten fährt man oben ohne (*Martin Grimme*).

tig zum Redaktionsschluss haben Ersatzteilanbieter den Bedarf erkannt und bieten heute wieder Nachfertigungen für knapp 3000 Euro an. Der schwarze Verdeckstoff mit Bezug für das Gestänge inklusive Polsterung wird dagegen für erschwingliche Preise angeboten. Wir entschieden uns für das Original mit eingeprägtem Mercedes Zeichen auf dem hinteren Kunststofffenster.

Chromteile

Chrom an Automobilen und Motorrädern war vor und in den ersten Nachkriegsjahren nicht nur Rostschutz und schöne Zierde, sondern vor allem auch eine prestigeträchtige Form zu zeigen, dass man es zu etwas gebracht hatte. In Mode kam es Ende der 1920er-Jahre zunächst in den USA bei den Marken Cadillac und Oldsmobile. Wegen dem geringeren Pflegeaufwand als beim bis dahin verwendeten Messing und Nickel, setzte es sich sehr schnell durch und fand schon 1928 bei vielen in Europa hergestellten Serienwagen Anwendung. In den 50er-Jahren verzeichnete der edle Chromglanz dann wohl seinen Höhepunkt im Automobilbau. Besonders exklusive Wagen von Mercedes-Benz wucherten geradezu mit dem edlen Glanz. Chrom wurde innen und außen als Stilelement eingesetzt und prägte das Design der Veteranen auf ganz besondere Art und Weise.

Allein bei unserem Tourensportwagen zählten wir rund 180 Chromteile. Für die Restaurierung war das folglich eine große Herausforderung. Verchromen ist ein aufwändiger, arbeitsintensiver und teurer Prozess. Vor allem dann, wenn über fünfzig Jahre alte Chromteile aufbereitet werden müssen. In der Galvanik kommen nur Metalle in einer Schichtstärke von einigen tausendstel Millimeter zum Einsatz. Dementsprechend glatt muss die Oberfläche sein.

Insgesamt gesehen war die »Chromlage« bei unserem Veteranen erfreulich gut. Viele teure Teile waren vorhanden und wieder restaurierbar. Selbst der kostspielige Frontgrill, der bei vielen gleichaltrigen Restaurierungsobjekten oft zerstört ist, war zu retten. Pech hatten wir allerdings mit den Stoßstangen. Wie bereits berichtet, hat uns leider der Verkäufer beim Ankauf des Restaurierungsobjektes noch schnell zwei restlos durchgerostete Exemplare untergejubelt, die für die Wiederaufbereitung in den Top-Zustand unbrauchbar waren.

Lediglich ein hinteres Horn und die Stoßstangenhalter einschließlich Verstärkung vorne aus Stahl konnten wir wieder beleben. Also blieb uns nichts anderes übrig, als tief in die Tasche zu greifen, um uns neue Rohlinge zu besorgen.

Auf die einzelnen Arbeitsschritte beim Aufbereiten und Verchromen der vielen Einzelteile können wir hier nicht eingehen. Eine grobe Prozessbeschreibung soll daher genügen. Zunächst wurde jedes einzelne Teil in einem galvanischen Betrieb mithilfe einer schwefelsäurehaltigen Flüssigkeit entmetallisiert und sämtliche Beschichtungen und Farben entfernt, bis nur noch das blanke Grundmaterial übrig war. Anschließend erhielten wir die Teile wieder zurück zum Aufbereiten der Oberflächen.

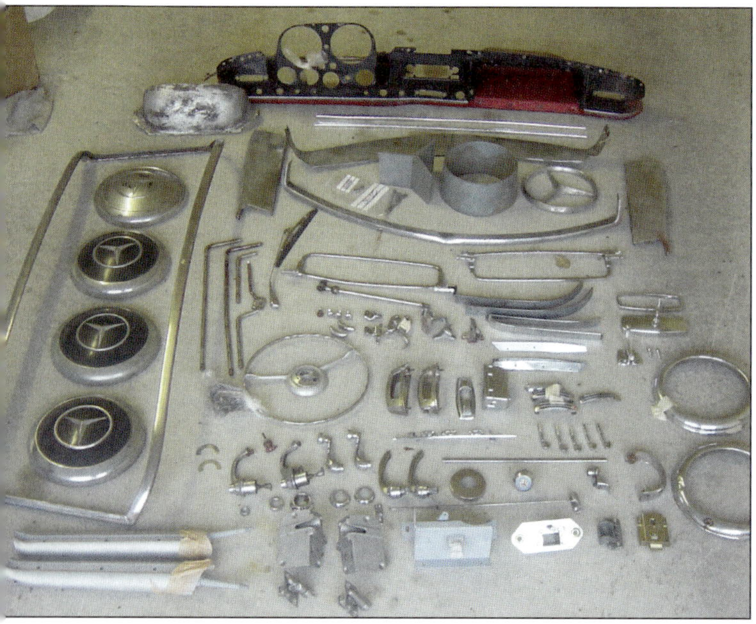

Bild 154: Der Mercedes 190 SL protzt geradezu mit edlem Chrom – entsprechend zeitaufwändig und kostenintensiv war die Aufbereitung der rund 180 Teile.

Bild 155: Von Glanz keine Spur – Hier war definitiv nichts mehr zu machen, zu korrodiert und zu verbeult waren die Stoßstangen.

Besonders korrodierte Stellen, die nach dem Entfernen der alten Chromoberfläche sichtbar wurden, behandelten wir mit der Sandstrahlpistole. Bei den Stahlblechteilen konnten anschließend durch Rost porös gewordene Stellen gelötet oder mit Schutzgas zugeschweißt und verschliffen werden. Ebenso wurden kleine Dellen und Wellen akribisch genau ausgebeult, denn im Gegensatz zur Blecharbeit an der Karosserie ist Füllern und Spachteln bei Chromteilen nicht möglich. Bei zu stark korrodierten Teilen aus Zinkdruckguss wie Chromschlösser und Beschläge ist ein Zuschweißen von Löchern leider nicht möglich. Hier blieb nach sorgfältiger Analyse dann nur der Austausch gegen ein neues oder gebrauchtes Originalteil als einziger Weg, um das Qualitätsziel zu erreichen.

Für die wieder restaurierbaren Teile begann die mühsame Schleifarbeit an zwei Schleifböcken unterschiedlicher Körnung. Mit der groben Körnung wurde so lange geschliffen, bis augenscheinlich keine Unebenheiten mehr sichtbar waren und gleichzeitig das Teil wieder optimal in Form war. Anschließend wurden an einem weiteren Schleifbock mit einer besonders feinen Polierscheibe die letzten Schleifriefen und Unebenheiten egalisiert.

Bild 156: Akribische Schleifarbeit.

Zurück beim Galvaniseur erhielten die Teile ein Reinigungsbad, um Schmutz, Schleifstaub und Fette zu entfernen. Nachher wurde in einem speziellen galvanischen Bad die erste Kupferschicht aufgebracht. Jede Pore und Unebenheit wurde jetzt gut sichtbar. Sobald der Galvaniseur feststellte, dass die Oberfläche bereits optimal glatt war, folgte eine weitere Kupferschicht, um eventuell letzte Poren zu schließen. Danach kam das jeweilige Bauteil in ein Nickelbad, das als Trägerschicht für Chrom dient. Und zum Schluss wurde die Chromschicht aufgebracht. Manche zu porösen Teile erhielten wir allerdings zurück zum Nacharbeiten und der Prozess begann von vorn.

Zwei erwähnenswerte Chromstories wollen wir hier noch ergänzen. Zwar hatte unser Roadster mit der Auslieferung ursprünglich keine Chromleisten für die Schwerter über den Radläufen angebaut, allerdings zeigte uns die Änderungsliste, dass ab der Fahrgestell-Endnummer 01448, also gerade mal eine Produktionswoche vorher, der Roadster mit den schmucken Chromleisten als Sonderausstattung lieferbar war. Sehr erfreulich, denn damit war der Weg auch aus Originalitätsgesichtspunkten frei für die Chromleisten, die die seitliche Linienführung besonders beim schwarzen Roadster nochmals unterstreichen.

Bild 157: Neue Rohlinge der Stoßstangen – zuerst muss absolut perfekt glatt geschliffen, poliert und verkupfert werden, bevor Nickel als Trägermaterial und Chromglanz galvanisch aufgebracht wird.

Bild 158: Die Chromlage vorne – wieder sehenswert, Stoßstangen wurden außen verchromt, innen lackiert (*Martin Grimme*).

Bild 159: Spiegel im nostalgischen Design – anno dazumal nicht vorgeschrieben, sondern nur Sonderzubehör (*Martin Grimme*).

Aus sicherheitstechnischen Gründen haben wir außerdem eine Änderung gegenüber dem Ursprungszustand vornehmen müssen. Der linke Seitenspiegel war tatsächlich bei den ersten Modellen bis Oktober 1956 nur als Sonderzubehör erhältlich, weil er damals schlicht und einfach nicht vorgeschrieben war. Das schöne Detail liefert heute einen Blick nach hinten und ist gleichzeitig Blickfang für Designverliebte.

Galvanische Verzinkung

Die galvanische Verzinkung ist ein sehr häufig angewandter und zuverlässiger Korrosionsschutz für Metalle. Er ist zugleich vergleichsweise kostengünstig, wenn die Vorarbeit wie Entlackung, Glasperlenstrahlen und Schleifen der Oberflächen selbst durchgeführt wird. Insgesamt wurden bei unserem Fahrzeug 2300 Einzelteile nach den verfügbaren Originalunterlagen entweder weiß oder gelb verzinkt. Die Farbgebung kommt bei der Passivierung mit Chromat zustande.

Bei vielen Kleinteilen wie etwa Schrauben, Haltern und Muttern des Vergaser oder Kleinteile im unmittelbaren Sichtbereich des Motorraumes gingen wir keine Kompromisse hinsichtlich der Oberflächenqualität ein und befestigten die Einzelteile nach dem Strahlen und Schleifen systematisch sortiert, wie eine Perlenkette, auf ein Stück Draht, bevor sie in die einzelnen Elektrolytbäder des Galvaniseurs verbracht wurden. Damit war einerseits das optimale Glanzbild erreicht und andererseits erleichterte dies das Auffinden der Teile für den Zusammenbau erheblich.

Bei nicht unmittelbar sichtbaren, innen liegenden Schraubverbindungen und Kleinteilen – beispielsweise unter dem Armaturenbrett – verzichteten auf das aufwändige Befestigen am Draht und ließen die Bau-

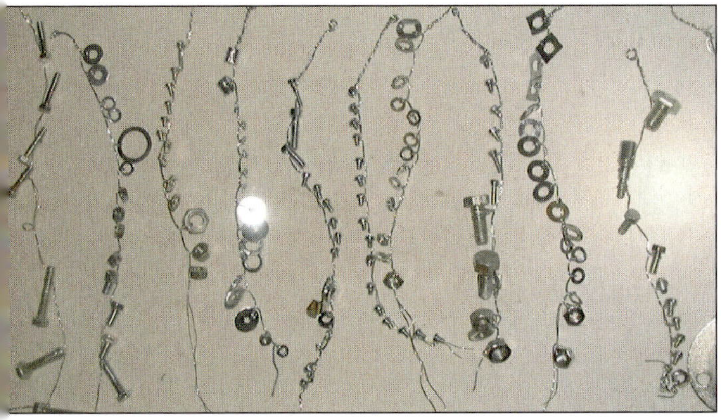

Bild 160: Kleinteile systematisch sortiert am Draht aufgereiht wie eine Perlenschnur, liefert optimalen Oberflächenglanz und man findet sie später leichter wieder.

Bild 161: Nach originalen Vorlagen wurden Teile gelb oder weiß verzinkt.

teile als so genannte Trommelware in einer speziellen Trommel verzinken. Dadurch ist zwar der Glanzgrad ein wenig eingeschränkt, der Korrosionsschutz jedoch dennoch erfüllt. Schließlich ließen wir so manche verwinkelten Teile, die eigentlich nur lackiert werden sollten, verzinken, um sicher zu gehen, dass durch die Behandlung in den galvanischen Bädern auch wirklich die Korrosion aus den letzten Poren entfernt wird.

Allerhand Kleinkram

In den vorangegangen Kapitel haben wir versucht, dem Leser zumindest einen groben Überblick über die Restaurierung der Hauptbaugruppen zu verschaffen. Eine noch detaillierte Beschreibung der Einzelheiten würde wohl den Rahmen sprengen, auch wenn der Restaurator geneigt ist, sich in so manchen Details zu verlieren. Immerhin waren es ja rund 5000 Bauteile, die wir einzeln in den Händen hielten und über deren Schicksal wir entscheiden mussten: Wegwerfen oder Aufbereiten?

Wenn wir schon nicht alles bis ins kleinste Detail darlegen können, dann soll im folgenden kurzen Abriss dem »Kleinkram am Rande« anhand von einigen exemplarischen Beispielen ein wenig Rechung getragen werden.

In Bild 162 ist beispielsweise das Schloss der Motorhaube dargestellt. Es besteht aus mehreren Aluminiumspritzguss- und Stahlelementen. Zur Aufbereitung blieb also nur die vollständige Zerlegung mit Ausbohren der Nieten, bevor mit dem Entlacken, Verzinken und Lackieren der Stahlteile begonnen werden konnte.

Und noch ein Beispiel: Wussten Sie, dass die Pedale und die Betätigungsteile für Gas, Kupplung und Bremse insgesamt 99 Einzelteile umfassen, die alle sorgfältig zerlegt, gereinigt und bearbeitet werden müssen?

Bild 162: Motorhaubenschloss – Glück gehabt: nur zwölf verschiedene Teile zum Aufbereiten.

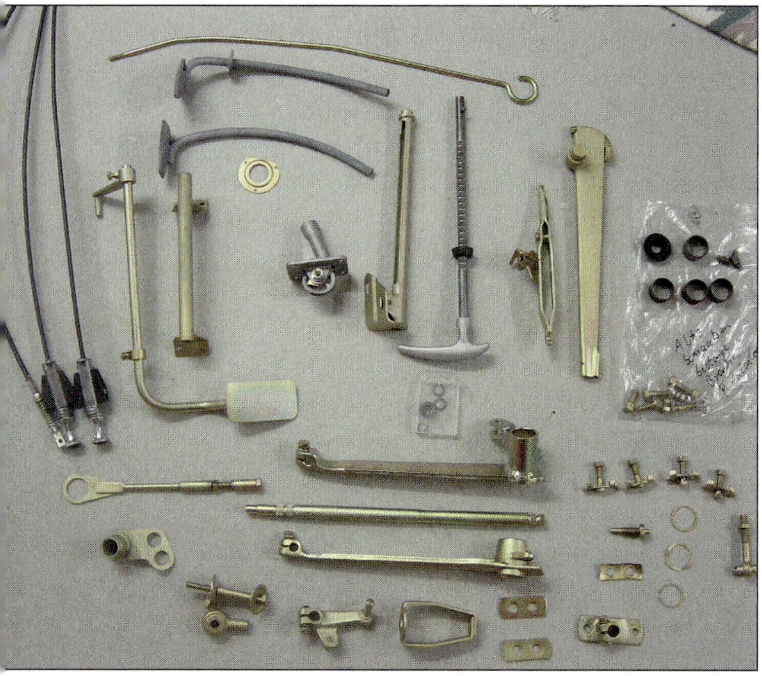

Bild 163: Auswahl von Betätigungsteilen nach der erster Behandlung.

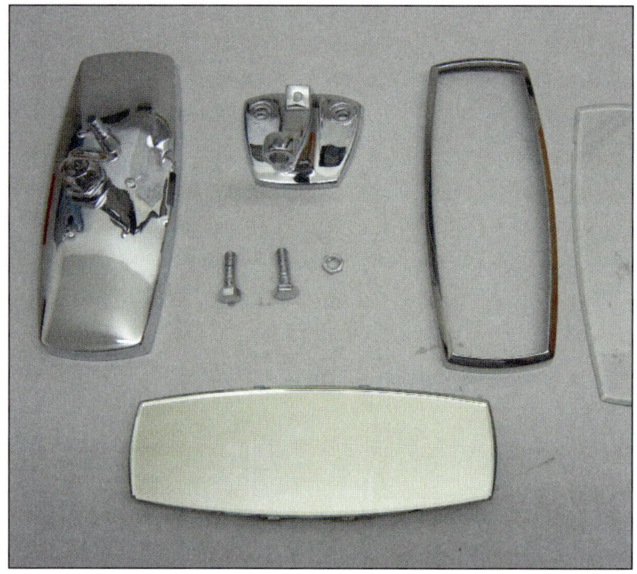

Bild 164: Eine neue Bosch-Hupe ist erschwinglich – die Restaurierung dagegen aufwändig. Der Erfolg war dennoch zweifach: Original und Wissenserweiterung!

Bild 165: Zerlegter Glanz –erst zusammengebaut und am richtigen Platz montiert, kann das Designerstück wieder seine volle Pracht entfalten.

Viele der Entscheidungen, ob ein Teil restauriert oder erneuert werden soll, waren nicht immer geprägt von Kosten/Nutzen-Gesichtspunkten. Das Motiv muss nur stark genug sein, um auch ein eher preiswertes Neuteil zu restaurieren. So erging es uns beispielsweise mit der Hupe von Bosch. Ein neues gängiges Horn kostete rund 80 Euro. Die Restaurierung des Signalgebers mit Zerlegen und Zusammenbauen der rund 40 Einzelteile und allen Kleinarbeiten wie Strahlen, Schleifen, Verzinken und Lackieren dauerte dagegen über zehn Stunden. Unsere Motive für die Aufbereitung waren dennoch stark genug: Originalität und Neugier an der Technik. Heute wissen wir, wie der schrille unüberhörbare Klang aus dem ehrwürdig alten Bosch-Horn zustande kommt.

Und damit uns am Ende keiner vorwirft, dass wir zu kleinkariert sind, halten wir uns beim letzten Beispiel noch selbst den (Innen-)Spiegel vor, ohne die Einzelteile genau zu zählen. Alle Teile wieder aufbereitet und zusammengebaut, können vielleicht einen kleinen Eindruck davon vermitteln, wie sich der leidenschaftliche Restaurator über manch erhaltene Einzelstücke freuen kann, wenn sie wieder in neuem nostalgischen Glanz im zeitgenössischen Design erstrahlen.

Am Rande sei hier noch erwähnt, dass der Mercedes-Benz 190 SL das erste Automobil war, das mit abblendbarem Innenspiegel ausgerüstet wurde (Schrader, 2007). Ein weiterer Beweis, dass unser Tourensportwagen nicht nur Auto mit Alltagstechnik war. Wir freuen uns heute auf die praktische Erfindung in voller Funktion, auch wenn sich die Ausfahrten bei Nacht in Grenzen halten.

Endmontage und Abschlussarbeiten

Die schönsten Augenblicke erlebt der Restaurator zweifelsfrei bei der Endmontage. In dieser Phase sind die Einzelteile in der Regel weitgehend restauriert und man hat es nur noch mit schönen sauberen, fertigen Baugruppen und -teilen zu tun, die sich ganz allmählich zu einem kompletten Ganzen zusammenfügen. Mit fortschreitendem Vergnügen entsteht das Auto wieder neu.

Zusammenbauen der Baugruppen

Auch wenn der Zusammenbau der Baugruppen insgesamt über 200 Stunden gedauert hat, wollen wir uns hier nur auf das Wesentliche beschränken. Vieles davon haben wir ja bereits bei der Restaurierung der einzelnen Baugruppen behandelt. Zunächst wurden diverse Kleinteile im Unterbodenbereich, Motorraum und Innenraum eingebaut, wie Klammern, Gummitüllen, Halter, Holzböden und Dämmmatten. Anschließend wurden Motor und Getriebe mit der Vorderachse verschraubt und vorsichtig von unten in die Karosserie eingefahren und sorgfältig mit ihr verschraubt. Als Nächstes folgte der Einbau der Hinterachse mit den Federn und Stoßdämpfern, bis endlich das Fahrzeug nach vier Jahren erstmals wieder auf allen vier Rädern stand. Ähnlich einem Richtfest beim Hausbau feierten wir diesen Meilenstein der Restaurierung entsprechend.

Bild 166: Ein wichtiger Meilenstein ist geschafft – Motor, Getriebe und Achsen sind eingebaut.

Bild 167: Der Motorraum wird sukzessive voller – Kühler, Heizungskästen und diverse Motoranbauteile bereits eingebaut.

Bild 168: Auch der Innenraum füllt sich wieder – Armaturenbrett mit Instrumenten, Schaltern und Bedienhebeln ist nahezu komplett.

Nun begann die reichliche Kleinarbeit mit den vielen Teilen der Peripherie für das Kühl-, Kraftstoff-, Zünd- und Abgassystem im Motorraum sowie für die gesamte Innenausstattung einschließlich der Türeinbauten, Teppiche, Sitze und Windschutzscheibe. Insbesondere im Bereich der Armaturen und Instrumente sowie der Durchführungen zum Motor mit den zahlreichen Schaltern und Betätigungshebeln, Bautenzügen und Kabeln waren immer wieder leichte Anpassungen erforderlich, bis alles am rechten Ort eingebaut und eingestellt war. Nicht weniger aufwändig gestaltete sich die Montage der gesamten Elektrik für den Motor, den Innenraum und die Beleuchtung sowie die Montage der gesamten äußeren Chromteile wie Tür- und Klappenschlösser, Zierleisten und Stoßstangen. Hier war vor allem besondere Präzision und regelmäßiges Abkleben und Abdecken von gefährdeten Stellen gefordert, damit nicht beim Zusammenbau der schöne frische Lack beschädigt werden würde.

Der im wahrsten Sinne des Wortes »bewegendste Moment« bei der Montage war für uns der erste Versuch, den Motor zu starten, nachdem wir uns vorsichtshal-

Bild 169: Fast fertig! Nur noch mit dem Anhänger zur elektronischen Achsvermessung – dann kann die Testfahrt beginnen.

ber mehrmals vergewisserten, dass auch wirklich alle Anschlüsse in Ordnung sind und die erforderlichen Betriebsflüssigkeiten wie Motoröl, Kühlflüssigkeit und Kraftstoff befüllt waren. Mit dem Handhebel an der Kraftstoffpumpe pumpten wir Benzin zu den Vergasern und anschließend kam der entscheidende Moment. Kaum zu glauben, aber gerade Mal ein halbe Minute drehte der Anlasser, bis der Motor ansprang und sofort mit leicht überhöhter Leerlaufdrehzahl seine erste Warmlaufphase erlebte.

Nachdem dann auch noch die Innenausstattung komplettiert wurde, das neue Verdeck eingebaut war und die Achsen in einer Fachwerkstätte elektronisch vermessen wurden, war der Weg frei für die ersten Testfahrten.

Testfahrten

In der Betriebsanleitung des Mercedes-Benz 190 SL aus dem Jahr 1957 steht:

»Wir empfehlen dringend, alle Wartungs- und Instandhaltungsarbeiten dem geschulten Fachpersonal unserer Kundendienststationen zu übertragen. Insbesondere liegt die rechtzeitige und lückenlose Durchführung der Arbeiten laut Kundendienstheft in Ihrem eigenen Interesse. Dadurch wird nicht nur ein guter Pflegestand des Wagens sichergestellt, sondern es lassen sich dabei auch eventuell kleinere Störungen, die sich später zu größeren Schäden auswirken können, beheben.«

Auch 50 Jahre später hat diese Textpassage nicht an Aktualität und Bedeutung verloren. Wartung und Pflege sind für die Schadenverhütung besonders wichtig und sollten möglichst Fachleuten überlassen werden. Dasselbe gilt selbstverständlich für unseren Veteranen, auch wenn, oder gerade weil wir rund 5000 Teile fein säuberlich restauriert und wieder zusammengebaut haben. Kleiner Trost: Nach vier Jahren Restaurierungszeit dürfen wir uns wohl als geschultes Fachpersonal bezeichnen und die Wartungs- und Instandhaltungsarbeiten selber machen. Bei Zsolt mit seiner langjährigen Erfahrung und Fachkompetenz gibt es hier bestimmt nicht den geringsten Zweifel.

In der heutigen Zeit ist man durch die langen Wartungsintervalle von 20.000 oder sogar 50.000 Kilometern sehr verwöhnt und kann sich kaum noch an die kurzen Intervalle der Fahrzeuge aus den 1960er-Jahren erinnern. Erster Kundendienst bei 500 Kilometern, zweiter Kundendienst bei 3000 Kilometern, und dann

Bild 170: Die Autoren nach der ersten Testfahrt. Sichtlich zufrieden und von Heulen keine Spur – außer der Hinterachse.

regelmäßig wieder nach je 3000 Kilometern, so steht es in der Betriebsanleitung des Mercedes 190 SL. Weil unser restaurierter Veteran quasi ein Einzelstück darstellt, ist ein erster Kundendienst nach 500 km nicht ausreichend. Vielmehr mussten unbedingt hinreichend lange Testfahrten erfolgen, um wirklich alle Mängel aufzudecken und zu beheben.

Für unsere Testfahrt legten wir also insgesamt 600 km zurück, für die wir – dem Wetter sei Dank – rund zwei Wochen benötigten. Gleich bei der ersten Fahrt war die heulende Hinterachse nicht zu überhören. Und das, obwohl wir keinerlei Schäden an Kegel- und Tellerrad festgestellt haben (siehe Seite 87. Nachdem auch erneutes Einstellen der Zahnräder keine Besserung erbrachte, blieb uns bedauerlicherweise der Austausch doch nicht erspart.

Zweites größeres Problem war die Vergaseranlage. Bei unserem Mercedes 190 SL war zwar zu Beginn das Leerlaufverhalten in Ordnung. Nach etwa 150 km und der damit verbundenen thermisch bedingten Veränderung wurde der Leerlauf allerdings instabil. Der ehemalige Rennmechaniker von Zsolt hat sich der Einstellung der Gemischfabrik selbst angenommen. Ohne jetzt auf die Details einzugehen, war es tatsächlich erforderlich, die hochkomplexe Vergaseranlage dreimal ein- und auszubauen, bis am Ende die gewünschte Leerlaufdrehzahl von 800 bis 1000 Umdrehungen pro Minute erreicht wurde.

Der Rest waren Kleinigkeiten, wie das Nachjustieren der Türschlösser und des Verdecks oder das Nachziehen diverser Schraubverbindungen an der Vorder- und Hinterachse. Zum Abschluss erhielt unser Tourensportwagen noch eine komplette erste Inspektion mit Öl-, Ölfilter- und Getriebeölwechsel. Außerdem wurden alle in der Betriebsanleitung und im Wartungsheft empfohlenen Schmier- und Wartungsarbeiten an Motor, Getriebe, Vorderachse, Lenkgestänge, Gelenkwelle und Hinterachse durchgeführt.

TÜV und Zulassung

Noch zeitgleich mit den letzten Restaurierungsarbeiten und Testfahrten in Ungarn kümmerte ich mich in Deutschland um die erforderlichen Unterlagen für TÜV und Zulassung. Im April hatten wir damals zeitweise schon tadelloses Cabrio-Wetter, möglichst Ende Mai wollten wir die erste Ausfahrt genießen.

Für die Zulassung mit H-Kennzeichen muss ein Gutachten eines amtlich anerkannten Sachverständigen oder Prüfingenieurs eingeholt werden, gemäß § 23 der Straßenverkehrs-Zulassungsordnung und der »Richtlinie für die Begutachtung von Oldtimer-Fahrzeugen«. Die technischen Bedingungen dafür waren erfüllt (siehe auch Seite 211). Darauf haben wir vier Jahre lang unsere Restaurierungsarbeit akribisch ausgerichtet. Da unser 190 SL in den USA zugelassen war und für Deutschland noch keine gültige Betriebserlaubnis existierte, war nicht nur eine einfache Hauptuntersuchung gemäß § 29 der StVZO-Prüfung, sondern die wesentlich umfangreichere Prüfung auf der Basis von § 21 der StVZO (»Betriebserlaubnis für Einzelfahrzeuge«) erforderlich. Denn erst wenn dieser umfangreiche TÜV-Check durchgeführt ist, kann die Zuteilung eines Kennzeichens durch die Kfz-Zulassungsstelle erfolgen.

Nichts einfacher als das, dachte ich und besorgte mir direkt vom Hersteller eine Datenkarte, auf der die Details zum Fahrzeug bei der Auslieferung dokumentiert sind. Dazu schickte ich damals dem Mercedes Classic Center per Fax die Unbedenklichkeitsbescheinigung, die Zulassungs- und Versicherungsbestätigung mit der Bitte um Zusendung des Dokumentes. Dieser kostenlose Service von Mercedes ist üblicherweise zwar nur mit einem Fahrzeugbrief, Title oder analogem Nachweis des jeweiligen Landes möglich. Wenn allerdings keine dieser Fahrzeugpapiere vorhanden sind, reicht auch der zweifelsfreie Besitznachweis beispielsweise mit dem Kaufvertrag und den genannten Unterlagen.

Knapp zwei Tage später kam das Dokument per E-Mail. Beim ersten Blick darauf traute ich meinen Augen nicht! Auf dem Datenblatt war dokumentiert, dass unser 190 SL weißgrau gewesen sein soll mit schwarzen Ledersitzen. Außerdem wurde das Auto im Jahr 1955 nicht nach USA ausgeliefert, sondern in die Schweiz. Was war geschehen? Immer wieder verglich ich die Fahrgestellendnummer 5501552 mit allen meinen Unterlagen. Ich konnte keinen Fehler entdecken. Auf allen Unterlagen wie Unbedenklichkeitsbescheinigung, Zulassungs-, Versicherungsbestätigung und Kaufvertrag war dieselbe Nummer registriert.

Wie konnte das sein?, fragte ich mich immer wieder. Bei der Besichtigung des Fahrzeuges vor vier Jahren und dem Telefonat mit dem Mercedes Classic Center ist mir doch zweifelsfrei bestätigt worden, dass alle relevanten Baugruppennummern wie Fahrgestell-, Motor-, Getriebe- und Hinterachsnummer übereinstimmen. Die freundliche Mitarbeiterin von Daimler bestätigte mir telefonisch ebenso die schwarze Wagenfarbe und die rote Lederausstattung. So eine Verkettung von unglücklichen Übertragungsfehlern kann es doch gar nicht geben. War der ganze Aufwand der Restaurierung in den Ursprungszustand mit Matching Numbers umsonst?

Gerade jetzt stand auch noch eine längere geschäftliche Dienstreise nach Brüssel an. Folglich blieb ich eine weitere Woche im Ungewissen. Notgedrungen versuchte ich mich mit dem Gedanken anzufreunden, ein Auto aufgebaut zu haben, das zwar nicht dem Originalzustand entspricht, aber trotzdem ein schöner Klassiker ist. Immer wieder kamen aber Zweifel auf. Ein Fahrzeug, das 1955 in die Schweiz ausgeliefert wurde, soll dann später in den USA zugelassen worden sein. Warum der Umweg über die Schweiz? Üblicherweise wurden doch Autos über den Schiffweg von Bremen oder Hamburg aus auf die Reise nach USA geschickt. Sehr mysteriös, irgendetwas stimmt hier nicht. Ist das Auto vielleicht irgendwann in der Schweiz gestohlen und nach USA geschafft worden, um Spuren zu verwischen? Haben wir es mit Hehlerware zu tun?

Von Brüssel aus bat ich meine Frau, alle Dokumente zu scannen und per E-Mail nach Ungarn zu Zsolt zu schicken. Vielleicht findet er ja den Fehler; ein letzter Strohhalm, an den ich mich damals klammerte. Ich sagte meiner Frau damals noch eher beiläufig, sie solle doch bitte auch die Bilder vom Typenschild mitschicken. Genau das sollte dann aber zur Aufklärung führen. Beruflich bedingt mit Zahlen versiert, verglich meine Frau das Bild mit dem schlecht lesbaren Typenschild und bemerkte, dass dort auch die Nummer 55001522 eingestanzt sein könnte statt der 55001552. Die vorletzte Ziffer könnte also auch ein »2« sein. Als ich das von ihr telefonisch erfuhr, rief ich augenblicklich noch Zsolt in Ungarn an, der mir erfreulicherweise bestätigte, dass sowohl auf dem Typenschild als auch im vorderen rechten Rahmenlängsträger die 55001522 eingestanzt sind.

Nun gab es wieder Hoffnung. Den freundlichen Kollegen vom Mercedes Classic Center schickten wir alle Unterlagen und Bilder zu, damit sie sich überzeugen konnten, dass sich hier offensichtlich ein Schreibfehler durch alle Papiere hindurch gezogen hat. Nachdem sie sich davon überzeugt hatten, schickten sie uns die neue Datenkarte zu. Die Spannung stieg erneut. Enthält die richtige Datenkarte die passenden Fahrzeugeigenschaften? Am nächsten Tag hatten wir Gewissheit. Bingo! Alles war in Ordnung (vgl. Bild 171) und am Abend wurde kräftig gefeiert!

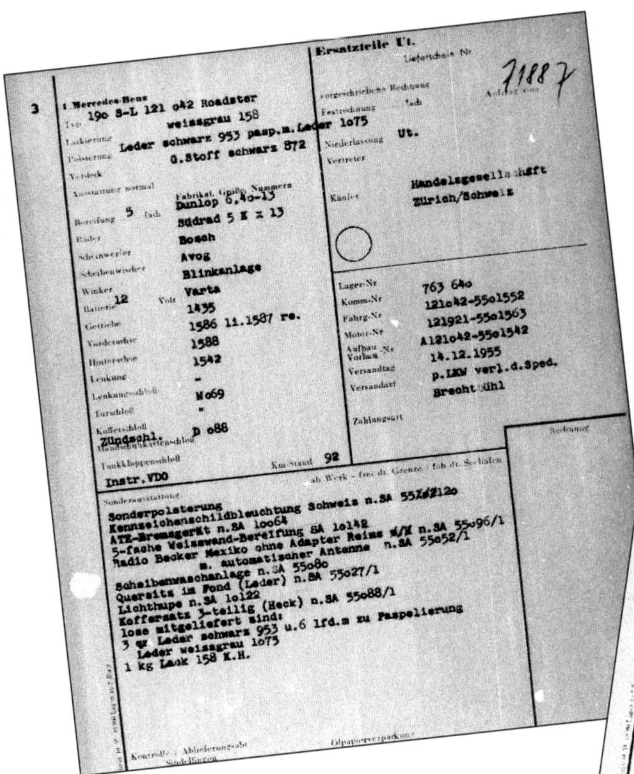
3
1 Mercedes-Benz
Typ 19o S-L 121 o42 Roadster
Lackierung weissgrau 158
Polsterung Leder schwarz 953 pasp.m.Leder 1o75
Verdeck G.Stoff schwarz 872
Ausstattung normal
Bereifung 5 fach – Fabrikat, Größe, Nummern: Dunlop 6,4o-13
Räder Südrad 5 K x 13
Scheinwerfer Bosch
Scheibenwischer Avog
Winker Blinkanlage
Batterie 12 Volt Varta
1435
Getriebe 1586 11.1587 re.
Vorderachse 1588
Hinterachse 1542
Lenkung –
Lenkungsschloß N o69
Türschloß "
Kofferschloß D o88
Zündschl.
Handschuhkastenschloß
Tankklappenschloß
Instr.VDO
Km-Stand 92
Ersatzteile Ut.
Lieferschein Nr
7188 7
vorgeschriebene Rechnung
Festrechnung fach
Auftrag von
Niederlassung Ut.
Vertreter
Käufer Handelsgesellschaft Zürich/Schweiz
Lager-Nr 763 64o
Komm.-Nr 121o42-55o1552
Fahrg-Nr 121921-55o1563
Motor-Nr A121o42-55o1542
Aufbau/Vorbau-Nr
Versandtag 14.12.1955
Versandart p.LKW verl.d.Sped. Brecht Uhl
Zahlungsart
Rechnung
ab Werk – frei dt. Grenze / fob dt. Seehafen
Sonderausstattung:
Sonderpolsterung
Kennzeichenschildbleuchtung Schweiz n.SA 55X/2120
ATE-Bremsgerät n.SA 1oo64
5-fache Weisswand-Bereifung SA 1o142
Radio Becker Mexiko ohne Adapter Reims M/M n.SA 55o96/1
m. automatischer Antenne n.SA 55o52/1
Scheibenwaschanlage n.SA 55o80
Quersitz im Fond (Leder) n.SA 55o27/1
Lichthupe n.SA 1o122
Koffersatz 3-teilig (Heck) n.SA 55o88/1
lose mitgeliefert sind:
3 qm Leder schwarz 953 u.6 lfd.m zu Paspelierung
Leder weissgrau 1o75
1 kg Lack 158 K.H.
Kontrolle / Ablieferungsabt. Sindelfingen
Ölpapierverpackung

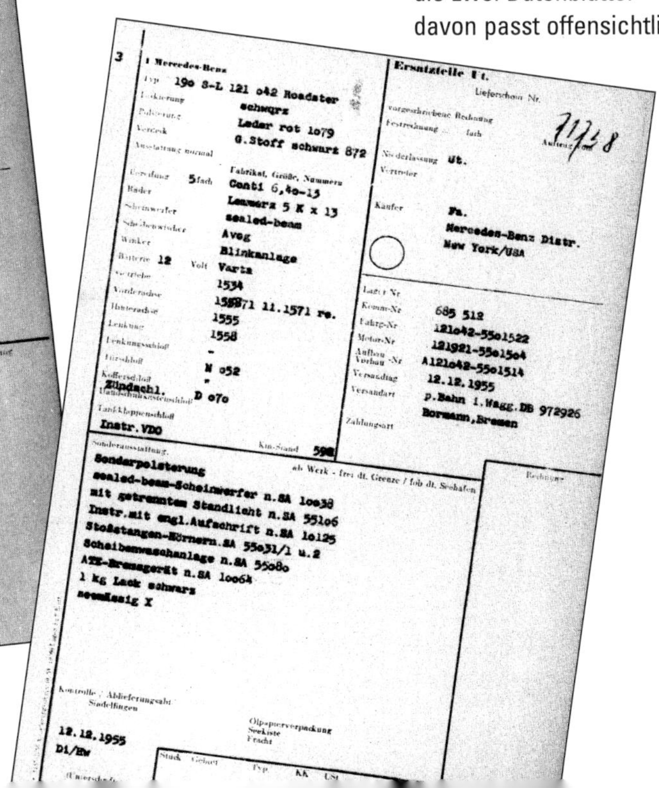
3
1 Mercedes-Benz
Typ 19o S-L 121 o42 Roadster
Lackierung schwarz
Polsterung Leder rot 1o79
Verdeck G.Stoff schwarz 872
Ausstattung normal
Bereifung 5 fach – Fabrikat, Größe, Nummern: Conti 6,4o-13
Räder Lemmerz 5 K x 13
Scheinwerfer sealed-beam
Scheibenwischer Avog
Winker Blinkanlage
Batterie 12 Volt Varta
Getriebe 1534
Vorderachse 1571 11.1571 re.
Hinterachse 1555
Lenkung 1558
Lenkungsschloß –
Türschloß N o52
Kofferschloß "
Zündschl. D o7o
Handschuhkastenschloß
Tankklappenschloß
Instr.VDO
Km-Stand 598
Ersatzteile Ut.
Lieferschein Nr.
vorgeschriebene Rechnung
Festrechnung fach
Auftrag von 7175 8
Niederlassung Ut.
Vertreter
Käufer Fa. Mercedes-Benz Distr. New York/USA
Lager-Nr
Komm.-Nr 685 512
Fahrg-Nr 121o42-55o1522
Motor-Nr 121921-55o15o4
Aufbau/Vorbau-Nr A121o42-55o1514
Versandtag 12.12.1955
Versandart p.Bahn 1.Wagg.DB 972926 Bormann,Bremen
Zahlungsart
Rechnung
ab Werk – frei dt. Grenze / fob dt. Seehafen
Sonderausstattung:
Sonderpolsterung
sealed-beam-Scheinwerfer n.SA 1oo38
mit getrenntem Standlicht n.SA 551o6
Instr.mit engl.Aufschrift n.SA 1o125
Stoßstangen-Hörnern.SA 55o31/1 u.2
Scheibenwaschanlage n.SA 55o8o
ATE-Bremsgerät n.SA 1oo64
1 kg Lack schwarz
seemässig X
Kontrolle / Ablieferungsabt. Sindelfingen
12.12.1955
D1/Hw
Ölpapierverpackung
Seekiste
Fracht
Stück Gewicht Typ KK Ust

Bild 171: Die Geschichte rund um die zwei Datenblätter – eines davon passt offensichtlich nicht.

Bild 172: Zum Glück waren Fahrgestellnummer und Typenschild am rechten vorderen Rahmenlängsträger unversehrt.

Zsolt hatte dagegen noch ein ungutes Gefühl, denn unerwartet tauchte jetzt ein neues Problem auf. Wir haben vier Jahre ein Auto restauriert und dazu keine passenden Papiere außer dem Datenblatt. Damals meinte er: »In Ungarn mit den dort strengen Zulassungsgesetzen könnte man dieses Auto niemals zulassen«. Abermals war die Situation angespannt. Ist das in Deutschland genauso? Müssen wir eventuell die Behörden in den USA bemühen, um den Schreibfehler vollständig aufzuklären? Gibt es überhaupt eine Chance, den Fall nach so langer Zeit zweifelsfrei aufzuklären? Eine Menge Fragen warfen sich auf. Was nützt ein original aufgebauter Klassiker, wenn er keine entsprechende Zulassung erhält. Ab und zu mit dem roten Kennzeichen Probe fahren oder in der Garage stehen lassen. Keine wirklich schönen Aussichten.

Bild 173: Auch der Unterboden überzeugte den TÜV-Fachmann. Sein Urteil: »Zustandsnote 1« und »Fahrzeug ist im Spitzensegment anzusiedeln«.

In der Zwischenzeit wurde das fertige Auto auf einem Anhänger mit Planenverdeck von Ungarn nach Deutschland transportiert und direkt zum TÜV Süd verbracht. Die Experten dort vor Ort waren äußerst zuvorkommend. Nachdem ich ihnen den mittlerweile recht komplex gewordenen Vorgang erläuterte, stimmten sie sich mit dem Fachmann der Zulassungsstelle direkt ab, um zu klären, was weiter zu tun ist. Der glückliche Umstand, dass die eingestanzte Fahrgestellnummer im rechten vorderen Rahmen noch vollständig erhalten war und nicht etwa korrodiert und nachgestanzt wurde, kam uns dabei besonders entgegen. Denn die Zulassungsstelle benötigte neben dem üblichen TÜV-Vollgutachten und dem Eigentumsnachweis in Form des Kaufvertrages den zweifelsfreien Nachweis, dass es sich um das Fahrzeug mit der Endnummer 55001522 handelt.

Wegen Matching Numbers war das für den Fachmann vom TÜV erfreulicherweise eine leichte Übung. Er verglich die auf der originalen Datenkarte dokumentierten Fahrgestell-, Motor-, Getriebe- und Hinterachsnummer mit der im Fahrzeug an den entsprechenden Flächen eingeschlagenen Nummern und konnte so den zweifelsfreien Nachweis liefern, dass es sich tatsächlich um einen reinen Schreibfehler in den Papieren handelte. Zur Sicherheit behielt die Zulassungsstelle allerdings noch den originalen Zulassungsnachweis vom Staat New York, bevor wir die begehrte historische Zulassung für unseren Tourensportwagen erhielten.

Wären die oben genannten Bedingungen nicht erfüllt gewesen, wäre der Fall weit komplizierter geworden. Vom Makel der fehlenden Originalität einmal abgesehen, hätte das Fahrzeug aber zumindest mit einer eidesstattlichen Eigentumserklärung zugelassen werden können.

Schließlich ließen wir vom TÜV-Fachmann vor Ort unter Vorlage der gesamten Restaurierungsdokumentation noch ein Wertgutachten erstellen, das wir einerseits als Nachweis für die Vollkasko-Versicherung benötigten und andererseits die Qualität der Restaurierung belegt. Nicht alles wollen wir verraten, aber so viel sei gesagt. Mit unserer Restaurierung haben wir einen Fahrzeugwert im sechsstelligen Euro Bereich erreicht. Neben der Zustandsnote 1 freuten wir uns besonders über den zusätzlichen wörtlichen Eintrag »Fahrzeug ist im Spitzensegment anzusiedeln«.

Hohlraumschutz und Konservierung

Letzter wichtiger Akt unserer vierjährigen Restaurierungszeit war der Rostschutz von Rahmenboden und Hohlräumen. Zwar haben wir bei der Restaurierung stets dafür gesorgt, dass überall in den Hohlräumen und Blechfalzen die Oberfläche durch Lack oder galvanischen Oberflächenschutz vor Feuchtigkeit und Rostfraß geschützt ist, allerdings bewegt und windet sich eine Karosserie bekanntlich beim Fahren. Was dazu führt, dass sich Blechteile in Bruchteilen von Millimeter aneinander reiben und allmählich blank werden können. Außerdem bleiben rund um die Schweißpunkte immer kleine Zwischenräume blank.

Als Hohlraumschutzmittel für Oldtimer haben sich vor allem Fette und Wachse bewährt. Wir entschieden uns für das Korrosionsschutzfett von der Firma Mike Sander, das regelmäßig die Hitliste der Rostschutztests anführt. Dabei handelt es sich um ein Spezialfett, das auf bis zu 120 Grad Temperatur erwärmt wird, bevor es mit einer speziellen Spritzpistole und Sonde in die sauberen, vorbehandelten Hohlräume gespritzt wird. Besonderer Vorteil ist die hervorragende Kriechfähigkeit des Fetts, das auch nach mehreren Jahren noch elastisch bleibt. Durch Kapillareffekt dringt es selbst in Falze und enge Blechüberlappungen ein.

Der Nachteil von diesem Fett ist die etwas aufwändigere Verarbeitung. Außerdem kann bei zu viel eingebrachtem Material an heißen Tagen überschüssiges Fett ablaufen und verursacht unschöne Flecken am Boden und auf der Fahrzeugoberfläche. Diese können allerdings gut mit Silikonentferner beseitigt werden, im Gegensatz zu Rost!

Für den Unterbodenschutz entschieden wir uns für ein gut zu verarbeitendes transparentes Hohlraumwachs, das als Dosen im 1-Liter-Gebinde erhältlich ist, das zäh bleibt, gleichzeitig aber nicht zu sehr klebt, damit es möglichst wenig Staub und Schmutz bindet und transparent bleibt. Bei der Auswahl des Wachses sollte man darauf achten, dass das Produkt Restfeuchte unterwandern kann und eine hohe Kriechfähigkeit aufweist. Außerdem muss es über einen langen Zeitraum elastisch bleiben und alle Temperaturschwankungen und Bewegungen der Karosserie im Fahrbetrieb ohne Rissbildung mitmachen. Da Risse im Wachs allerdings immer auftreten können, sollte nach ein paar Jahren nachbehandelt werden.

Bild 174: Christo lässt grüßen – nur umhüllt bleibt die Preziose fettfleckenfrei (*Fa. Schwarz, Grimme*).

B***ild 175:*** Profi bei der Hohlraumschutzbearbeitung mit Korrosionsschutzfett (Fa. Schwarz, Grimme).

Die Restaurierung in Zahlen

Gelegentlich wird gefragt, ob man das anspruchsvolle Projekt »190 SL Restaurierung vom Wrack zum Concours« auch dann begonnen hätte, wenn man vorher gewusst hätte, was auf einen zukommt. Der gesamte Zeitaufwand und die Kosten sind ja doch erheblich gewesen. Retrospektiv gesehen ist die Antwort differenziert einfach: »Ja, aber …!« Sehr wahrscheinlich hätte ich mit noch größerer Sorgfalt das Restaurierungsobjekt ausgesucht. Vielleicht wäre es dann aber ein weniger interessantes Fahrzeug geworden, und vielleicht wäre auch die gesamte Geschichte rund um die Restaurierung langweiliger gewesen. Und: Vielleicht wäre dann dieses Buch nie entstanden.

Wie auch immer, die Frage ist müßig. Fakt ist heute, dass wir ein absolutes Wrack wieder zum Leben erweckt haben. Und das ist partout keine Selbstverständlichkeit, war doch der Mercedes 190 SL in den Fünfzigern eine Noblesse zum Preis eines halben Einfamilienhauses, den sich nur wenige leisten konnten. Zu den Käufern zählten Frank Sinatra, Alfred Hitchcock, Gina Lollobrigida, Cary Grant, Grace Kelly, Maureen O'Hara, Zsa Zsa Gabor, Ringo Starr oder Toni Sailer.

Bild 176: Gesamtüberblick und die allgegenwärtige Frage des Controllers: Was hat das alles gekostet? (*Martin Grimme*).

Und was hat uns das Auto gekostet? Da sind an allererster Stelle viele Arbeitsstunden zu nennen, die sich zum Glück über vier Jahre verteilt haben. Zweifelsfrei war es in der Folge erforderlich, einen langen Atem zu bewahren, aber die Arbeit und Mühe hat uns – bis auf ein paar Ausnahmen – sehr viel Spaß bereitet. Darüber hinaus sind natürlich auch monetäre Kosten entstanden. Angesichts dieser Tatsache war auch hier der längere Projektzeitraum von Vorteil, denn so konnte der finanzielle Aufwand über mehrere Jahre verteilt werden. Wie hoch Zeitaufwand und Kosten waren, wollen wir im Folgenden klären.

Beginnen wir zunächst mit der Teilemenge. In Tabelle 6 sind für jede Baugruppe zusammenfassend die Anzahl der Teile aufgeführt. Die Baugruppen entsprechen dem Original-Ersatzteilkatalog von Mercedes-Benz. Insgesamt sind es 5103 Teile, die zerlegt und wieder zusammengebaut wurden. Diese Zahl ist sozusagen ein Maß für die Restaurierungstiefe. Außerdem enthält die Tabelle Informationen über die Anzahl der Teile, die ursprünglich im Fahrzeug verbaut waren und nach der Aufbereitung wieder eingebaut wurden (hier als erhaltene Teile bezeichnet) sowie die Teile, die entweder als Neu- oder Gebrauchtteil ersetzt wurden. Ebenso sind in Zahlen die Maßnahmen der Aufbereitung grob festgehalten, d. h. wie viele Teile pro Baugruppe verzinkt, lackiert oder verchromt wurden.

Nicht gezählt sind Kleinstteile, wie Nieten, Nägel, Kabelklemmen und Kabelschuhe sowie die Baugruppen und Teile, die im Rahmen der Restaurierung nicht vollständig zerlegt werden mussten. Dazu gehören beispielsweise Tacho, Drehzahlmesser, Tankgeber oder das Radio mit mehreren Hundert mechanischen und elektrischen Kleinteilen. Würde man jedes noch so kleine Bauteil zählen, bestünde unser Tourensportwagen geschätzt aus rund zehntausend Teilen. Der endgültige Beweis dafür steht allerdings noch aus.

Mit den Zahlen aus Tabelle 6 kann viel Statistik betrieben werden. Beispielsweise könnte man je Baugruppe die Originalteil-, Neuteil- oder Gebrauchtteilrate bestimmen oder aber die Anzahl der verzinkten, lackierten und verchromten Teile ins Verhältnis zur Gesamtzahl setzen. Würde man sich zudem die Mühe machen, die Teile zu wiegen, so könnte man auch in Gewichtsprozent angeben, wie viel Material in Kilogramm erneuert worden ist. Obwohl das Ergebnis höchst interessant wäre, beschränken wir uns allerdings auf ein paar wesentliche Eckdaten. Der geneigte Leser kann mit den Rohdaten aus der Tabelle noch weitere Kennwerte ermitteln.

Insgesamt betrachtet können wir mit dem Teileerhaltungsgrad, d. h. dem Anteil der im Fahrzeug original verbliebenen Teile bezogen auf alle Bauteile je Baugruppe, recht zufrieden sein. Der Wert liegt bei fast 74 Prozent. Mit unter 70 Prozent deutlich niedriger liegen dagegen die Quoten für die drei Kategorien »Rahmen und Beplankung«, »Innenausstattung und Verdeck« sowie »Fahrwerk mit Achsen und Lenkung«.

Bei der Kategorie »Rahmen und Beplankung« ist der geringe Teileerhaltungsgrad schnell erklärt. Hier schlagen vor allem die über hundert Blechteile für Rahmenboden, Vorbau und Heck zu Buche, die erneuert werden mussten. Denn nur so war es möglich, das Fahrzeug vollständig rostfrei zu bringen. Bei der Innenausstattung und dem Verdeck waren es vor allem

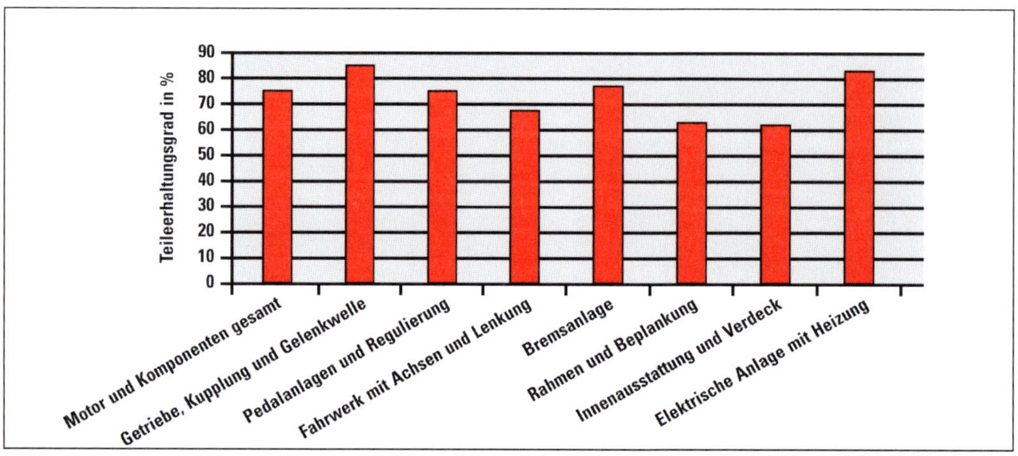

Bild 177: Teileerhaltungsgrad in Prozent nach verschiedenen Baugruppenkategorien.

Baugruppen (gemäß Mercedes Ersatzteilkatalog)	Teile gesamt	Erhaltene Teile	Neuteile	Gebraucht Teile	verzinkte Teile	lackierte Teile	verchromte Teile	Teile-erhaltungsquote in %
Motor und Komponenten gesamt								
Motorgehäuse I	182	174	6	2	143	5	0	95,6
Motorgehäuse II	109	74	33	2	12	0	0	67,9
Steuerung	61	53	8	0	9	3	0	86,9
Triebwerkteile	169	121	48	0	5	0	0	71,6
Vergaser (Spritzguss) I	339	303	36	0	230	0	6	89,4
Vergaser (Spritzguss) II	115	90	25	0	101	0	0	78,3
Kraftstoff-Förderpumpe	56	41	15	0	28	0	0	73,2
Sauggeräuschdämpfer, Luftsaugrohr	47	35	12	0	35	3	0	74,5
Saugrohr und Auspuffkrümmer	59	39	20	0	37	2	0	66,1
Elektrische Ausrüstung am Motor	201	144	49	8	66	5	0	71,6
Ölpumpe	53	40	13	0	11	0	0	75,5
Motorkühlung	49	30	19	0	30	2	0	61,2
Motoraufhängung	60	53	7	0	48	1	0	88,3
Kraftstoffanlage	72	44	28	0	39	1	1	61,1
Auspuffanlage	52	0	52	0	46	0	0	0,0
Kühler	36	27	9	0	24	1	0	75,0
Zwischensumme	**1660**	**1268**	**380**	**12**	**864**	**23**	**7**	**76,4**
Getriebe, Kupplung und Gelenkwelle								
Getriebe I	120	101	19	0	38	2	0	84,2
Getriebe II	75	59	16	0	31	0	2	78,7
Kupplung	45	39	6	0	37	0	0	86,7
Gelenkwelle	88	76	12	0	65	3	0	86,4
Zwischensumme	**328**	**275**	**53**	**0**	**171**	**5**	**2**	**83,8**
Pedalanlagen und Regulierung								
Pedalanlagen	63	42	15	6	42	5	0	66,7
Regulierung	36	32	4	0	25	2	1	88,9
Zwischensumme	**99**	**74**	**19**	**6**	**67**	**7**	**1**	**74,7**
Fahrwerk mit Achsen und Lenkung								
Vorderachse	228	104	122	2	165	23	0	45,6
Hinterachse	311	267	42	2	115	11	0	85,9
Federn und Aufhängung	115	53	62	0	54	5	0	46,1
Räder	53	38	10	5	22	10	9	71,7
Lenkung	81	66	15	0	35	12	1	81,5
Zwischensumme	**788**	**528**	**251**	**9**	**391**	**61**	**10**	**67,0**
Bremsanlage								
Vorderradbremse	210	160	46	4	136	6	0	76,2
Hinterradbremse	193	160	31	2	156	4	0	82,9
Hauptzylinder	51	36	15	0	37	1	0	70,6
ATE-Bremsgerät	74	49	25	0	44	1	0	66,2
Stockhandbremse	34	31	3	0	22	2	0	91,2
Zwischensumme	**562**	**436**	**120**	**6**	**395**	**14**	**0**	**77,6**
Rahmen und Beplankung								
Aufbau-Boden	63	4	59	0	0	63	0	6,3
Vorbau	35	3	30	2	0	33	0	8,6
Heck	18	1	15	2	0	16	0	5,6
Fahrertüren	200	174	26	0	40	2	32	87,0
Heckdeckel	25	21	4	0	10	4	3	84,0
Fahrgestell-Blechteile	61	45	16	0	21	17	12	73,8
Fahrgestell-Blechteile	58	40	18	0	37	5	5	69,0
Zwischensumme	**460**	**288**	**168**	**4**	**108**	**140**	**52**	**62,6**
Innenausstattung und Verdeck								
Innenausstattung	74	65	9	0	30	1	28	87,8
Fahrersitze und Notsitz	110	58	46	6	18	2	4	52,7
Windschutz	22	15	7	0	2	2	9	68,2
Ausschlag und Verkleidungen	134	98	32	4	42	9	13	73,1
Verdeck	78	24	48	6	4	3	8	30,8
Zwischensumme	**418**	**260**	**142**	**16**	**96**	**17**	**62**	**62,2**
Elektrische Anlage mit Heizung								
Elektrische Ausrüstung, Instrumente	291	238	35	18	20	2	15	81,8
Elektrische Anlage	246	198	41	7	68	6	20	80,5
Heizung und Lüftung	169	148	21	0	108	10	9	87,6
Radio mit Zerhacker-Antenne	74	45	5	24	20		1	60,8
Zwischensumme	**780**	**629**	**102**	**49**	**216**	**18**	**45**	**80,6**
Werkzeuge und Zubehör	**8**	**0**	**0**	**8**	**4**	**1**	**1**	**0,0**
Gesamtsumme	**5103**	**3758**	**1235**	**110**	**2312**	**286**	**180**	**73,6**

Tabelle 6: Original-, Neu- und Gebrauchtteile sowie Aufbereitungsmaßnahmen nach Baugruppen gemäß Mercedes 190 SL-Ersatzteilkatalog.

die vielen zu erneuernden Dämmmaterialien sowie Kleinteile für Sitze, Verkleidungen und Verdeck. Für das Fahrwerk und die Lenkung prägen schließlich die vielen zu erneuernden Verschleißteile wie Dichtungen und Gummilager den Erhaltungsgrad.

In Tabelle 7 sind schließlich der Zeitaufwand in Stunden und die Teile- bzw. Materialkosten in Euro nach definierten Arbeitskategorien bzw. Hauptbaugruppen dargestellt. Nicht alle Aufwendungen und Kosten lassen sich dabei eindeutig einer einzigen Kategorie zuordnen. Beispielsweise sind bestimmte Bremsteile (z. B. Bremsträgerplatten) gleichzeitig Teile der Achsen. Insgesamt dürften die geschätzten Werte maximal um 5 Prozent abweichen. Die Summenzeile gibt dagegen sehr exakt den Gesamtaufwand in Stunden und Euro wieder, der benötigt wurde, um das Wrack in den Concours-Zustand zu versetzen.

Einmal abgesehen von der Fahrzeuganschaffung waren die größten Kostenfaktoren die Restaurierung der Karosserie und Beplankung, gefolgt von der Lackierung und der Instandsetzung der Innenausstattung. Bemerkenswert ist in diesem Zusammenhang der hohe Zeitaufwand, den die sorgfältige Fahrzeugzerlegung mit Dokumentation, Befund und Ersatzteilbeschaffung einnahm. Aber auch die Endmontage der fertigen Einzelteile zum großen Ganzen einschließlich der Testfahrten erforderte einen beachtlichen Zeitaufwand.

Nun stellt sich die Frage, ob man gegebenenfalls an der einen oder anderen Stelle Material- oder Ersatzteilkosten und Arbeitsaufwand hätte einsparen können. Grundsätzlich ja, aber nur dann, wenn man entsprechend dem magischen Dreieck des Projektmanagements die Restaurierungszeit und -qualität anpasst (siehe Bild 183 auf Seite 136). Hätte man beispielsweise einen 2er- oder 3er-Zustand angestrebt und mehr Zeit für die Ersatzteilbeschaffung am Oldtimergebrauchtteilemarkt aufgewendet, so wäre nach unseren Schätzungen eine Einsparung von rund 20.000 Euro (30 Prozent der gesamten Material- und Ersatzteilkosten) möglich gewesen. Auch die Aufbereitung der vielen Teile wäre in der Folge weniger zeitaufwändig

Arbeitskategorie/Hauptbaugruppe	**Zeitaufwand in Stunden**	**Teile-Material-kosten in Euro**
Fahrzeuganschaffung	100	16000
Fahrzeug zerlegen, Dokumentation, Befund, Ersatzteilbeschaffung	300	–
Restaurierung von …		
– Karosserie und Beplankung	800	14.000
– Motor und Komponenten	200	3000
– Getriebe	45	1500
– Vorderachse	100	1200
– Hinterachse	140	1800
– Bremsanlage	45	1400
– Betätigung und Pedalerie	30	400
– Elektrik	80	900
– Beleuchtung	25	850
– Räder und Reifen	5	800
– Innenausstattung (Leder, Teppiche, Armaturen)	160	5000
– Verdeck	30	800
– Chromteile	80	3500
Lackierung und Lackiervorbereitung	350	8000
Endmontage/Testfahrten	250	–
Hohlraumschutz	15	900
Gesamt	**2355**	**60.050**

Tabelle 7: Zusammenfassung des Arbeitsaufwandes und der Teile-Materialkosten je Arbeitskategorie/Hauptgruppe (Werte gerundet).

gewesen. Hier schätzen wir rund 900 Stunden (40 Prozent) weniger zeitlichen Aufwand ein.
In diesem Zusammenhang sei erwähnt, dass der Arbeitsaufwand von insgesamt 2355 Stunden eine Kombination aus Amateur- und Profi-Stunden ist. Würden die gesamten Gewerke nur von einem Amateur durchgeführt werden, wäre der Zeitaufwand bei gleicher Qualität deutlich höher. Andererseits ist Zsolt mit seiner besonderen Erfahrung für diesen Typ heute in der Lage, gut erhaltene Restaurierungsobjekte in einer Zeit von unter 1500 Stunden vollständig zu restaurieren. Zum Beispiel ist die Restaurierung der Vorderachse je nach Erhaltungszustand zwischen 30 und 80 Stunden möglich, statt der von uns benötigten 100 Stunden. Dazu tragen vor allem umfangreiche Detailkenntnisse zum Modell bei und das gute Netzwerk von Experten für alle erforderlichen Gewerke und Ersatzteile.

Bleibt noch die letzte Frage einer Antwort schuldig. Hat sich die Restaurierung finanziell gelohnt? Zwei Antworten sind hier richtig:

Ja, zweifellos dann, wenn sich der Anteil der Arbeitszeit durch Fremdleistung in Grenzen hält und man die eigene Arbeitszeit nicht oder nur teilweise anrechnet, denn immerhin liegt der Marktwert von top restaurierten 190 SL heute im sechsstelligen Bereich.

Nein, wenn man die Arbeitszeit voll zuschlägt, denn je nach Stundensatz für Fremd- und Eigenleistung kommt man schnell zu utopischen Preisen, die den Marktwert weit übertreffen.

Was bleibt zu tun?

Nicht viel außer schöne Ausfahrten bei gutem Wetter genießen, wird zuweilen angenommen. Nein, ganz so ist es leider nicht. Oder, vielleicht sollten wir besser sagen, erfreulicherweise nicht. Ein Oldtimer braucht über das ganze Jahr hinweg Wartung und Pflege, Schutz vor Wind und Wetter, aber auch vor Diebstahl und Unfällen. Auf all das wollen wir hier nicht näher eingehen, sondern verweisen lieber auf die einschlägige Literatur zum Thema. Umfassende Informationen finden Sie beispielsweise im Buch »Schadenfrei durch die Saison«, das ebenso im Motorbuch Verlag erschienen ist, oder aus regelmäßig erscheinenden Artikeln in den Oldtimer- und Youngtimerzeitschriften.

Nachdem das Auto fertig ist, freuen wir uns auf die regelmäßige Teilnahme an diversen Rundfahrten und Oldtimerveranstaltungen, bei denen wir mit Freunden und Gleichgesinnten Spaß haben und fachsimpeln können.

Bild 178: Nicht nur Ausfahrten bei schönem Wetter prägen das Oldtimerhobby (*Axel Schmidt*).

Bild 179: Der erste offizielle Auftritt am TÜV-Stand der Oldtimertage in Fürstenfeldbruck.

Und, wie es der Zufall will, haben wir hier schon ein wenig ehrenvolle Erfahrung sammeln dürfen. Denn nachdem der TÜV Süd unseren Tourensportwagen sorgfältig inspizierte und uns das »Gütesiegel« für ein H-Kennzeichen erteilte, bat uns der Leiter der TÜV-Niederlassung, Herr Kurt Seitz, höchstpersönlich darum, das Auto im Rahmen der Oldtimertage in Fürstenfeldbruck auf dem Stand des TÜV-Süd auszustellen.

Diese Ehre zuteil zu bekommen, war für uns das i-Tüpfelchen und eine zusätzliche Anerkennung für die erreichte Restaurierungsqualität. Selbstverständlich sorgten wir gerne dafür, dass der Wagen nach einer Sonderbehandlung in voller Pracht und Glanz den TÜV-Stand schmückte.
Rein aus Spaß und Neugier meldeten wir uns bei dieser Veranstaltung zusätzlich am Concours d'Elegance an, einem Schönheitswettbewerb, an dem sich die schönsten Fahrzeuge vor einer Jury von Oldtimersachverständigen messen. Bewertet wurden unter anderem Originalität, Authentizität und die Restaurierungsqualität. Erfreulich war ja schon, dass wir bei dem großen Andrang von Anmeldungen überhaupt teilnehmen durften. Als dann daraus noch ein dritter Platz in der Kategorie der schönsten Nachkriegsfahrzeuge wurde, war die Überraschung und Freude besonders groß. Kurz vor Redaktionsschluss war unser Tourensportwagen wieder erfolgreich: Ein 1. Platz und ein 3. Platz (siehe Info Kompakt auf Seite 132/133).

Aber keine Sorge, wir bleiben auf dem Boden der Tatsachen. Schönheitswettbewerbe sind trotz regelmäßiger Versuche objektive Kriterien zu definieren, immer auch stark subjektiv geprägt. Was dem einen gefällt, muss dem anderen noch lange nicht gefallen. Wir jedenfalls fanden die meisten der tausend anwesenden Oldtimer und Youngtimer äußerst sehenswert und jeweils auf ihre besondere Weise schön. Viel wichtiger für uns ist, dass ein absolutes Wrack – ein wenig wie Phönix aus der Asche – wieder zum Leben erweckt worden ist. Das Fachsimpeln mit Oldtimerfreunden auf solchen Veranstaltungen rundet die Freude ab. Nicht zuletzt lernt man dabei ständig dazu, auch über Dinge, die für manchen belanglos erscheinen mögen. Zum Beispiel, dass eine bestimmte Schraube ursprünglich lackiert und in Linsenkopfform ausgelegt war, statt der von uns weiß verzinkten Sechskantschraube.

Bild 180: Bisher ein 1. Platz und zwei 3. Plätze auf den Oldtimertagen in Fürstenfeldbruck. Wichtiger als der Preis ist für uns allerdings die Freude mit vielen Oldtimerfans am Platz.

Noch etwas haben wir uns fest vorgenommen: Das letzte was wir heute von unserem Fahrzeug konkret wissen ist, dass es im Jahr 1994 im Staat New York auf Mr. Thomas Kirby zugelassen war. Danach wurde das Fahrzeug allem Anschein nach einer gescheiterten Restaurierung unterzogen. Darauf deutet zumindest die Tatsache hin, dass der äußere Lack der Beplankung vollständig gestrahlt und grundiert war und diverse neue Bodenbleche eingenietet wurden. Wer der oder die Besitzer bis 2005 waren ist allerdings genauso offen, wie die fast vierzig Jahre vor dem Jahr 1994. Diese Lücken in der Geschichte wollen wir vollständig aufdecken. Ob uns das gelingt, steht noch in den Sternen. Wir hoffen und setzen hier auf die Unterstützung von Bekannten und Verwandten von Mr. Kirby.

Manchmal werden wir gefragt, welches Projekt wir denn als Nächstes geplant haben? »Jetzt hätten wir doch wieder viel Zeit«. Einmal abgesehen von einer NSU Quick aus dem Jahr 1947, deren Restaurierung mit gerade mal 800 Teilen sehr überschaubar ist, gibt es so manche Ideen. Eine BMW Isetta, ein Fiat 500 D oder ein anderer charmanter Kleinwagen der 60er-Jahre vielleicht? Allen Ernstes fragte uns unlängst jemand, ob wir nicht ein Auto restaurieren wollen, das zur Teilnahme an der legendären Mille Miglia geeignet ist. Auch wenn das rein theoretisch machbar wäre, fahren wir doch besser als Zuschauer hin und genießen das Flair wie tausend andere Oldtimer-Enthusiasten als Beobachter (siehe Info Kompakt).

Info kompakt: Mille Miglia – das »schönste Rennen der Welt«

1000 MIGLIA ®

Jedes Jahr im Frühjahr treten erneut Fahrerteams von über 300 klassischen Veteranen und Rennwagen eine Rallye quer durch halb Italien an. Die Mille Miglia, einst von Enzo Ferrari als das schönste Rennen der Welt bezeichnet, startet in Brescia und führt durch einzigartig schöne Landschaften und malerische Altstädte mit den wohlklingenden Namen wie Verona, Ferrara, Ravenna, Urbino, Assisi, Rom, Siena, Florenz, Bologna, um schließlich nach rund 1600 Kilometer wieder am Ausgangspunkt in Brescia zu enden.

Die Rallye gehört heute zum historischen Kulturgut Italiens wie das Kolosseum oder die Pietà von Michelangelo. Millionen von begeisterten Oldtimer-Fans verfolgen das legendäre und weltbekannte Spektakel entlang der Strecke oder fahren sogar mit ihren eigenen Fahrzeugen einen Teil der Streckenführung ab, um ein wenig von dem Esprit dieses wahrlich historischen Ereignisses mitzubekommen. Unterstützt wird die Mille Miglia von namhaften Automobilherstellern wie Alfa Romeo, Ferrari, Mercedes-Benz, Lancia, Fiat, Jaguar und Audi sowie den Automobilverbänden FIA, ACI und FIVA.

Wie alles begann:
Die Legende der Mille Miglia geht auf das Ende des Jahres 1926 zurück, als die vier Automobil- und Rennsportbegeisterten Graf Aymo Maggi di Gradella, Graf Franco Mazzotti, Renzo Castagneto und Giovanni Ca-

nestrini – zuweilen auch die »vier Musketiere« genannt – das Rennen als Antwort auf den Ausschluss ihrer Heimatstadt Brescia vom Gran Premio d'Italia ins Leben riefen. Es wurde eine Rennstrecke in Form einer Acht ausgewählt, die auf einer Distanz von rund tausend Meilen (daher der Name Mille Miglia) von Brescia nach Rom und zurück führte. Siebenundsiebzig Fahrerteams gingen am 26. März 1927 erstmalig an den Start. Fünfundfünfzig kamen ans Ziel und die Sieger der ersten Mille Miglia, Ferdinando Minoia und Giuseppe Morandi an Bord eines OM 665 S Spyder, bewältigten die Rennstrecke in 21 Stunden und 5 Minuten bei einer damals äußerst beachtlichen Durchschnittsgeschwindigkeit von 77,2 km/h.

In den folgenden Jahren gewann die Mille Miglia an Popularität und wurde, ungeachtet von der schwierigen Wirtschaftslage und den internationalen Streitigkeiten, denen sich Italien in jenen Jahren gegenübersah, zum Spitzenreiter unter den Straßenrennen. Aufgrund eines schweren Unfalles im Jahr 1938, bei dem zehn Menschen ums Leben kamen, wurde das Rennen im darauf folgenden Jahr abgesagt. Auch in den Folgejahren bis 1946 trug der Zweite Weltkrieg dazu bei, dass das Langstreckenrennen nur auf einer verkürzten Strecke veranstaltet wurde. Ein Comeback feierte die Mille Miglia erst wieder am 21. Juni 1947. Das Fahrerteam Biondetti und Romano am Steuer eines Alfa Romeo 8C 2900B Coupé Touring steuerten den roten

Bild 181: Am Piazza del Comune in Assisi – eine der vielen Gelegenheiten den Veteranen ganz nahe zu kommen.

Boliden in nur 16 Stunden und 17 Minuten ans Ziel. Den absoluten Rekord jedoch sicherte sich der englische Pilot Stirling Moss, der 1955 die 1600 Kilometer lange, äußerst kurvenreiche Strecke in nur 10 Stunden und 8 Minuten am Lenkrad eines Mercedes-Benz 300 SLR, Nummer 722, zurücklegte. Die Durchschnittsgeschwindigkeit betrug damals 157,7 km/h.

Im Jahr 1957 ereignete sich dann die große Tragödie, die die Geschichte der Mille Miglia nachhaltig beeinflussen sollte. Am Fahrzeug des Spaniers Alfonso de Portago platzte der linke Vorderreifen und er kam bei fast 300 km/h von der Straße ab. Neun Zuschauer, darunter fünf Kinder, kamen ums Leben, und auch der spanische Pilot und sein Beifahrer verloren ihr Leben. Drei Tage später ordnete die italienische Regierung das Ende der Mille Miglia an und untersagte weitere Rennen dieser Art über öffentliche Straßen.

Erst im Jahr 1977, anlässlich der 50-Jahresfeier der »Coppa delle 1000 Miglia« und 20 Jahre nach dem tragischen Ereignis, organisierte der Automobilclub von Brescia die über die Straßen der Provinz führende »Rallye 1000 Miglia«, allerdings nun als Gleichmäßigkeitsfahrt mit Geschwindigkeitsprüfungen. Die steigende Popularität und wachsende Teilnehmerzahl führte dazu, dass seit 1987 dieses einzigartige Ereignis jedes Jahr stattfindet. Auch wenn es heute nicht mehr um hohe Geschwindigkeiten und technische Höchstleistungen geht, hat sich ein nicht weniger großer Kampfgeist unter den Teilnehmern entwickelt. Vor allem aber ist es die besondere Atmosphäre, die die Fahrerteams mit großer prominenter Besetzung jährlich anlockt.

Wer darf teilnehmen?
Die strengen Reglements der Mille Miglia wurden seit der Wiedergeburt im Jahr 1977 immer wieder angepasst. An den Start dürfen heute 375 originalgetreue Fahrzeugmodelle. Bis auf wenige herausragende rennsportliche Ausnahmen dürfen ausschließlich Modelle teilnehmen, die in den Jahren 1927 bis 1957 dabei waren. Außerdem wird die Teilnahme älterer Vorkriegsfahrzeuge durch Wertungskoeffizienten besonders gefördert. Einen besonderen Bonus erhalten die originalen MM-Veteranen, die über Fahrgestellnummer und Kennzeichen nachweisen können, dass sie an einem der Rennen »wirklich« teilgenommen haben. Dazu gehören beispielsweise im Jahr 2008 ein Ferrari 340 America Coupé Vignale, der 1951 mit dem Fahrer

Bild 182: Eine der vielen Legenden um die Mille Miglia – Wolfgang Graf Berghe von Trips überlässt Piero Taruffi den Sieg. »Die noble Geste des jungen Deutschen, der Respekt des Jungen vor dem Alter« brachte dem Grafen 1957 weltweit Anerkennung (*Villa Trips – Museum für Rennsportgeschichte*).

Gigi Villoresi den Gesamtsieg verbuchen konnte, oder ein Mercedes 300 SL, der im Jahr 1952 mit Hermann Lang am Steuer den vierten Platz erreichte.

Tipps für Zuschauer:
Für die wenigsten unter den Lesern wird die offizielle Teilnahme an der Mille Miglia möglich sein. Aber auch als Beobachter in Brescia oder an einer der malerischen Zwischenstationen entlang der Wegstrecke – vielleicht noch mit dem eigenen Oldtimer – ist ein wahrlich unvergessliches Erlebnis. Auf der Internetseite www.1000miglia.eu sind neben Karten und Zeitplan reichlich Links und touristische Tipps zu finden. Fahren Sie hin und lassen Sie sich einfangen von dem Zauber, der vom »schönsten Rennen der Welt« ausgeht!

Info kompakt:
Concours d'Elegance

Der Concours d'Elegance (aus dem Französischen »Wettstreit der Eleganz«) bezeichnet einen Schönheitswettbewerb für Automobile. Bereits im 17. Jahrhundert, als der Sonnenkönig Ludwig XIV regierte, wurden von der Aristokratie in den Pariser Parks repräsentative Pferdekutschen einem staunenden Publikum vorgeführt und von einer sachkundigen Jury bewertet. Nicht nur die Kutschen, sondern auch die besonders üppig dekorierten Pferde und die elegante barocke Kleidung der vorführenden Personen wurden beurteilt. Mit der Erfindung des Automobils setzte sich diese Tradition für Schönheitswettbewerbe fort. Der erste deutsche Concours d'Elegance für Autos fand 1905 im Hamburger Polo Club statt. Die Sieger waren damals Mercedes und Opel (*Schrader, 2007*).

Heute gibt es weltweit zahlreiche Schönheitswettbewerbe für Automobile. Der »Pebble Beach Concours d'Elegance« in Kalifornien und der »Concorso d'Eleganza Villa d'Este« am Comer See in Italien zählen weltweit zu den berühmtesten Veranstaltung. In einer Vielzahl von Klassen werden dort besonders hochkarätige klassische Automobile im absoluten Bestzustand nach sehr strengen Kriterien bewertet und ausgezeichnet. Unter allen Klassengewinnern wird der »Best of Show« ausgezeichnet. Die ausgestellten Fahrzeuge weisen erhebliche Werte auf und eine entsprechend gute Platzierung wirkt sich meist zusätzlich wertsteigernd aus.

In Deutschland haben sich ebenso eine Reihe von namhaften Concours d'Elegance Veranstaltungen

Ein Delage D8S De Villars Roadster von 1933 – »Best of Show in Pebble Beach 2010«.

etabliert. Dazu gehören die jährlich stattfindenden Schönheitswettbewerbe in Baden-Baden, Schwetzingen, auf Schloss Bensberg und auf Schloss Dyke sowie die Concours d'Elegance Veranstaltungen im Residenzschloss Ludwigsburg und im Klosterareal Fürstenfeld bei München.

Concours d'Elegance Fürstenfeld

Ein besonders angenehmes und schönes Ambiente für mobile Kulturgüter aus der Vor- und Nachkriegszeit hat sich in den letzten Jahren im Rahmen der Oldtimertage in Fürstenfeld entwickelt. Die Veranstalter Claus Müller und Michael Jaumann (verantwortlich für Concours d'Elegance) legen dabei besonderen Wert darauf, dass das gesamte Spektrum automobiler Kulturgüter vom Kleinwagen bis zur Luxusklasse vertreten ist. Wunderschöne, perfekt restaurierte oder original erhaltene Klassiker wie Karman Ghia Cabriolet, die BMW Isetta, der Fiat Topolino sind genauso zu sehen, wie etwa ein Iso Grifo, ein Ferrari oder ein Mercedes 300 SL Flügeltürer. Selbstverständlich lassen sich dort auch edle Bentleys oder Rolls Royce aus der Vorkriegszeit im Bestzustand bewundern.

Die Bewertung der Schmuckstücke erfolgt von einer fachkundigen Jury, bestehend aus Experten der Oldtimer Szene und Oldtimer Sachverständigen von TÜV Süd und Classic Data. Beurteilt werden nach einem Punktesystem vor allem die Kategorien:

Oldtimer Gutachter bei der Arbeit – auf Details kommt es an

- Interieur: Armaturenbrett, Instrumente, Originalität
- Motor: Nebenaggregate, Elektrik, Auspuff, Originalität
- Karosserie: Lackierung, Verdeck, Blech, Chrom, Reifen, Felgen, Originalität
- Sauberkeit
- Seltenheit
- Alter

Weitere Details über die jährlich im September stattfindende Veranstaltung können auf der Website www.concours-fuerstenfeld.de nachgelesen werden.

Platzierungen beim Concours d'Elegance Fürstenfeld 2010:

Samstag 18. September 2010:

1.Platz	Mercedes 190 SL	4462 Punkte	Hans Stöhr	Herrsching
2.Platz	ISO Grifo	4366 Punkte	Herwig Bayer	München
3.Platz	Mercedes 190 SL	4347 Punkte	Johann Gwehenberger	Fürstenfeldbruck

Sonntag 19. September 2010:

1. Platz*	Mercedes 190 SL	4347 Punkte	Johann Gwehenberger	Fürstenfeldbruck
	Mercedes 300 SL	4324 Punkte	Erich Oswald	Gernlinden
2. Platz	BMW 3.0Si	4298 Punkte	Ralf Kluge	Reutlingen
3. Platz	Mercedes 220 SE Coupe	4144 Punkte	Franz Ratgeber	Augsburg

*: Zwei erste Plätze, weil einer der Teilnehmer am Vortag bereits unter den Gewinnern war.

Allgemeiner Rat für den Restaurator

Während wir im vorangegangenen Kapitel die Restaurierung unseres Tourensportwagens Mercedes 190 SL beschrieben haben, sind in diesem Kapitel wichtige allgemeine Themen zur Restaurierung beschrieben.

Dabei greifen wir einerseits zurück auf die beim Wiederaufbau des Mercedes 190 SL gewonnen Erkenntnisse und lassen andererseits die langjährige Erfahrung von Zsolt einfließen. Das Kapitel soll Ihnen demnach als allgemeiner Ratgeber für wichtige Belange rund um die Teil- und Vollrestaurierung von Old- und Youngtimern dienen.

Einleitend schlagen wir zwei verschieden Projektmanagementansätze vor. Sie sind für den Profi- oder Hobbyrestaurator eine wichtige Basis und sollen Ihnen helfen über die gesamte Projektzeit stets den Überblick zu bewahren. Eingeschlossen wird die gesamte Wertschöpfungskette von der Idee bis zur ersten Ausfahrt mit dem Klassiker.

Anschließend geben wir Rat zur Modellauswahl und zum Erwerb von Restaurierungsobjekten, beschreiben mögliche Fallstricke und wie man sich am besten davor schützen kann. Außerdem behandeln wir Themen rund um die Werkstattausrüstung, das Definieren der Restaurierungsziele, wie und wo man sich selbst qualifizieren und handwerkliche Fertigkeiten erwerben kann und wie man systematisch den Befund der Baugruppen und Teile durchführt.

Angesichts der hohen Komplexität einer Teil- und Vollrestaurierung und der Vielzahl unterschiedlicher Gewerke ist wohl in den meisten Fällen die Unterstützung durch Fachbetriebe erforderlich. Hier ist zu berücksichtigen, dass im Regelfall der größte Kostenfaktor die Arbeitskosten sind. Der Leser erhält in diesem Zusammenhang Rat zur richtigen Auswahl des Betriebs, Einholung von Angeboten, Erstellung eines Pflichtenheftes und vertragliche Vereinbarungen.

Am Ende dieses Kapitel machen wir einen kleinen Ausflug in Spezialthemen, die allgemein beim Restaurieren hilfreich sind. Dass wir uns dabei nicht der Restaurierung der einzelnen Baugruppen wie Karosserie, Motor, Fahrwerk, Triebwerk und Elektrik etc. widmen können ist selbsterklärend. Zu marken- und typenspezifisch sind die verschiedenen Gewerke. Bis zu einem gewissen Grad allgemein gültig sind aber Themen wie Rost und Rostschutz, Schadendiagnose am Motor, Räder und Reifen, Umrüstung von 6 Volt auf 12 Volt, Nachfertigung von mechanischen und elektronischen Bauteilen oder Tipps zum Einbauen von Sicherheitsgurten.

Der systematische Ansatz zum Erfolg

In Wirtschaftsunternehmen ist allgemein bekannt, dass bei komplexen Auftragsabwicklungsprozessen etwa 70 % der Fehler und Probleme in den Abläufen entstehen, die der eigentlichen Leistungserstellung vorangehen. Dort werden sie allerdings häufig nicht gleich nachgebessert, sondern verlagert, so dass 80 % der Fehler bei der Arbeitsdurchführung behoben werden müssen (Berlak, 2003; Dingfelder, 2007). Fachleute gehen davon aus, dass ohne diese Fehler und Probleme mindestens 30 % der Kosten eingespart werden könnten.

Diese Erkenntnisse aus der Industrie und Wirtschaft können auf die Fahrzeugrestaurierung übertragen werden. Denn es handelt sich dabei nämlich nicht – wie oft irrtümlich angenommen wird – um gewöhnliches Reparieren, sondern vielmehr um einen komplexen Prozess, der im Rahmen eines Projektes möglichst genau und systematisch abgearbeitet werden sollte (vgl. Dingfelder, 2007). Dabei geht es in erster Linie darum, den Überblick zu bewahren, wo sich welches Teil in welchem Fertigungszustand befindet, d. h. immer genau zu wissen, welche Bauteile bereits fertig, repariert, bestellt, geliefert oder in Auftrag gegeben wurden und welche noch nicht. Oder, welche Ressourcen und Termine eingeplant werden müssen, damit nicht zu lange Unterbrechungen auftreten. Nicht selten erhöht sich der Aufwand drastisch durch versteckte Schäden, fehlende oder mangelhafte Unterlagen (Restaurierungskonzept, Material- und Teilelisten oder Arbeitspläne) oder mangelnde Planung.

Im Folgenden stellen wir deshalb zwei verschiedene Projektansätze vor, die Ihnen – je nach Restaurierungsumfang – als Leitfaden dienen können. Beide Ansätze, ob sequentiell oder integriert, enthalten alle wesentlichen Prozessschritte und können Ihnen die Planung erleichtern und das Projekt strukturiert und überschaubar halten. So können Fehler beispielsweise durch Vergessen oder Weglassen minimiert werden. Dies hilft vor allem Zeit und Kosten für parallele und sequentielle Arbeitsschritte während des Projektes abzuschätzen. Schließlich dient die kontinuierliche Dokumentation der Arbeiten auch der Qualitätssicherung, der Wertsteigerung und erleichtert bei Bedarf die Zwischen- und Nachkalkulation der eigenen Arbeiten oder der Fremdvergabe.

Grundlagen und Begriffe

Zur Planung und Aufstellung eines Projektes sind einige allgemeine Grundlagen und Begriffe von Bedeutung, die vielleicht nicht jedem geläufig sind und deshalb hier kurz vorgestellt werden. Keine Sorge, wir werden hier nicht tief in das Projektmanagement einsteigen, sondern uns lediglich mit den wichtigsten Begriffen und Definitionen beschäftigen in Anlehnung an die ISO 9001, die Ihnen helfen sollen, einen eigenen individuellen Projektplan aufzustellen (vgl. Litke, 2005).

Projekt: Ein Projekt ist entsprechend DIN 69901 ein einmaliges Vorhaben, bei dem innerhalb einer definierten Zeitspanne und definierten Ressourcen (Finanzmittel, Arbeitskraft, Werkzeuge usw.) eine bestimmte Zielvorgabe erreicht werden soll (vgl. Litke, 2005). Für unseren konkreten Fall ist das Projekt »Restaurierung eines Oldtimers/Youngtimers« ein zeitlich, räumlich und sachlich begrenztes komplexes Arbeitsvorhaben von der Anschaffung des Restaurierungsobjekts bis zum fertigen Fahrzeug, bei dem durch den Einsatz von Verbrauchsgütern (Ersatzteile, Material, Energie usw.), Nutzungsgütern (z. B. Werkzeuge und Maschinen) und der Arbeitskraft eine bestimmte Zielsetzung (hier die Restaurierung des Fahrzeuges) zu erreichen ist.

Projektziele: Jedes Projekt verfolgt ein oder mehrere Ziele! Durch aktives Handeln soll in angemessener Zeit ein bestimmter vorher festgelegter zukünftiger Zustand erreicht werden. Bei unserem Restaurierungsvorhaben sind das zweckorientierte Ziele (z. B. wollen wir während und nach der Restaurierung mit dem Oldtimer die Freizeit genießen) und ergebnisorientierte Ziele: der Oldtimer mit seinen Baugruppen soll beispielsweise ein bestimmtes Aussehen, einen definierten Erhaltungszustand und eine bestimmte Qualität haben. Der Erfolg eines Projektes wird zudem von drei wichtigen Zielvorgaben bestimmt (vgl. Litke, 2005):

- Sachziel (Qualität)
- Kostenziel (Ressourcen)
- und Terminziel (Zeit).

Sie bilden gemeinsam das »magische Dreieck des Projektmanagements« und beeinflussen sich gegenseitig (Bild 183). Erhöhen sich etwa während des Projektverlaufs die Qualitätsansprüche, so müssen zwangsläufig Kosten- und Terminziele angepasst werden. Ein anderer häufiger Fall tritt ein, wenn Termine von Fremdfir-

Bild 183: Einfluss von Sach-, Kosten- und Terminziel.

men nicht eingehalten werden. Neben der Zeitverschiebung kann dies erheblich die Kosten der Restaurierung steigern und die Qualität senken, insbesondere dann, wenn man zu ehrgeizig bestrebt ist, den Zeitrahmen einzuhalten. Häufig ist es besser, das Ende eines Arbeitspaketes oder sogar des gesamten Projekts zu verschieben.

Projektphasen: Jedes Projekt hat – vergleichbar zu biologischen Organismen – bestimmte »Lebensphasen« von der ersten Idee bis zum Projektabschluss. Ein wichtiger erster Planungsschritt ist deshalb die Aufteilung des gesamten Projektverlaufs in einzelne chronologisch folgende zeitliche Abschnitte oder Phasen.

Projektstrukturplan: Der Projektstrukturplan enthält in hierarchischer Form die Gesamtheit der Teilprojekte, Arbeitspakete und Arbeitsschritte (Teilaufgaben) sowie deren wesentlichen sachlichen Beziehungen zueinander. Er liefert somit eine Übersicht über alle erforderlichen Aufgaben und Aktivitäten im Projekt und beschreibt, was zu tun ist (nicht wie es zu tun ist). Der Projektstrukturplan ist ein zentrales Dokument für die Projektsteuerung und bildet die Grundlage für Risikoanalysen und die Budgetierung. Nicht dargestellt wird die zeitliche Abfolge der Aktivitäten. Diese kann dem Gantt-Diagramm entnommen werden. Bei der Festlegung der Teilprojekte, Arbeitspakete und Arbeitschritte ist darauf zu achten, dass diese eindeutig abgrenzbar, für sich disponierbar und kontrollierbar sind und bei Bedarf bestimmten Auftragnehmern bzw. Fremdfirmen zugeordnet werden können. Weiter unten in diesem Kapitel sind zwei exemplarische Projektstrukturpläne für den sequentiellen und integrierten Projektansatz abgebildet (vgl. Bilder 184 und 185).

Arbeitspaket: Das Arbeitspaket ist ein Strukturelement auf der jeweils unteren Hierarchieebene der Teilprojekte in einem Projektstrukturplan. Es enthält einen oder mehrere Vorgänge oder Arbeitsschritte. In unserem Fall sind Arbeitspakete beispielsweise der Teilprozess »Zerlegen des Fahrzeuges« oder die Restaurierung einer Fahrzeugbaugruppe.

Arbeitsschritt: Der Arbeitsschritt (Vorgang) ist das unterste Strukturelement bei der Projektplanung. Damit der Projektstrukturplan übersichtlich bleibt, ist bei der Festlegung darauf zu achten, dass der Arbeitsschritt nicht zu klein gewählt wird. Für die Restaurierung empfiehlt es sich, die Arbeitsschrittdauer (Vorgangsdauer) von einem Tag nicht zu unterschreiten, da sonst der Dokumentationsaufwand zu groß wird und die Übersichtlichkeit verloren geht. Beispielsweise genügt die Festlegung des Arbeitsschrittes »Anlasser restaurieren«, statt noch weiter aufzuteilen in Anlasser zerlegen, Wicklung instand setzen, Kohlen erneuern etc. Eine textliche Beschreibung im Arbeitsschritt genügt.

Meilenstein: Meilensteine sind definierte und terminierte Projektzustände oder Ergebnisse, die besondere Bedeutung für das Projekt und dessen weiteren Fortschritt haben. Beispielsweise ist ein Meilenstein die Fertigstellung einer bestimmten Baugruppe zum Einbau in das Gesamtfahrzeug (z. B. Getriebe einbaufertig, Hinterachse einbaufertig).

Gantt-Diagramm: Dieses Diagramm ist ein nach dem Unternehmensberater Henry L. Gantt (1861–1919) benanntes Instrument des Projektmanagements, das die zeitliche Abfolge von Aktivitäten grafisch in Form von Balken auf einer Zeitachse darstellt. Im Unterschied zum Projektstrukturplan ist die Dauer und zeitliche Abfolge der Aktivitäten deutlich sichtbar. Gleichzeitig können die Meilensteine eingetragen werden. Ein Nachteil des Gantt-Diagramms ist, dass die Abhängigkeiten zwischen den Aktivitäten nur eingeschränkt darstellbar sind. Dies ist wiederum die Stärke des Projektstrukturplans.

Zwei Restaurierungskonzepte zur Wahl

Auf der Basis der Grundbegriffe sind wir nun in der Lage, zwei verschiedene Restaurierungskonzepte mit den wesentlichen Bestandteilen aufzustellen. Wir nennen sie hier sequentieller und integrierter Projektansatz. Beide Konzepte haben ihre Besonderheiten hinsichtlich Struktur und Anwendbarkeit. Auf die Vor- und Nachteile gehen wir speziell ein.

Sequentieller Projektansatz

Beim sequentiellen Projektansatz nimmt man sich Zug um Zug jede Baugruppe für die Restaurierung einzeln vor. Dabei wird die betreffende Baugruppe (z. B. Motor mit Komponenten, Inneneinrichtung) aus dem Fahrzeug ausgebaut, zerlegt und nach Schäden analysiert. Anschließend werden wieder verwendbare Bauteile aufbereitet und defekte zugekauft, die Baugruppen wieder zusammengebaut und zum Schluss in das Gesamtfahrzeug montiert.

In Bild 184 ist der Projektstrukturplan und Zeitplan mit Meilensteinen exemplarisch für die Restaurierung der Innenausstattung abgebildet. Fünf Arbeitspakete in chronologischer Reihenfolge beschreiben den gesamten Prozess. Außerdem sind die fünf Meilensteine an einem Zeitstrahl abgebildet mit Projektbeginn (Sept. 2010) und Projektende (Mai 2011).

Wie man unschwer erkennen kann, ist dieser Ansatz vor allem dann in Betracht zu ziehen, wenn eine Teilrestaurierung von einer oder wenigen Baugruppen erfolgen soll. Die Vorteile liegen auf der Hand. Erstens ist der Zeitraum der Baugruppenrestaurierung begrenzt und zweitens ist der einzelne Prozess weniger komplex, da insgesamt eine überschaubare Anzahl von Teilen gleichzeitig zerlegt, bearbeitet und wieder montiert werden müssen. In der Folge sind auch das Projektmanagement und die damit verbundene Organisation und Logistik weniger aufwändig. Nicht zu vergessen, auch der Platzbedarf für die Lagerung von zerlegten Teilen ist niedrig.

Besonders empfehlenswert ist dieser Ansatz vor allem für denjenigen, der beispielsweise einen fahrbereiten Oldtimer hat und in den Wintermonaten Teilrestaurierungen am Fahrzeug durchführen möchte. Beispielsweise in einem Winter den Motor, im nächsten die Vorderachse, im übernächsten die Innenausstattung. Weniger zu empfehlen ist jedoch der sequentielle Ansatz

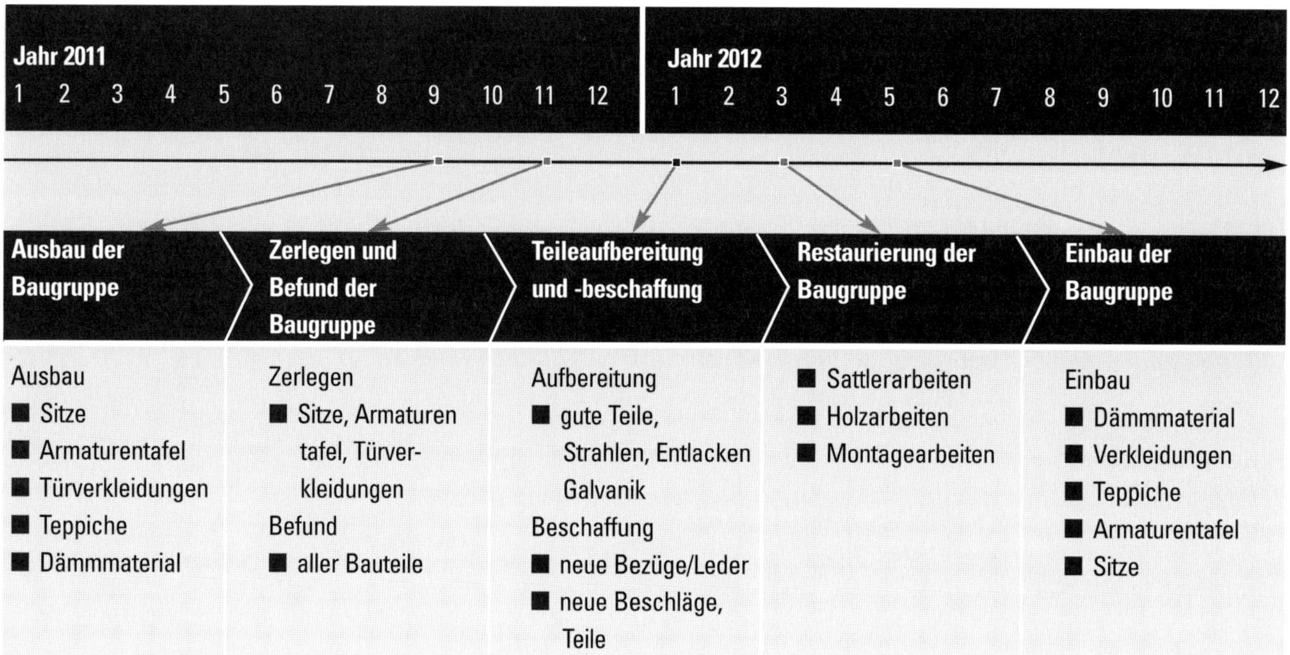

Bild 184: Projektstrukturplan und Zeitplan mit Meilensteinen für sequentiellen Projektansatz am Beispiel »Restaurierung der Innenausstattung«.

für Vollrestaurierungen oder umfangreiche Teilrestaurierungen, insbesondere weil Zeitaufwand und Kosten deutlich anwachsen können. Hierfür bietet sich ein integriertes Projekt an.

Integrierter Projektansatz

Der Ansatz für ein integriertes Projekt bietet sich bei der Vollrestaurierung oder bei umfangreicher Teilrestaurierung an. Er ist vor allem dann anzuwenden, wenn mehrere Arbeitspakete integrativ ineinander greifen und mehrere Baugruppen über einen längeren Zeitraum gleichzeitig restauriert werden sollen. Am besten lässt sich dieser Ansatz am Projektstrukturplan erklären.

Projektstrukturplan

In Bild 185 ist der Projektstrukturplan von unserer Vollrestaurierung des Mercedes-Benz 190 SL dargestellt. Bis der Plan allerdings in dieser Form vollendet war, hat es ein gutes Stück Zeit gedauert. Die Struktur wurde zu Beginn und während des Restaurierungsprozesses laufend verfeinert und hat letztlich erst zur Hälfte des Projektzeitraums seine jetzige Gestalt erreicht. Für unsere Fahrzeugkategorie stellt der Plan heute wohl das Optimum dar. Zumindest gilt das aus Sicht der Autoren, individuelle Verbesserungen und Anpassungen sind freilich immer möglich. Beispielsweise bei bestimmten Typen im Vorkriegsbereich kann eine Anpassung erforderlich sein, wenn etwa die erforderlichen Gewerke (z. B. Holzarbeit) abweichen oder ein aufwändiger Nachbau von nicht mehr erhältlichen Bauteilen oder Baugruppen erforderlich ist. Dann ist es unter Umständen zweckmäßig, ein spezielles Arbeitspaket für die Nachfertigung von Teilen zu definieren.

Kommen wir nun zu einer kurzen Beschreibung der Projektstruktur und der einzelnen Arbeitspakete. Ersichtlich sind insgesamt zehn Arbeitspakete mit den Bezeichnungen von AP 0.0 bis AP 10.0, die entweder vertikal oder horizontal angeordnet sind.

Vertikal angeordnet sind die sieben Arbeitspakete
- AP1.0 Fahrzeugbeschaffung
- AP4.0 Karosserie und Lackierung
- AP5.0 Technik
- AP6.0 Innenausstattung
- AP7.0 Außenteile und sonstige Teile
- AP8.0 Endmontage und Abschlussarbeiten
- AP9.0 Fahrzeugbetrieb

Diesen Arbeitspaketen mit ihren untergeordneten Arbeitsschritten ist gemeinsam, dass sie, außer der Fahrzeugbeschaffung, hauptsächlich handwerkliche Ar-

AP 1.0 Fahrzeugbeschaffung	AP 4.0 Karosserie und Lackierung	AP 5.0 Technik	AP 6.0 Innenausstattung	AP 7.0 Außenteile/ sonstige Teile	AP 8.0 Endmontage/ Abschlussarbeit	AP 9.0 Fahrzeugbetrieb
1.1 Recherche	4.1 Rahmen	5.1 Motor und Komponenten	6.1 Sitze	7.1 Chromteile außen	8.1 Zusammenbau	9.1 Erste Wartung
1.2 Auswahl	4.2 Bodenblech	5.2 Getriebe	6.2 Verkleidung	7.2 Schlösser	8.2 Tests und Probefahrten	9.2 Kleine Mängel beheben
1.3 Erwerb	4.3 Beplankung	5.3 Vorderachse	6.4 Teppiche	7.3 Beschläge	8.3 TÜV und Zulassung	
1.4 Gutachten	4.4 Lackiervorbereitung	5.4 Hinterachse	6.4 Armaturen	7.4 Räder/Reifen	8.4 Wertgutachten	
1.5 Zielsetzung	4.5 Lackierung	5.5 Elektrik	6.5 Verdeck	7.5 sonstige Kleinteile		

AP 2.0 Zerlegung/Befund	2.1 Fahrzeug zerlegen 2.2 Baugruppen zerlegen 2.3 Befund Baugruppen/Teile
AP 3.0 Teilebeschaffung	3.1 Teileaufbereitung (Entlacken, Strahlen, Chrom, Galvanik) 3.2 Teilebeschaffung (Neuteil, Gebrauchtteil)
AP 0.0 Projektmanagement	Konzepte, Kosten- und Zeitplanung, Fremdaufträge vergeben und verwalten, Dokumentation

Bild 185: Projektstrukturplan mit Arbeitspaketen für einen integrieren Projektansatz.

beitsinhalte und Gewerke umfassen und dass sie im Wesentlichen vollständig voneinander abgrenzbar, disponierbar und kontrollierbar sind. Bei Bedarf könnten jede dieser Arbeitseinheiten und der untergeordneten Arbeitschritte bestimmten Auftragnehmern oder Fremdfirmen vergeben und zugeordnet werden.

Die drei horizontalen Arbeitspakete sind
- AP0.0 Projektmanagment
- AP2.0 Zerlegung/Befund
- AP3.0 Teilebeschaffung/-aufbereitung

Auch diese drei Arbeitspakete sind zwar weitgehend abgrenzbar, kontrollierbar und unabhängig voneinander, allerdings stehen sie in sehr enger Beziehung zu den vertikalen Arbeitspaketen.

Das Arbeitspaket AP0.0 Projektmanagement beinhaltet insbesondere die Konzepterstellung, kontinuierliche Kosten- und Zeitplanung, Weitergabe und Überwachung von Fremdaufträgen und die gesamte Dokumentation. Aufgabe innerhalb des Arbeitspaketes ist es sozusagen, den gesamten Prozess der Restaurierung zu kontrollieren und zu steuern. Insbesondere, dass alle Arbeitspakete so ineinander greifen, und dass am Ende das Projekt zum Erfolg geführt wird – sprich der Oldtimer in entsprechender Zeit, Qualität und definierten Kosten fertig gestellt wird. Sollte etwas aus dem Ruder laufen, sind effektive Gegenmaßnahmen zu treffen.

Das Arbeitspaket AP2.0 Zerlegung/Befund ist relevant für die Fahrzeuganschaffung, aber vor allem auch für jede einzelne Baugruppe und die zugeordneten Bauteile, denn schließlich müssen alle Baugruppen zerlegt und nach Schäden analysiert werden. Es ist daher eng vernetzt mit den entsprechenden Arbeitspaketen AP4.0 bis 7.0 entsprechend dem Projektstrukturplan in Bild 185.

Im Arbeitspaket AP3.0 Teilebeschaffung/-aufbereitung muss vor allem dafür gesorgt werden, dass ausnahmslos alle für die Restaurierung erforderlichen Einzelteile in der entsprechenden Qualität aufbereitet oder als Neu-/Gebrauchtteil beschafft werden. Im Strukturplan ist es deshalb mit allen vertikalen bzw. operativen Arbeitspaketen eng vernetzt. Selbst für das letzte Arbeitspaket AP9.0 Fahrzeugbetrieb ist es relevant, wenn etwa Teile bei der ersten Wartung oder zur letzten Mängelbeseitigung angeschafft werden müssen.

Zusammenfassend kann gesagt werden, dass der Projektstrukturplan einen synoptischen Überblick über das gesamte Projekt mit allen seinen Arbeitspaketen und Arbeitsschritten sowie deren Beziehungen untereinander darlegt. Allerdings ist der Plan nicht in der Lage, die Abfolge und zeitliche Zuordnung der Aufgaben wiederzugeben. Dazu sind drei weitere Instrumente des Projektmanagements erforderlich. Der Projektphasenplan, das Gantt-Diagramm und der Meilensteinplan.

Projektphasenplan

In Anlehnung an das 190 SL-Projekt bietet sich bei der Voll- und Teilrestaurierung von Old- und Youngtimern die Unterteilung in fünf chronologisch folgende Phasen an, so wie sie im Projektphasenplan dargestellt sind (Bild 186). Die erste Phase umfasst die Restaurierungs-Vorbereitung, beginnend mit der Auswahl und Anschaffung des Restaurierungsobjektes bis hin zur ersten Zieldefinition der Restaurierung. Die zweite Phase beinhaltet das Zerlegen und den Befund des Fahrzeuges und der einzelnen Baugruppen. In der Phase 3 findet dann die Restaurierung der einzelnen Baugruppen statt. Dieser Zeitraum ist zweifelsfrei, zeitlich und handwerklich gesehen, am umfangreichsten. Sobald die einzelnen Baugruppen fertiggestellt sind, erfolgen in der vierten Phase die Endmontage und die Abschlussarbeiten mit dem Zusammenbau des Gesamtfahrzeuges, Tests und Probefahrten, die Konservierung sowie die Hauptuntersuchung (TÜV-Abnahme), Zulassung und Wertgutachten.

Empfehlenswert ist es, zum Schluss noch eine fünfte Phase in das Gesamtprojekt einzuplanen, um die Restaurierung qualitativ abzurunden. Diese letzte Phase sollte man nicht zu kurz wählen. Ein Zeitraum von bis zu einem Jahr ist durchaus angemessen, Sie sollte jedoch mindestens bis zur ersten fälligen Wartung dauern, mit dem Ziel noch kleine Mängel und Defizite nachzubessern.

Weitere Transparenz für ein komplexes Restaurierungsprojekt liefert die Zuordnung der einzelnen Arbeitspakete und Arbeitsschritte zu den jeweiligen Projektphasen (Bild 187). Damit kann man erkennen, wel-

1. Restaurierungs-Vorbereitung	2. Zerlegen/ Fahrzeugbefund	3. Restaurierung	4. Endmontage/ Abschlussarbeit	5. Betrieb
■ Auswahl des Restaurierungs-objekts ■ Fahrzeug-identifikation ■ Recherche zum Fahrzeug ■ Wert-/Zustands-gutachten ■ Restaurierungsziel definieren	■ Zerlegen Gesamtfahrzeug ■ Zerlegen der Baugruppen ■ Dokumentation (Schrift und Bild) ■ Detailbefund erstellen (Funktions-fähigkeit, Vollständigkeit, Originalität, Authentizität etc.)	■ Restaurierung, Rekonstruktion, Konservierung der Baugruppen ■ Karosserie und Rahmen ■ Motor ■ Getriebe ■ Fahrwerk ■ Innenausstattung ■ Lackierung	■ Zusammenbau der Baugruppen ■ Tests und Probefahrten ■ Konservierung ■ TÜV und Zulassung ■ Wertgutachten	■ Wartung und Pflege ■ Ausfahrten ■ Schaden-verhütung

Bild 186: Einfacher Projektphasenplan erlaubt eine grobe zeitliche Zuordnung des Projektstandes.

1. Restaurierungs-Vorbereitung	2. Zerlegen/ Fahrzeugbefund	3. Restaurierung	4. Endmontage/ Abschlussarbeit	5. Betrieb
	2.1 Gesamtfahrzeug	2.2 Baugruppen	2.3 Detailbefund	
	■ Gesamtfahrzeug zerlegen in Baugruppen ■ Dokumentation (Schrift und Bild)	■ Baugruppen zerlegen ■ Dokumentation (Schrift und Bild)	■ Funktionsfähigkeit ■ Vollständigkeit ■ Originalität ■ Authentizität	

Bild 187: Projektphasenplan mit Zuordnung der Arbeitsschritte.

che Arbeitspakete abgeschlossen, in Bearbeitung oder in Zukunft noch anstehen.

Ergänzend sei hier noch angemerkt, dass sich die einzelnen Projektphasen in der Regel nicht eindeutig zeitlich abgrenzen lassen, so wie das vereinfachend in Bild 186 dargestellt ist. Es gibt stets zeitliche Überlappungen. Beispielsweise werden zwar die Restaurierungsziele bereits in der ersten Phase definiert, sie können sich aber durchaus noch bis zur Phase 4 ändern, wenn bestimmte Rahmenbedingungen (z. B. Teileverfügbarkeit, Kostenrahmen) dies erfordern. Auch die Phasen 3 und 4 sind in der Praxis eng miteinander verzahnt, wenn etwa Baugruppen mit der Fertigstellung sukzessive in das Fahrzeug eingebaut werden. Trotz allem ist der Projektphasenplan ein wichtiges Instrument, um zu erkennen, in welcher zeitlichen Phase man gerade im Projekt steht. Gemeinsam mit dem so genannten Gantt-Diagramm und dem Meilensteinplan ergibt sich das Gesamtbild. Darauf wollen wir im Folgenden näher eingehen.

Gantt-Diagramm und Meilensteinplan

Im Gegensatz zum Projektstrukturplan werden beim Gantt-Diagramm (Bild 188) die Starttermine, Zeiträume und Fertigstellungstermine der einzelnen Arbeitspakete dargestellt. Das Arbeitspaket AP0 Projektmanagement muss selbstverständlich über die gesamte Projektdauer von vier Jahren laufen. Über einen langen Zeitraum erstrecken sich außerdem die Arbeitspakete AP3.1 und AP3.2, damit die Teilebeschaffung und -aufbereitung für die einzelnen Baugruppen gewährleistet ist. Andere Arbeitspakete (z. B. AP1.0 Beschaffung Restaurierungsobjekt) sind zeitlich gesehen eher überschaubar. Angemerkt sei, dass eine weitere Verfeinerung der Arbeitspakete auf Arbeitsschritte zweckmäßig ist, etwa unter 5.1 Motor und Komponenten für Anlasser, Benzinpumpe, Vergaser etc.

Weiterhin sind im Diagramm die Meilensteine eingetragen, die besondere Bedeutung für den Fortschritt des Restaurierungsprojektes haben. Übertragen auf unser konkretes Beispiel der Restaurierung des Tou-

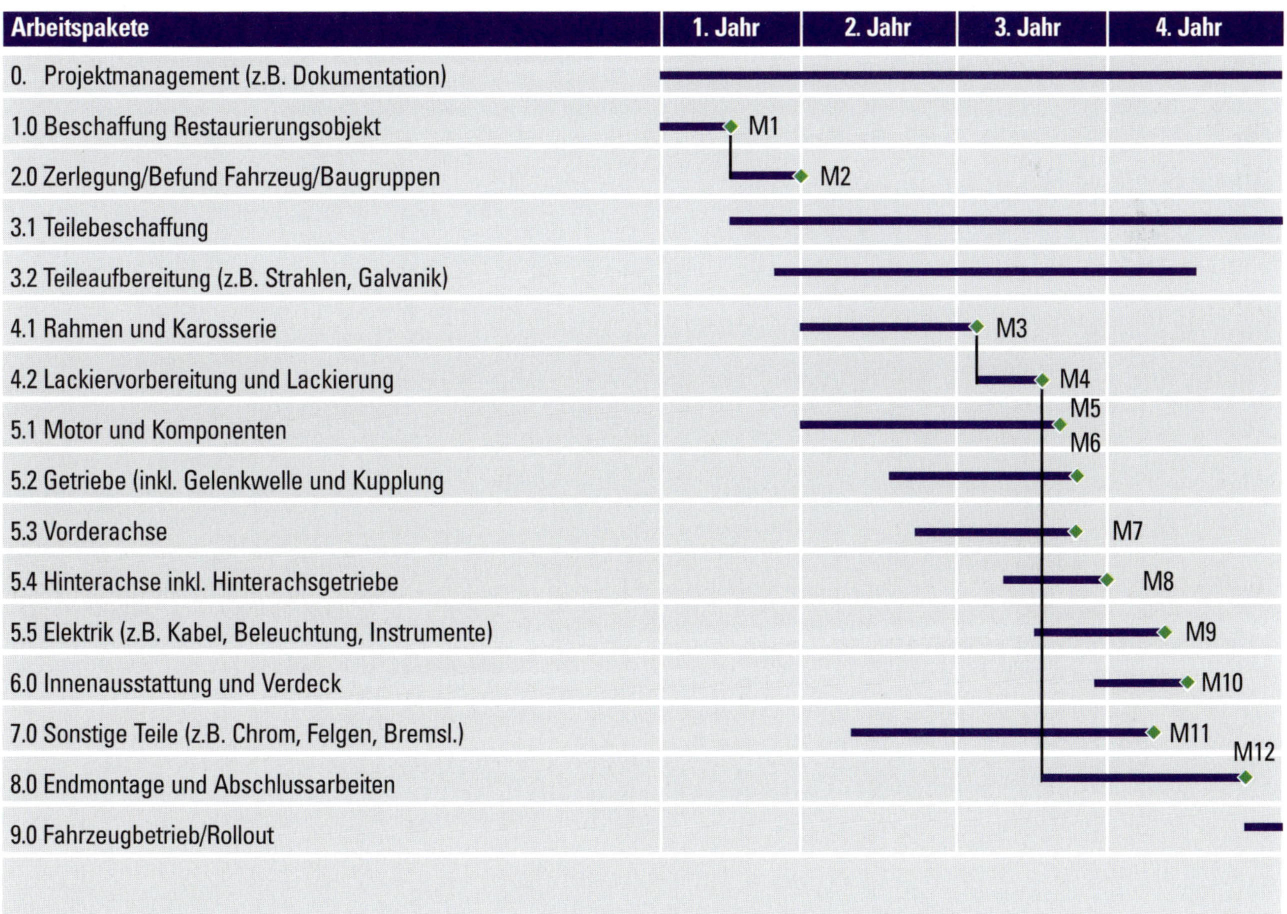

Bild 188: Gantt-Diagramm mit Arbeitspaketen und Meilensteinen – gekürzt, schematisch.

rensportwagens heißt das, dass nur dann Motor, Getriebe und Vorderachse in die fertige Karosserie eingebaut werden können, wenn sie zu den Meilensteinterminen M5, M6 und M7 (Monat 34) fertig sind und für den Einbau bereitstehen.

Eine zusätzliche Hilfe für das Projektmanagement ist der Meilensteinplan (Bild 189). Mit einer Ampelbewertung gibt er nicht nur Information über die Fälligkeit des einzelnen Meilensteins, sondern auch den Status der jeweiligen Restaurierungsarbeiten. Damit hilft er Prioritäten zu setzen.

In unserem Beispiel befinden wir uns im Monat 30 nach Beginn der Restaurierung und stellen fest, dass im Monat 32 die Karosserie lackiert ist und die Endmontage beginnen kann. Noch wenig weit fortgeschritten sind allerdings das Getriebe, die Elektrik und sonstige fertige Teile. In der Konsequenz müssen diese Aufgaben forciert werden, um den Zeitplan einzuhalten.

Unzweifelhaft ist, dass der Aufwand für das Projektmanagement beim integrierten Ansatz deutlich höher ist, als beim sequentiellen Projektkonzept. Das soll Sie aber nicht abschrecken, denn es ist erlern- und erfahrbar und bietet vor allem deutliche Vorteile. Die wesentlichen sind im Folgenden zusammengefasst:

- Niedrigere Kosten bei der Aufbereitung und Oberflächenbehandlung von Teilen. Vor allem, weil mehrere Teile gleichzeitig gestrahlt, verzinkt oder lackiert werden können.
- Realisierung günstigerer Ersatzteilpreise wegen
  - möglicher Großbestellung
  - frühzeitiger Bestellung (keine jährliche Preiserhöhung)
  - Einsparung von Versand- und Fahrtkosten
  - mehr Zeit zum Suchen auf Oldtimerteilemärkten, weil schadhafte Teile frühzeitig bekannt sind.
- Niedrigerer Zeitaufwand als beim rein sequentiellen Ansatz
- Arbeitspakete und Arbeitsschritte sind voneinander abgrenzbar. In der Folge sind Arbeiten gut disponierbar und kontrollierbar. Das gilt vor allem auch für die Vergabe von Fremdarbeiten.

Meilensteine		Fälligkeit	Status
M1	Restaurierungsobjekt beschafft	Monat 5	Fertig
M2	Baugruppenbefund erstellt	Monat 12	Fertig
M3	Rahmen und Karosserie	Monat 27	Fertig
M4	Karosserie lackiert	Monat 32	In Arbeit
M5	Motor + Komponenten fertig	Monat 34	In Arbeit
M6	Getriebe einbaufertig	Monat 34	Kritisch
M7	Vorderachse fertig	Monat 34	In Arbeit
M8	Hinterachse fertig	Monat 36	In Arbeit
M9	Elektrik fertig	Monat 42	Kritisch
M10	Innenausstattung/Verdeck fertig	Monat 45	Nicht begonnen
M11	sonstige Teile fertig	Monat 41	Kritisch
M12	Gesamtfahrzeug fertig	Monat 46	Nicht begonnen

Fertig ■ In Arbeit ■ Kritisch ■ Nicht begonnen □

Bild 189: Meilensteinplan mit Ampelanzeige zum Zeitpunkt Monat 30.

Der Weg zum Restaurierungsobjekt

Sowohl für Auswahl und Erwerb eines bestimmten Fahrzeugtyps als auch für die Restaurierung sollten möglichst viele Informationen über Fahrzeuge und deren Besonderheiten eingeholt werden. Immerhin geht man erst einmal eine langjährige Beziehung mit einem »Rosthaufen« ein, der nur dann – wie Phönix aus der Asche – erstrahlen kann, wenn viel Hintergrundinformation vorhanden ist. Für die Restaurierung ist selbst die intensive Beschäftigung mit dem Geschmack der Zeitepoche erforderlich. Fragen zum Design, damals verfügbares Zubehör und Technik bis hin zu den damals verwendeten Aufklebern sollten erörtert werden, um eine möglichst fachgerechte Restaurierung und zeitgenössische Rekonstruktion durchzuführen. Folgende Informationsquellen stehen zur Verfügung.

Informationsquellen

Klassikabteilungen der Hersteller: Eine erste Adresse für Fragen zu Modellen, Originalität, Preisen und zur Kaufberatung ist natürlich der Automobilhersteller selbst. Die »Klassik-Abteilungen« der Unternehmen haben besonders fundierte Kenntnisse über den Markt und die Preisentwicklungen ihrer Modelle. Spezialisten können detaillierte und fundierte Berichte erstellen, die den Zustand des Fahrzeugs dokumentieren. Mögliche Folgekosten werden dadurch deutlich und vor allem kalkulierbar. Außerdem haben die Hersteller direkten Zugriff auf die hauseigenen Archivdatenbanken und können den genauen Ausrüstungszustand eines Fahrzeugs am Tag der einstigen Auslieferung feststellen. Damit sind mögliche Veränderungen, die am Fahrzeug vorgenommen wurden und die unter Umständen den Verkaufswert beeinflussen, jederzeit nachweisbar.

Spezialisten von Oldtimer-Clubs: Marken-Clubs sind ebenso sehr hilfreich. Dort kann der direkte Kontakt mit Oldtimer-Besitzern aufgebaut werden. Sie kennen die Schwachstellen und Tücken der Fahrzeuge am besten und geben in der Regel gerne Auskunft. Einige Oldtimer-Clubs haben zuweilen schriftliche Abhandlungen mit ausführlichen Kaufberatungen verfasst. Ein Beispiel dafür ist der Mercedes-Benz 190 SL-Club mit seinen Technik-Tipps (Bild 33). Darin werden viele Details über Originalität oder etwa zu Schwachpunkten an Aggregaten und Karosserie aufgezeigt, denen man sich bei der Besichtigung vor Ort besonders widmen sollte.

Oldtimer-Besitzer: Immer wieder findet man Oldtimer-Besitzer, die aufgrund jahrelanger Beschäftigung mit einem bestimmten Fahrzeug über ein sehr fundiertes Wissen über einen bestimmten Typ verfügen. In aller Regel geben Besitzer gerne Informationen über Details, freilich meist verpackt mit viel charmanter subjektiver Meinung, die man für den eigenen Bedarf entsprechend werten sollte.

Restaurierungswerkstätten: Auf Oldtimer spezialisierte Werkstätten, die Erfahrung mit der Restaurierung bestimmter Typen haben, können mit Informationen aushelfen. Die Bereitwilligkeit für Auskünfte hängt freilich vom Vertrauensverhältnis ab. Ein Fremdauftrag für bestimmte Gewerke oder Kauf von Ersatzteilen ist hilfreich.

Oldtimer-Messen und Teilemärkte: Auf Messen und Teilemärkten versammeln sich regelmäßig einschlägige Wissensträger fast aller Marken und Typen. Sie sind eine unerschöpfliche Informationsfundgrube für alle Old- und Youngtimerfans. Die größten und bekanntesten Messen in Deutschland sind die Retro Classic in Stuttgart und die Techno Classica in Essen. Aber auch viele lokale Veranstaltungen, Oldtimer-Treffen und Teilemärkte können eine wahre Wissensbörse sein. Ein Besuch lohnt sich allemal.

Bild 190: Fachsimpeln mit Oldtimer-Besitzern – Oldtimer-Treffen und Teilemärkte sind eine wahre Wissensbörse.

Museen: Oldtimer-Museen können ebenso eine wahre Fundgrube für Oldtimerwissen sein. Die freundliche Ansprache des Personals kann helfen, auch einmal unter die Motorhaube schauen zu dürfen, um etwa Originalität vergleichen zu dürfen. Aber Vorsicht, auch in Museen steht nicht immer ein Originalzustand. Museen mit spezifischer Typenausrichtung verfügen in der Regel über mehr Spezialwissen.

Kfz-Sachverständige für klassische Automobile: Schon von Berufs wegen sind Kfz-Sachverständige für Oldtimer und Youngtimer Wissensträger und kennen die allgemeinen und spezifischen Besonderheiten dieser Fahrzeugkategorie. Aber wie in vielen anderen Berufssparten gibt es auch hier Spezialisten unter den Spezialisten. Das ist bei den mehreren tausend verschiedenen Marken und Modellen, die jemals gebaut wurden, auch nicht verwunderlich. Bei der Beauftragung eines Sachverständigen für Wertermittlung, Erwerb, Machbarkeitsanalyse oder Kosteneinschätzung für die Restaurierung sollte daher nach der speziellen Expertise zum entsprechenden Modell nachgefragt werden. Fachleute gibt es für bestimmte Epochen (Vorkrieg, Nachkrieg), Fahrzeugkategorien (Pkw, Lkw, Busse), Herstellerländer (z. B. britische, deutsche, französische Klassiker) oder Marken und Modelle. Den Allrounder, der alles weiß, gibt es nicht.

Bild 191: Für jeden den Richtigen! Aber wer die Wahl hat, hat die Qual!

Lesen bildet: Für viele Marken und Modelle gibt es reichlich Literatur. Ob Monographien, regelmäßig erscheinende Zeitschriften mit speziellen Artikel zu Marken und Modellen oder Werkstatthandbücher. Für seltene Modelle kann es gelegentlich schwierig sein, Informationen zu erhalten. Das Internet mit speziellen Foren kann unterstützen. Zusammenfassend können folgende schriftliche Quellen helfen:

- Bücher und Schriften
- Oldtimer- und Youngtimer-Zeitschriften
- Fahrzeugdokumente (Fahrzeugbrief, Betriebsanleitung)
- Werkstatthandbücher
- Konstruktionszeichnungen
- Ersatzteilkataloge
- Fahrzeugprospekte
- Internet (Clubplattformen, Foren)
- Bibliotheken und Archive

Die Modellauswahl

Welcher Wagen ist für wen der richtige? Das hängt überwiegend von den eigenen Wünschen und Emotionen ab. Für die meisten von uns wird sich vermutliche auch die Frage des Budgets stellen. Zunächst einmal sollte man sich im Klaren darüber sein, wie das Fahrzeug nach der Restaurierung verwendet werden soll. Für Alltags-, Sammler-, Rallye- oder Ausstellungsfahrzeug ergeben sich unterschiedliche Anforderungen. Praktiker setzen eher auf Zuverlässigkeit und Fahrspaß. Sammler dagegen auf Originalität und Historie. Alles zu wollen, führt oft zu teuren Kompromissen. Treffen Sie also Ihre Auswahl möglichst bewusst. Nachfolgende Merkmale könnten für Sie ein Hilfe sein, den richtigen Wagen auszuwählen:

Mitfahrer gesucht? In der Limousine und im Vier- oder Fünfsitzer ist die Familienausfahrt gesichert. Wer lie-

Bild 192: Es muss nicht immer ein Cabriolet sein – perfekt restaurierte »Ford Badewanne«.

ber die Zweisamkeit sucht, hat mehr Freude mit einem Roadster.

Oben ohne oder lieber mit? Cabriolets haben zweifelsohne ihre klaren Vorteile bei Schönwetter. Was aber, wenn es regnet oder wenn man auch während der kalten Jahreszeit unterwegs sein möchte?

Garage: Veteranen bis in die 80er-Jahre passen gut in jede Standard-Einzelgarage, es sei denn, Sie freunden sich mit einer Staatskarosse oder einem US-Boliden an. Für die Restaurierungsarbeiten ist mehr Platz erforderlich. Darauf gehen wir explizit in ab Seite 163 ein.

Vorsicht vor Exoten: Illustre Kühlerfiguren bieten nicht nur Reize. Für Einsteiger könnten exotische Klassiker finanziell schnell zum Desaster führen: Teure Teile, kaum Know-how in Werkstätten, geringe Nachfrage beim Wiederverkauf.

Youngtimer werden teurer: Sobald eine Baureihe aus dem Alltag verschwindet, zeigt die Preiskurve in der Regel nach oben. Rechtzeitiges Einsteigen kann vorteilhaft sein.

Teileverfügbarkeit und -kosten: Hierzu gibt es zwei einfache Grundregeln: Je populärer der Typ, desto besser die Teileversorgung. Je höher der Marktwert, desto teurer die Teile. Das gilt für Original- und Nachbauteile gleichermaßen. Gut beraten ist der, der vorher genau weiß, welche Teile leicht, schwierig oder gar nicht mehr zu finden sind. Das bestimmt maßgeblich die Ausgaben bei der Restaurierung.

Alltagstauglichkeit: Viele Youngtimer der 80er-Jahre und jünger eignen sich hervorragend für den täglichen Einsatz, auch wenn die Motorleistung, gemessen an modernen Fahrzeugen, meist nicht überwältigend ist. Bei frühen Modellen der 70er-Jahre und älter muss auf Komfort, Zuverlässigkeit und Sicherheit verzichtet werden. Aber vielleicht ist gerade der einfache spartanische Wagen für Sie der Richtige?

Bild 193: Wer einen US-Boliden restaurieren will, braucht viel Platz.

Bild 194: Voll alltagstauglicher Youngtimer – Mercedes-Benz W123.

Unterhaltskosten: Der Kraftstoffverbrauch wird nur den Alltagsfahrer tangieren. Für Wartungskosten fällt mindestens pro Jahr eine komplette Ölfüllung an, zudem gibt es Kosten für Unterhalt, Pflege und Werterhalt. Haftpflichtversicherung und Steuer sind für als Oldtimer eingestufte Fahrzeuge preisgünstig, die Kaskoversicherung richtet sich nach dem Marktwert. Eine gute Vorabschätzung der realen Unterhaltskosten lohnt sich auf jeden Fall.

Wertentwicklung: Oldtimer der Vorkriegszeit stagnieren derzeit, mit Ausnahme besonders exklusiver Sammlerstücke und Spitzenfahrzeuge. Veteranen der Nachkriegszeit erleben im Moment einen nie dagewesenen Boom (vgl. Seite 17), der weit über der Entwicklung von so manchen Aktien liegt. Es kommt aber, wie so oft, auf den Typ an. Populäre Typen wie VW Käfer, Mercedes W107, Triumph TR6 oder Porsche 911 finden in gutem Zustand meist rasch einen Käufer. Wichtig für den, der unter Umständen schnell verkaufen muss. Ein Blick in die einschlägigen Notierungen von z. B. Classic Data lohnt sich.

Stärken und Schwächen: Wer viel weiß, ist klar im Vorteil und spart Geld: Kennt man die spezifische Schwachstellen von Modellen, kauft man besser. Informieren Sie sich so gründlich wie möglich über Marke, Modell und deren spezifische Fahrzeugdaten. Informieren Sie sich über fahrzeugspezifische Mängel und Schwachstellen bei Clubs, Zeitschriften, Kaufberatung und Foren etc.

Welcher Restaurierungsansatz darf es sein? Auch das sollte man unbedingt bereits im Vorfeld klären. Sonst ergeben sich zwingend unauflösbare Zielkonflikte, etwa dann, wenn Sie Ihren Klassiker einer substanzerhaltenden Restaurierung unterziehen lassen wollen und gleichzeitig viele Ausfahrten anstreben. Der Erwerb eines schlechten Restaurierungsobjektes im Zustand 5, wie unser 190 SL, wäre dann ein unauflösbarer Zielkonflikt. Nähere Informationen zu Restaurierungsansatz und Ziele finden Sie ab Seite 20 ff. und Seite 158 ff.

Informations- und Datenlage? Die Möglichkeit, auf Informationen und Daten über einen Fahrzeugtyp zuzugreifen, ist nach Ansicht der Autoren von solch entscheidender Bedeutung, dass man sie sogar schon in die Entscheidungsfindung bei der Auswahl des Objekts mit einfließen lassen sollte. Im Zweifelsfall kann es durchaus Sinn machen, sich für das besser dokumentierte Oldtimermodell zu entscheiden. Auch wenn dieser Gesichtspunkt in Zeiten des Internets einiges an Bedeutung verloren haben dürfte, kann es zumindest nicht schaden, sich vor dem Kauf eines Restaurierungsobjektes mit dem Thema »Datenbeschaffung« zu befassen.

Wo werden Restaurierungsobjekte angeboten?

Wie beim Gebrauchtwagenkauf werden Restaurierungsobjekte heute in den einschlägigen Kleinanzeigen der Oldtimer-Magazine oder auf Oldtimer-Veranstaltungen angeboten. Auch Auktionen bieten gelegentlich Möglichkeiten für Restauratoren. Bei den etablierten Auktionshäusern sind es aber vielfach die besonders hochwertigen Objekte, die unter den Hammer kommen.

Besonders im Internet können heute Objekte zu günstigen Preisen erworben werden. Dabei sollte man aber niemals auf eine gründliche Untersuchung vor Ort verzichten. Falls der Weg dorthin zu weit ist, lässt sich vielleicht ein Fachmann aus einem Markenclub engagieren. Nachfragen lohnt sich. Außerdem gibt es seit Anfang 2007 die Initiative »Sicherer Autokauf im Internet«, die von den führenden Internet-Fahrzeugmärkten AutoScout24 und Mobile.de ins Leben gerufen wurde. Unter www.sicherer-autokauf.de findet der Nutzer von Online-Autobörsen konkrete Hilfestellungen zu Sicherheitsfragen und zur Betrugsbekämpfung rund um den Autokauf und -verkauf im Internet.

Fahrzeugbesichtigung und Probefahrt

Jedes Automobil weist ganz bestimmte fahrzeugspezifische Alterungs- und Verschleißcharakteristika auf, die es bei der Fahrzeugbesichtigung zu berücksichtigen gilt. Vor der Fahrzeugbesichtigung und Probefahrt sollte daher intensiv nach verfügbarer Literatur recherchiert werden. Je besser die Vorbereitung ist, desto besser ist die Verhandlungsbasis beim Kauf des Objektes. Außerdem können vermeintlich kleine (meist versteckte!) Mängel besonders den finanziellen Rahmen der Restaurierung negativ beeinflussen. Damit Sie möglichst gut vorbereitet sind, haben wir nachfolgend wichtige Punkte zusammengetragen, die vor und während der Fahrzeugbesichtigung besonders zu berücksichtigen sind.

Besichtigungsvorbereitung

Standort des Restaurierungsobjektes: Für seltene alte Automobile lohnt sich ein gewisser Aufwand, für Standardfahrzeuge dagegen sollte man nicht jede Entfernung in Kauf nehmen.

Transport und Lieferung: Der Fahrzeugtransport kann bei großen Entfernungen erheblich zu Buche schlagen. Befindet sich der Wagen im Nicht-EU-Ausland, sind neben Transportkosten zusätzlich die Zollmodalitäten und Versicherungskosten zu berücksichtigen. Hier lohnt es sich, im Vorfeld genaue Informationen einzuholen.

Händler oder Privatverkauf: Restaurierungsobjekte werden von Händlern meist als »Schrottfahrzeuge zum Restaurieren oder Ausschlachten« verkauft. Bei Fahrzeugen in besserem Zustand als vier oder fünf ist aber auch die Vereinbarung einer Garantie für bestimmte Baugruppen denkbar (wenn z. B. bereits teilrestauriert). Bei privaten Anbietern gilt in der Regel »Gekauft wie besichtigt und Probe gefahren«. Vorsichtig sollte man sein, wenn sich Händler als Privatperson ausgeben.

Verkaufsanlass: Grundsätzlich sollte immer nach dem Grund des Verkaufs nachgefragt werden. Wenn einen die Ausführungen des Verkäufers bereits misstrauisch stimmen, sollte man besser schon vor der Besichtigung die Finger davon lassen. Blender, krumme Bananen oder Fälschungen sind es nicht wert, besichtigt zu werden.

Angebot prüfen: Informieren Sie sich über die Anzahl der Angebote auf dem Markt. Je mehr Fahrzeuge einer Zustandskategorie auf dem Markt angeboten werden, desto besser ist die Verhandlungsbasis.

Teileliste: Das Anfertigen einer Liste über Teileverfügbarkeit und Preise von besonders teuren und häufig fehlenden/defekten Teilen ist sehr ratsam. Beim 190 SL sind das beispielsweise Chromteile wie Stoßstangen und Kühlergrill. Fehlen sie, so schlägt das mit einem unteren fünfstelligen Betrag zu Buche. Kostspielig sind außerdem die Solex-Vergaseranlagen mit rund 5000 Euro oder das Verdeckgestänge.

Restaurierungshilfen: Besorgen Sie sich verfügbare Originaldokumentationen für das Modell wie Werkstatthandbücher, Tabellenwerke für Einstelldaten und Ersatzteilkataloge mit Explosionszeichnungen. Diese Unterlagen sind für Befund, Dokumentation und Restaurierung gleichermaßen von besonderer Bedeutung.

Zustand: Einen ersten Eindruck über die Seriosität des Verkäufers erhält man durch gezieltes Nachfragen nach dem Zustand und der Originalität des Restaurierungsobjektes und dem direkten Vergleich anhand von Bildmaterial. Nachfragen nach typenspezifischen Details wie Matching Numbers, Originallack, Korrosionszustand etc. schadet dabei nicht. Nur wenn sich Ihr Eindruck anhand der Bilder mit dem des Anbieters deckt, ist eine weitere Besichtigung ratsam.

Kopien von Unterlagen: Hilfreich ist, wenn der Anbieter bereits vor der Besichtigung oder Probefahrt Kopien von Reparatur- und Wartungsrechnungen sowie von Papieren wie Fahrzeugbrief und Zulassungsschein zuschickt. Sie bestätigen den Wahrheitsgehalt der vorgelegten Fahrzeughistorie.

Ort der Besichtigung: Die Besichtigung des Fahrzeuges nimmt man am besten beim Händler oder am Wohnsitz des privaten Besitzers vor. Vermeiden Sie auf jeden Fall »dunkle« Hinterhöfe. Wählen Sie außerdem einen Zeitpunkt bei Tageslicht und möglichst bei gutem Wetter. Schlechte Sichtverhältnisse und Nässe durch Regen oder Schmutz führen leicht dazu, dass gravierende Mängel übersehen werden.

Expertenrat: Falls Sie selbst kein Experte sind, ist es ratsam, sich von einem Fachmann begleiten und beraten zu lassen. Das gilt für teilrestaurierte und unrestaurierte Fahrzeuge gleichermaßen. Ansprechpartner können beispielsweise Markenclubs sein, deren engagierte Mitglieder gegen Spesen ihren Rat anbieten. Ausführliche technische Überprüfungen und Zustandsgutachten für Oldtimer werden auch von hauptberuflichen Oldtimer-Sachverständigen (zum Beispiel von Classic Data, DEKRA, TÜV) angeboten. Die Investition lohnt sich besonders bei höherwertigen Restau-

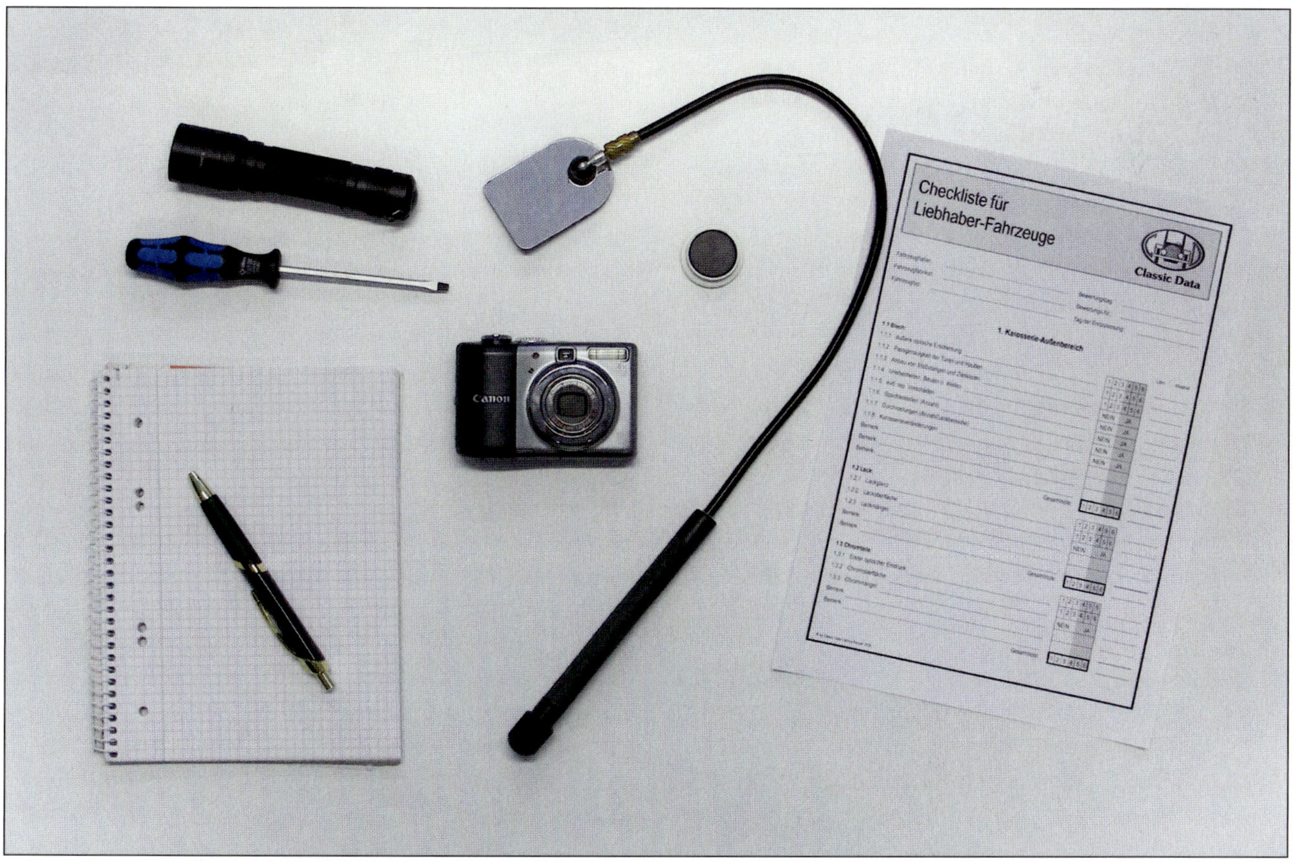

Bild 195: Das sollten Sie bei der Besichtigung mindestens dabei haben (*Martin Grimme*).

rierungsobjekten. Außerdem: Gibt der Verkäufer nicht sein Einverständnis für die Hinzuziehung eines Experten, hat er eventuell etwas zu verbergen.

Zahlungsmodalitäten: Die Art der Bezahlung sollte vorher geklärt sein. Banküberweisungen in EU-Ländern sind heute problemlos und in der Regel gebührenfrei. Außerdem ist die Überweisung gleichzeitig ein Nachweis für die Zahlung. Möglicherweise bevorzugt der Verkäufer Bargeld. Sie sollten sich in jedem Fall absichern. Das heißt Zug um Zug, mit der Lieferung erfolgt die Geldübergabe, damit Sie nicht am Ende ohne Geld und ohne Wagen dastehen.

Versicherungsfragen: Falls eine Probefahrt mit dem Restaurierungsobjekt durchgeführt werden kann, sollte unbedingt vorher mit dem Verkäufer die Haftung geregelt werden. Das gilt gleichermaßen für zugelassene Fahrzeuge und Veteranen, die mit roter Nummer gefahren werden.

Checkliste: Die Anfertigung einer Checkliste für alle Baugruppen auf der Basis modellspezifischer Schwachstellen ist besonders empfehlenswert, damit keine Prüfungspunkte vergessen werden. Hilfsmittel dafür sind entweder verfügbare Praxisratgeber für den Kauf, Kaufberatungen in Zeitschriften, spezielle Clubveröffentlichungen oder die Bewertungsliste von Classic Data (siehe Bild 196).

Inspektionsausrüstung: Bevor man sich zum Objekt der Begierde begibt, empfiehlt es sich schließlich, eine Mindestausrüstung mitzunehmen.

- **Taschenlampe** erleichtert den Blick in Hohlräume und versteckte dunkle Bereiche im Unterbodenbereich.
- **Kleiner Spiegel** möglichst an einer flexiblen Stange befestigt, eignet sich zum Einsehen schlecht zugänglicher Stellen.
- **Schraubenzieher** hilft u. a. zum Auffinden korrodierter Stellen.
- **Fotoapparat** hilft zur Dokumentation in Zweifelsfällen, um gegebenenfalls im Nachgang einen Experten zu konsultieren.
- **Kleiner Magnet** oder ein Lackdickemessgerät ist sinnvoll, um Spachtel und unprofessionellen Reparaturen auf die Spur zu kommen.
- **Hebebühne.** Idealerweise ist eine Hebebühne oder Grube vorhanden. Falls nicht sollte man eine freundliche Werkstatt in der Nähe um Hilfeleistung bitten.

Checkliste für Liebhaber-Fahrzeuge

Classic Data

Fahrzeughalter: ____ Bewertungstag: ____
Fahrzeugfabrikat: ____ Bewertungs-Nr.: ____
Fahrzeugtyp: ____ Tag der Erstzulassung: ____

1. Karosserie-Außenbereich

		Lohn	Material
1.1 Blech:			
1.1.1 äußere optische Erscheinung	1 2 3 4 5 6		
1.1.2 Passgenauigkeit der Türen und Hauben	1 2 3 4 5 6		
1.1.3 Anbau von Stoßstangen und Zierleisten	1 2 3 4 5 6		
1.1.4 Unebenheiten, Beulen o. Wellen	NEIN JA		
1.1.5 evtl. rep. Vorschäden	NEIN JA		
1.1.6 Spachtelstellen (Anzahl)	NEIN JA		
1.1.7 Durchrostungen (Anzahl/Lackbereiche)	NEIN JA		
1.1.8 Karosserieveränderungen	NEIN JA		
Bemerk.			
Bemerk.			
Bemerk.			
Gesamtnote:	1 2 3 4 5 6		
1.2 Lack:			
1.2.1 Lackglanz	1 2 3 4 5 6		
1.2.2 Lackoberfläche	1 2 3 4 5 6		
1.2.3 Lackmängel	NEIN JA		
Bemerk.			
Bemerk.			
Gesamtnote:	1 2 3 4 5 6		
1.3 Chromteile:			
1.3.1 Erster optischer Eindruck	1 2 3 4 5 6		
1.3.2 Chromoberfläche	1 2 3 4 5 6		
1.3.3 Chrommängel	NEIN JA		
Bemerk.			
Bemerk.			
Gesamtnote:	1 2 3 4 5 6		

Bild 196: Checkliste für Liebhaberfahrzeuge (Classic Data). Download unter: www.oldtimer-info.de.

Besichtigung und Probefahrt: Die Zeit der Besichtigung und Probefahrt sollte unbedingt angemessen lang sein und vor allem gut genützt werden, um möglichst alle Chancen und Risiken, die mit dem Erwerb des Restaurierungsobjektes verbunden sind, aufzudecken.

Wesentliche Punkte, die allgemein über alle Marken und Modelle gelten, haben wir nachfolgend zusammengetragen. Freilich nicht erschöpfend, zu breit sind das Spektrum und die Vielfalt an automobiler Technik. Mit der entsprechenden Besichtigungsvorbereitung – im Idealfall im Beisein eines Fachmanns für das spezielle Modell – und den nachfolgenden Hinweisen sollten Sie gegen Fallstricke und Betrügereien weitgehend gut geschützt sein.

Bild 197: Fahrzeugbesichtigung – am besten auf der Bühne mit Spiegel und Taschenlampe (Auto-Feyrer-Classic).

Erster Eindruck: Der erste Eindruck über den Verkäufer und den Verkaufsort zählt und kann Aufschluss über die Seriosität des Anbieters geben. Achten Sie auf den Zustand der Garage oder Werkstatt, in der das Auto steht (zum Beispiel frische Ölflecken, herumstehende Öldosen mit »Billigöl«).

Vorsicht vor Blender! Lassen Sie sich vom ersten Eindruck des Autos keinesfalls blenden und sei er noch so toll. Das kommt bedauerlicherweise viel zu häufig vor. Uns ist das auch passiert. Hervorstechende Merkmale, insbesondere Außenfarbe, Chromglanz oder Lederausstattung machen blind und lenken vom Wesentlichen ab. Zählen Sie auf die inneren Werte. Wie in vielen Lebenslagen kommt es darauf besonders an.

Fahrzeugpapiere: Im Idealfall sind alle Fahrzeugpapiere vom ersten bis zum letzten Besitzer vollständig vorhanden. Bei Restaurierungsobjekten im schlechten Zustand ist das allerdings eher selten der Fall. Was in Deutschland der Fahrzeugbrief ist, sind in USA das »Certificate of Title«, in Großbritannien das »Vehicle Registration Certificate« oder in Ungarn das »Magyar forgahni engedély«. Existieren diese Papiere nicht mehr, sollten Sie sich vorher unbedingt mit der Prüforganisation (z. B. TÜV, DEKRA) und der örtlichen Zulassungsstelle in Verbindung setzen, um zu klären, welche Dokumente für die spätere Zulassung in Deutschland notwendig sind. In unserem Fall des 190 SL waren der zweifelsfreie Eigentumsnachweis in Form des Kaufvertrages und die Unbedenklichkeitsbescheinigung vom Zoll erforderlich (siehe auch Seite 118).

Weitere Unterlagen: Zu klassischen Automobilen sind häufig weitere umfangreiche Unterlagen vorhanden, die beim Verkauf weitergereicht werden. Bringen Sie so viele Details wie möglich über die verfügbaren Dokumente in Erfahrung. Sie sind wichtig und gehören zur Geschichte des Wagens. Aus dem Fahrzeugschein und -brief, Kaufverträgen, Reparaturrechnungen, Versicherungs- und Zulassungsbestätigungen, Wartungsheft bis hin zum Ölzettel erhält man wichtige Informa-

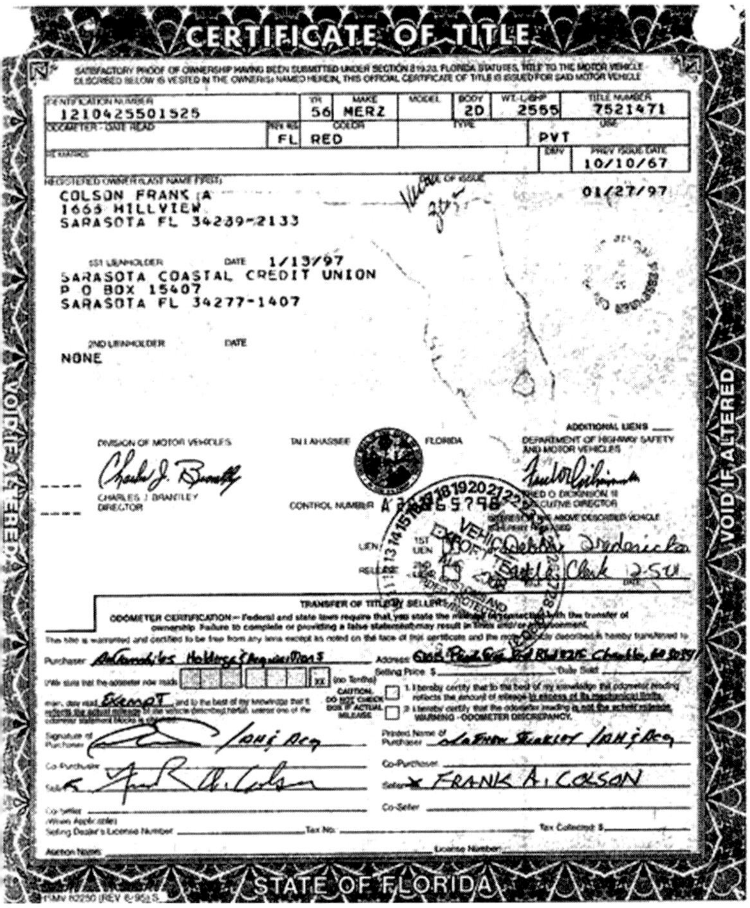
CERTIFICATE OF TITLE

IDENTIFICATION NUMBER	YR	MAKE	MODEL	BODY	WT-L-BHP	TITLE NUMBER
1210425501525	56	MERZ		2D	2555	7521471
		FL	RED		PVT	
						10/10/67

COLSON FRANK A
1665 HILLVIEW
SARASOTA FL 34239-2133

01/27/97

1ST LIENHOLDER DATE 1/13/97
SARASOTA COASTAL CREDIT UNION
P O BOX 15407
SARASOTA FL 34277-1407

2ND LIENHOLDER DATE
NONE

DIVISION OF MOTOR VEHICLES
TALLAHASSEE FLORIDA
DEPARTMENT OF HIGHWAY SAFETY AND MOTOR VEHICLES
CHARLES J. BRANTLEY DIRECTOR
CONTROL NUMBER

TRANSFER OF TITLE BY SELLER
ODOMETER CERTIFICATION
Purchaser
Address
Selling Price
Seller FRANK A. COLSON

VOID IF ALTERED
STATE OF FLORIDA

Bild 198: So sieht beispielsweise ein Title aus dem US-Staat Florida aus.

tionen. Achten Sie beispielsweise auf plausible Einträge wie dokumentierte Kilometerstände oder Wartungsdaten.

Matching Numbers: Prüfen Sie, ob die Fahrgestell-, Motor-, Getriebe- und Achsnummern dem Auslieferungszustand entsprechen. Im Idealfall hat das Fahrzeug Matching Numbers. Das kommt besonders bei höherwertigen Fahrzeugen zum Tragen, denn dort ist Nummerngleichheit ein deutlicher Bonus, der den Wert des Objekts verdoppeln oder sogar vervielfachen kann. Wenn Matching Numbers nicht gegeben sind, sollte zumindest das entsprechende Austauschaggregat dieselben Spezifikationen aufweisen wie das Ursprungsaggregat. Nicht selten werden Motorvarianten eingebaut, die eine historische Zulassung nicht mehr ermöglichen. Dazu ein Tipp: Mit Hilfe der Fahrgestellnummer lässt sich bei vielen Oldtimern die Erstausstattung über Hersteller oder Fachliteratur ermitteln. Besitzer eines Mercedes können bei den Mercedes-

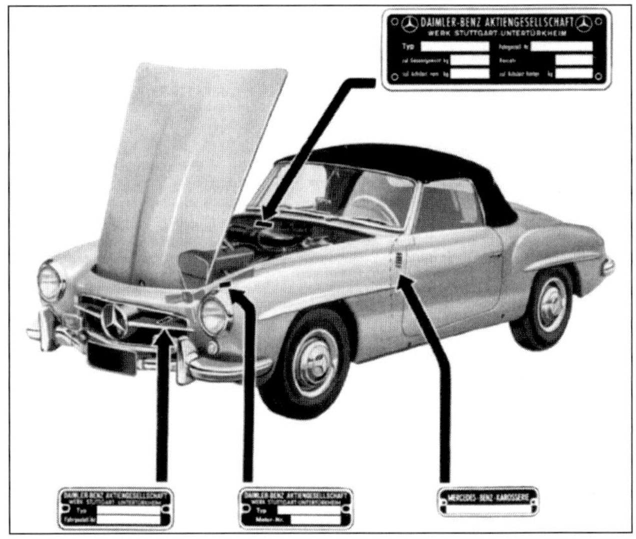

Bild 199: Lage von Typenschild, Motor- und Fahrgestellnummer (*Daimler*).

Niederlassungen kostenlos eine Datenkarte ihres Fahrzeugs anfordern, die umfangreiche Angaben zur Erstausstattung bereitstellt (siehe Bild 171). Damit kann überprüft werden, ob die zentralen Baugruppen wie Motor, Getriebe, Hinterachse original mit der Karosserie verbaut waren. Auch Angaben zur Wagenfarbe, Innenausstattung und Sonderzubehör sind enthalten. Fahrzeughalterdaten sind aus datenschutzrechtlichen Gründen allerdings nicht erhältlich. Die Klassikabteilungen vieler anderer Hersteller bieten ebenso einen entsprechenden Service gegen Gebühr an, um die Originalität eines Fahrzeugs nachzuweisen.

Zerlegte und teilrestaurierte Objekte: Seien Sie besonders vorsichtig bei zerlegten und teilrestaurierten Fahrzeugen. Achten Sie auf Vollständigkeit der Teile und die Qualität der bereits ausgeführten Arbeiten. Fehlende Teile können enorm zu Buche schlagen. Informieren Sie sich bei teilrestaurierten Fahrzeugen zudem über vorhandene Dokumentationen. Normalerweise existieren Aufzeichnungen, Skizzen und Bilder, in denen die bisherigen Arbeiten u. a. hinsichtlich der Qualität dokumentiert sind. Die Unterlagen helfen auch für den weiteren Aufbau. Seien Sie skeptisch, falls der Verkäufer angibt, dass keinerlei Dokumentationen vorliegen.

Hebebühne oder Grube: Weil es so wichtig ist, weisen wir auf den sorgfältigen Blick von unten gleich nochmals hin. Idealerweise ist eine Grube oder Hebebühne vor Ort zugänglich, wo auch die Räder abmontiert werden können. Eine freundliche Werkstatt in der Nähe kann Hilfe leisten, falls der Verkäufer nicht selbst eine hat. Aufbocken mit einem Wagenheber ist nur die zweitbeste Lösung. Das Risiko, etwas zu übersehen, ist groß. Inspizieren Sie lieber sehr genau den Zustand des Fahrzeuges von unten, denn Rahmen, Blech und Technik am Unterboden sind besonders von Korrosionsschäden und Verschleiß betroffen.

Umbauten und Fälschungen: Achten Sie auf Details der jeweiligen Ausführung eines bestimmten Modells, denn nicht selten wurden Modelle in eine andere Version umgebaut. Den 190 SL gab es beispielsweise als Roadster, Sportroadster und Coupé, die manchmal entsprechend umgebaut worden sind. Das ist nicht jedermanns Sache. Auch Fälschungen und Nachbauten, die als Originale verkauft werden, werden im Hochpreissegment bedauerlicherweise immer häufiger und sind für den Käufer von Fahrzeugen, Baugruppen und Teilen mit einem großen wirtschaftlichen Schaden verbunden.

Übereinstimmung mit Verkaufsanzeige: Achten Sie darauf, ob alle Details auf den Ihnen im Vorfeld zur Verfügung stehenden Bildern (z. B. aus der Verkaufsanzeige) mit dem Besichtigungsobjekt übereinstimmen. Nicht selten werden von Verkäufern gute teure Teile (z. B. Chromteile, Technikteile) noch hurtig gegen mangelhafte ausgetauscht. Wenn das so ist, sollten Sie skeptisch sein.

Vorsicht bei späterer Anlieferung: Gelegentlich kommt es vor, dass bei späterer Anlieferung des Restaurierungsobjektes diverse Teile gänzlich fehlen oder durch mangelhafte ausgetauscht worden sind. Auch uns ist das leider passiert (Seite 36) Fotografieren Sie sicherheitshalber bei der Besichtigung möglichst viele Details und prüfen Sie direkt bei der Anlieferung nach, ob das Fahrzeug im selben Zustand ist, wie Sie es besichtigt haben. Die Rechnung sollte erst dann beglichen werden, wenn das Fahrzeug so bei Ihnen angelangt ist, wie Sie es besichtigt haben. Noch besser ist derjenige beraten, der das Fahrzeug gleich nach der Besichtigung mitnimmt.

Zustandsbewertung: Achtung! Unseriöse Verkäufer versuchen nicht selten, mit ein paar kleinen provisorischen Maßnahmen den Erhaltungszustand anzuheben. Beispielsweise werden Fahrzeuge im 5er-Zustand (Wrack) gerne in einen vermeintlich »fahrbereiten« 4er-Zustand gebracht, indem notdürftig Motor und Bremsen instand gesetzt werden. Beim 190 SL beträgt der Wertunterschied zwischen 4 und 5 gemäß Classic Data immerhin knapp 6000 Euro.

Lackierung

- Bei Restaurierungsobjekten ist in den überwiegenden Fällen eine Teil- oder Komplettlackierung erforderlich. Aussagen bestätigen wie immer die Regel, etwa dann, wenn der Restaurierungsansatz »Konservieren« gewählt wird. Dennoch sollte grundsätzlich geprüft werden, ob Originallack aufgetragen ist. An den betreffenden Stellen erhält man die ehrlichsten Hinweise über den Blechzustand. Blasenbildung weist auf Rost hin.
- Je nach Hersteller und Modell sind Typenschilder oder Farbaufkleber an bestimmten Stellen (z. B. Motorstirnwand) zu finden. Der Farbcode sollte mit dem Lack verglichen werden. Reste des originalen Lacks sind außerdem an weniger gut zugänglichen Stellen zu finden (z. B. unter Dichtungen, in Lüftungsschlitzen oder an Stehblechen im Motorraum).
- Ist das Fahrzeug erst vor kurzer Zeit voll- oder teillackiert worden, ist Vorsicht geboten. Möglicherweise sollen Schwachstellen und Mängel kaschiert werden und so den Preis hochtreiben.
- Mit einem Lackschichtdickemessgerät kann so manches Glanzobjekt als wahres Spachtelwunder entlarvt werden. Falls Sie kein entsprechendes Messgerät haben, kann bei Stahlkarossen der Magnettest zumindest fürs Erste helfen.

Karosserie und Rahmen

- Jeder Fahrzeugtyp hat seine typischen Schwachstellen bezüglich Korrosion. Informieren Sie sich daher über marken- und typenspezifische Korrosionsstellen und richten Sie Ihren Blick bei der Besichtigung besonders dort hin. Beim 190 SL sind das beispielsweise alle Längs- und Querträger der Rahmenbodenanlage, die Bodenbleche oder die Mulden für Batterie und Bremskraftverstärker. Anfällig sind zudem die Bereiche der Scheinwerfertöpfe, die Ersatzradmulden oder die Partien unter den Steinschlagecken und Einstiegschweller.
- Seien Sie besonders misstrauisch an Stellen, an denen Unterbodenschutz dick aufgetragen ist. Unterbodenschutz versprödet im Laufe der Zeit. In der Folge ist er äußerst schädlich: Schmutz und Feuchtigkeit gelangen in die Risse und stellen einen idealen Nährboden für Rost dar. Helfen Sie hier unbe-

dingt mit dem Schraubenzieher nach, um dem braunen Feind auf die Spur zukommen.

- Prüfen Sie, ob Wasserabläufe oder Hohlräume mit Unterbodenschutz verklebt wurden. Wenn Wasser nicht ablaufen kann, ist Korrosion in den entsprechenden Hohlräumen sehr wahrscheinlich.
- Weiterer häufiger Rostbefall wegen dauerhaft stehender Feuchtigkeit sind die Blechfalze unter den Tür- und Heckdeckeldichtungen oder der Bereich, an dem Kotflügel und Radlauf miteinander verschweißt oder verschraubt sind.
- Bei Mischbauweisen tritt außerdem Kontaktkorrosion auf. Besonders an Übergängen von Aluminiumlegierungen und Stahlblech sollten der Rostbefall und der Zustand der Isolierung zwischen den beiden Materialien geprüft werden. Bei unserem Tourensportwagen waren die A- und B-Säulen aus Aluminium wegen massiver Kontaktkorrosion nicht mehr zu retten (siehe Seite 54).
- Karosserie und Rahmen auf Unfallschäden überprüfen. Dazu Passungen von Türen und Hauben prüfen. Die Fugen und Spaltmaße sind im Idealfall durchgängig gleichmäßig (Bierdeckeltest: Wird die Kantenbreite überall eingehalten, ist die Gefahr einer krummen Banane gering); Radstände links und rechts vergleichen, Spur und Stürze nachmessen. Nicht selten werden Fahrzeuge unfachmännisch repariert oder restauriert. Ein Rahmenschaden oder massiver Blechschaden kann den Aufwand bei einer Restaurierung erheblich erhöhen.
- Unter dem Teppich und Dämmmaterialen prüfen, ob sich Feuchtigkeit breit gemacht hat. Ständige Feuchtigkeitsgebiete sind Zeichen für massiven Rostbefall und Schimmel. In unserem Fall waren nahezu alle Holzböden unter dem vermeintlich schönen roten Teppich morsch und vermodert.

Motor

- Prüfen Sie die Motornummer. Im Idealfall ist der originale Motor verbaut (Matching Numbers). Wenn nicht, sollte das richtige Austauschaggregat mit passendem Hubraum und Leistungsdaten eingebaut sein. Nicht selten wurden bei Veteranen preiswerte Ersatzmotoren mit geringerer Leistung verbaut, beispielsweise im 190 SL der Motor des Ponton.
- Prüfung der Nebenaggregate des Kraftstoff- und Zündsystems sowie der Elektrik auf Originalität. Häufig wurden preiswerte Ersatzbaugruppen ausgetauscht wie Anlasser, Lichtmaschinen, Benzinpumpe oder sogar Vergaser- und Einspritzanlagen. Beim 190 SL wurden relativ häufig Weber-Doppelvergaser statt der originalen Solex-Flachstromregistervergaser (Typ 44 PHH) verbaut. Mit dieser Änderung erlischt die Betriebserlaubnis.
- Sichtprüfung auf Undichtigkeiten am Kühlsystem und Ölkreislauf.
- Wenn Motor läuft, dann folgende Prüfungen durchführen:
  - Leerlaufdrehzahl
  - Drehzahlübergänge im Teillastbereich prüfen
  - Öldruck durch Öldruckanzeige oder mindestens Öldruckwarnlampe
  - Reaktion auf Falschluft (Bremsenreiniger auf den Bereich der Vergaserflanschdichtungen sprühen und auf Veränderungen der Drehzahl achten; falls sich die Drehzahl ändert, ist das ein Hinweis auf Falschluft).

Getriebe und Ausgleichsgetriebe

- Getriebenummer und Antriebsachsen prüfen. Im Idealfall sind das originale Getriebe und die originale Hinterachse bzw. Vorderachse mit Ausgleichsgetriebe eingebaut. Wenn nicht, sollten zumindest Austauschaggregate mit passender Übersetzung vorhanden sein.
- Spezifische Getriebeeigenschaften prüfen, wie Kupplungsspiel, Schaltwege, Schaltgeräusche, Synchronisationsverhalten. Ein Zeichen für einen sich ankündigenden Getriebeschaden ist, wenn ein Gang während dem Lastwechsel herausspringt.
- Sichtprüfung auf Undichtigkeiten, beim Schaltgetriebe insbesondere an Getriebedeckel und den Radialdichtringen der Antriebswelle und Hauptwelle. Selbes gilt beim Ausgleichgetriebe der Hinterachse. Hier sollten besonders die Radialdichtringe an den Steckachsen und der Antriebswelle auf Ölverlust überprüft werden.
- Prüfen des Ölstandes und die Konsistenz des Getriebeöls. Um Ölverlust und Getriebegeräusche zu verbergen wird zuweilen dickflüssiges Öl in Schalt- und Ausgleichsgetriebe gefüllt.
- Achtung! Betrüger schrecken sogar nicht davor zurück, feines Ziegelmehl oder Kreidestaub in das Getriebe zu schütten, um Geräuschbildungen durch Schäden an Lager und Zahnräder zu vertuschen.

Lenkung und Achsen

- Spiel der Lenkung und Achsaufhängungen prüfen. Zur Kontrolle sollte ein Helfer das Lenkrad bewegen, während man von unten an der Achse prüft, ob Achsaufhängungen, Kugelköpfe oder Verbindungsgelenke ausgeschlagen sind.

Chrom und Galvanik

- Prüfen der Chromteile auf Beschädigung oder ob sie fehlen. Bei manchen Modellen schlagen Chromteile finanziell besonders zu Buche, insbesondere wenn die Teile fehlen oder nicht mehr aufzubereiten sind. Fehlen beispielsweise beim Mercedes 190 SL Stoßstangen und Kühlergrill, so sind für Neuteile von Mercedes-Benz fünfstellige Beträge fällig.
- Chrom ist nicht gleich Chrom. Prüfen Sie daher die Qualität der Verchromung. Schlechte Qualität erkennt man beispielsweise an sichtbaren Schleifspuren, löchrigen Oberflächen, Abplatzen der Chromschicht an Kanten (Fingernageltest) oder wenn Chrom blind (trüb, gelblich) wird.
- Auch bei der galvanischen Verzinkung gibt es enorme Qualitätsunterschiede. Das haben wir leidlich selbst erfahren. Nach einer sehr preiswerten galvanischen Verzinkung diverser Kleinteile in einer Trommelanlage erhielten wir zunächst ein schön goldgelb glänzendes Ergebnis. Zwei Monate später mussten wir allerdings feststellen, dass sich schleichend Flecken und Rostbefall an und unter der hauchdünnen galvanischen Schicht breit machten. Der Grund dafür war wohl, dass die Kleinteile einerseits zu kurz in den korrosionslösenden Bädern vorbehandelt wurden und andererseits die reaktionsfreudige Zinkschicht nicht fachgerecht mit Chromatlösung passiviert wurde.

Innenraum und Verdeck

- Schöne und glänzende Bezüge sind nichts wert, wenn Unterbau, Federkern und Sitzrahmen nicht in Ordnung sind. Schauen Sie nicht nur auf das Äußere, sondern prüfen Sie auch von unten den Federkern und den Sitzrahmen. So manche Überraschungen können sich darunter verbergen. Bei unserem 190 SL hatten es sich Mäuse gemütlich gemacht.
- Im Idealfall ist das Originalleder mit schöner Patina vorhanden. Bei älteren Modellen wurde aber häufig schon mal der Bezug ersetzt, leider nicht immer mit der erforderlichen Sorgfalt im Hinblick auf die Qualität des Leders oder Stoffes oder entsprechend zeitgenössische Aufpolsterung und Nahtlegung. Achten Sie penibel darauf und vergleichen Sie mit Abbildungen, die das Original zeigen. In vielen Fällen ist eine durchgeführte Restaurierung der Innenausstattung eher mäßig. Auch hier haben wir wieder ein schönes Beispiel für Verblendung anzuführen (siehe Seite 100).
- Prüfen Sie vor allem das Verdeckgestänge auf Schäden und ob es noch aufbereitet werden kann. Neue Gestänge sind bei vielen Fahrzeugen nicht mehr erhältlich. Eine Reproduktion kann sehr kostspielig werden.
- Verdeckstoffe sind dagegen direkt beim Hersteller oder von Spezialfirmen meist auch zu akzeptablen Preisen gut verfügbar.
- Bei Frontscheiben und der Verglasung gibt es gewöhnlich – außer bei Exoten – kein Versorgungsproblem. Ein originales nicht verkratztes Glas ist allerdings ein großes Plus.

Probefahrt

Ist das Fahrzeug noch fahrbereit, sollte unbedingt eine ausreichend lange Probefahrt von mindestens 15 Minuten durchgeführt werden. Bei laufendem Motor und im Fahrbetrieb erfährt man weit mehr über den Verschleiß und den Zustand von Motor, Getriebe, Lenkung, Achsen und Bremsen als bei einer reinen Sichtprüfung. Achten Sie dabei vor allem auf folgende Punkte. Ergänzende Hinweise finden Sie in ab Seite 194 bezüglich der Schadendiagnose:

- Prüfen Sie bei eingeschalteter Zündung die Funktion der Warnleuchten für Batteriespannung und Öldruck. Erlöschen die Warnleuchten sofort nach dem Motorstart, ist das ein Zeichen, dass Batterieladung und Öldruck in Ordnung sind.
- Prüfen Sie die Funktion des Öldruckmanometers und der Ladeanzeige (falls vorhanden). Entspricht der Öldruck für kalten Motor und warmen Motor den Herstellervorgaben?
- Kaltstart: Springt das Fahrzeug im kalten Zustand sofort an? dabei Startvorgang nach Hersteller beachten.
- Achten Sie auf Geräusche: Ob Klicken, Klopfen, Klingeln, Krachen, Kratzen, Kreischen oder Heulen, die richtige Zuordnung von Geräuschen auf mögliche Schäden an Motor, Getriebe und Aggregaten ist im Regelfall nur demjenigen vorbehalten, der den Fahrzeugtyp sehr genau kennt. Deshalb ist bei ungewöhnlichen Geräuschen im Leerlauf und Fahrbetrieb der Expertenrat besonders zu empfehlen, am besten vor Ort oder zumindest durch telefonische Rückfrage.
- Motor: Prüfen Sie vor allem die Motorleistung, die Beschleunigung und das Durchzugsvermögen im

Übergang von Leerlauf, Teillast und Volllast. Achten Sie bei der Fahrt ständig auf Kühltemperatur, Öldruck und Spannungsanzeige. Halten Sie sofort an, falls Grenzwerte überschritten werden oder Warnlampen aufleuchten.

- Bremse: Vor allem ist die Wirkung zu prüfen und ob das Fahrzeug beim Bremsen spurtreu bleibt. Schlägt das Bremspedal oder das Lenkrad beim Bremsen, so ist das ein Anzeichen, dass Bremstrommeln oder Bremsscheiben Schäden aufweisen und verzogen sind. Eine korrekt eingestellte und funktionierende Handbremse sollte gewöhnlich nach 3 bis 5 Rasten wirken.
- Getriebe und Kupplung: Prüfen Sie das Kupplungsspiel (bei vielen Modellen 10 bis 20 mm) und ob bei durchgetretener Kupplung im Leerlauf die Gänge einschließlich Rückwärtsgangsgang gut eingelegt werden können (gilt für synchronisierte Getriebe). Beim Losfahren darf die Kupplung nicht vibrieren, sonst ist vermutlich die Kupplung verschlissen und/oder die Getriebehalterung defekt. Beim Fahren sollten Sie alle Gänge ausfahren und dabei auf ungewöhnliche Geräusche achten. Springt ein Gang heraus, ist das ein Hinweis auf Getriebeschaden.
- Getriebegeräusche prüfen: Heulgeräusche an Getriebe oder Hinterachse bei der Fahrt erfordern eine Komplettüberholung. Verstummt das Getriebegeräusch bei durchgetretener Kupplung, ist dies ein Zeichen für Lagerschaden.
- Armaturen, Schalter, Beleuchtung und elektrische Anlage: Prüfen Sie die Funktion der Armaturen und Bedienelemente vollständig. Gehen Sie bei Schäden der Ursache auf den Grund und prüfen Sie die Restaurierbarkeit. Nicht restaurierbare Anzeigen- und Bedienelemente können bei manchen Modellen sehr teuer werden.
- Kontrollieren Sie nach dem Abstellen den Motorraum und Unterboden im Bereich des Getriebes sehr genau nach möglichen Leckagen an Motor, Getriebe und Kühlsystem. Kritische Bereiche sind vor allem Dichtungen des Ölkreislaufes im Motor und Getriebe (z. B. Zylinderkopfdichtung, Ölwanne, Radialdichtringe) sowie Dichtungen, Schläuche und Leitungen des Kühlwasserkreislaufs.

Kaufvertrag

Den Kauf eines Restaurierungsobjektes per Handschlag sollte man in jedem Fall vermeiden. Spätestens in der Zulassungsstelle wird der Eigentumsnachweis gefordert, falls – wie in unserem Fall – keine Fahrzeugpapiere vorhanden sind. Als Kaufvertrag kann ein Verkaufsformular für gewöhnliche Gebrauchtfahrzeuge herangezogen werden. Muster von Kaufverträgen sind im Internet, von Automobilclubs oder bei hilfsbereiten Autohändlern erhältlich. Einige Grundsätze, die speziell für Klassikfahrzeuge bedeutsam sind, sollten dabei beachtet werden:

- Der Kaufvertrag sollte unbedingt Information über die Zustandskategorie des Fahrzeuges zum Zeitpunkt der Übergabe enthalten. Über den Eintrag sollten sich Käufer und Verkäufer einig sein!
- Der Verkäufer darf keine bekannten Mängel verschweigen. Der Kaufvertrag kann sonst vom Käufer wegen arglistiger Täuschung angefochten werden.
- Falls Dokumente wie Zustandsberichte, Wertgutachten oder Restaurierungsdokumentation vorhanden sind, sollten sie Anlage zum Kaufvertrag sein.

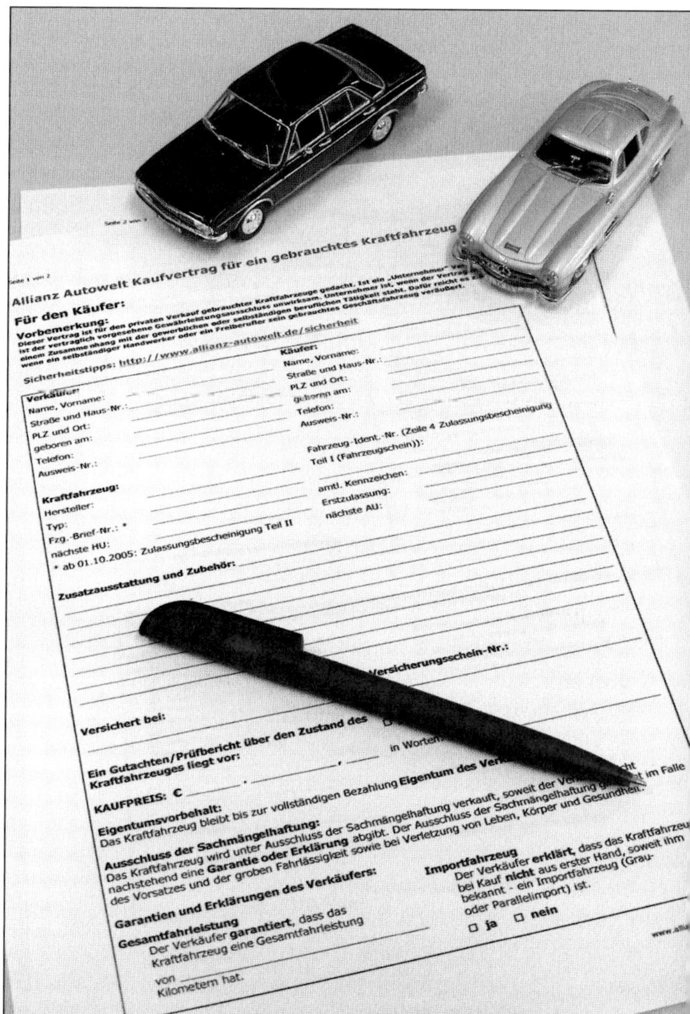

Bild 200: Vom Kauf ohne Kaufvertrag ist abzuraten (*AZT*).

Sachmangelhaftung (früher: Gewährleistung) und Garantie

Wird ein Fahrzeug von einem Händler an eine Privatperson verkauft, muss dieser zwei Jahre für Sachmängel haften, die bei Übergabe des Fahrzeugs vorhanden waren (§ 437 BGB, Sachmangelhaftung). Der Verkäufer hat allerdings die Möglichkeit, seine Haftung per Vertrag auf ein Jahr zu verkürzen. Der Käufer muss nachweisen, dass der Mangel bei Übergabe schon vorhanden oder dem Grunde nach zu diesem Zeitpunkt schon angelegt war. Allerdings gilt für den Käufer eine Beweiserleichterung: Zeigt sich ein Mangel innerhalb der ersten sechs Monate nach Übergabe, wird unterstellt, dass der Mangel auch schon bei Übergabe vorhanden war. Ist dies der Fall, so hat der Käufer ein Recht auf Mängelbeseitigung, Ersatzlieferung, Rücktritt oder Preisminderung. Anders sieht es bei einem Verkauf im Kundenauftrag aus. Der Händler tritt dann nur als »Vermittler« zwischen Käufer und Verkäufer auf und umgeht so die Sachmängelhaftung. Dies entspricht dem privaten Verkauf des Fahrzeugs. Hierbei kann die Sachmängelhaftung vertraglich ausgeschlossen werden. Die Sachmängelhaftung darf nicht mit Garantie verwechselt werden. Garantie ist eine freiwillige Leistung, deren Umfang und Dauer vom Händler bestimmt wird. Treten innerhalb der festgelegten Zeit Schäden auf, übernimmt der Händler die unentgeltliche Nachbesserung. Innerhalb der Garantiezeit besteht keine Nachweispflicht über den Zeitpunkt der Entstehung des Mangels.

Import von Fahrzeugen

Der Erwerb von Restaurierungsobjekten im Ausland hat in den letzten Jahren nicht zuletzt durch das Internet stark zugenommen. Während bestimmte Fahrzeugmodelle im Inland nicht mehr oder nur teuer zu erstehen sind, lassen sich diese im jeweiligen Hersteller-Ursprungsland zuweilen noch zu adäquaten Preisen finden. Der Erwerb, die Einfuhr und der Transport können sich jedoch durchaus als schwierig und hinderlich gestalten.

Während im nahe gelegenen Ausland der Erwerb eines Restaurierungsobjektes auch mit einer Besichtigung – beispielsweise während einer Urlaubsreise – noch möglich ist, ergeben sich im entfernten Ausland oder Übersee zusätzlich erschwerte Bedingungen bezüglich der Möglichkeit einer sorgfältigen Besichtigung des Objektes. Hinzu kommen Sprachprobleme. Die im Internet gezeigten Fotos sind meist nur bedingt aussagekräftig, sie wollen vor allem den Kunden anlocken.

Besondere Vorsicht ist geboten bei klassischen Fahrzeugen aus USA oder Kanada. Die Begutachtung des Wagens sollte sehr genau vorgenommen werden, denn dort legt man gemeinhin nicht so viel Wert auf alte Automobile, sie werden üblicherweise nicht so gut gewartet und Originalität spielt nur im Spitzensegment eine Rolle. Auch der angebotene »rostfreie Klassiker« aus Kalifornien ist bei Weitem nicht immer das, was die Anbieter versprechen mögen. Lackierarbeiten sind in den USA und Kanada günstig und es gibt dort wahre »Spachtelkünstler«. Ein vertrauenswürdiger Kontakt bei der Suche nach dem Objekt ist daher sehr wichtig. Die Markenclubs können eventuell helfen, auch bei der Auswahl eines vertrauenswürdigen Importeurs. Dadurch spart man viel Zeit und Aufwand für die Formalitäten rund um Abgaben, Einfuhr, Transport und Zölle.

Import aus EU-Land

Innerhalb der EU-Länder sind heute weder Zoll noch Einfuhrumsatzsteuer zu bezahlen. Der Erwerb eines 500er-Fiat aus Italien, eines Renault R4 aus Frankreich oder eines Veteranen aus Großbritannien ist daher seit 1993 recht unkompliziert geworden. Kaufen Sie als Privatperson einen Oldtimer von einer Privatperson, so fällt keine Mehrwertsteuer (MwSt) an. Erwerben Sie dagegen das Fahrzeug bei einem Händler im EU-Ausland, so muss dieser den Bruttopreis einschließlich der landesspezifischen MwSt verlangen. Eine Rückerstattung der MwSt im Inland ist allerdings nicht möglich.

Die Überführung des Restaurierungsobjektes nimmt man am besten mit einem Lkw-Transporter oder Anhänger vor, da dann weder Zulassung noch Kfz-Versicherung notwendig sind. Handelt es sich allerdings um ein hochwertiges Objekt, ist in jedem Fall eine spezielle Transportversicherung ratsam (z. B. Diebstahlrisiko).

Import aus Nicht-EU-Ländern

Bei Fahrzeugen aus Nicht-EU-Ländern können sich die Abgaben erheblich unterscheiden. Im Normalfall sind Zollgebühren in Höhe von 10 Prozent sowie 19 Prozent Einfuhrumsatzsteuer des Einfuhrwertes zu bezahlen. Berechnungsgrundlage für die gesamten Einfuhrkosten sind der Zollwert (Kaufpreis plus Transport-, Handlings- und Versicherungskosten) sowie eventuell anfallende Transportkosten innerhalb der EU. Ein Restaurierungsobjekt, das beispielsweise aus den USA importiert wird, kann hier ohne weiteres mehrere tausend Euro zusätzlich an Kosten verursachen.

Glücklich kann sich der schätzen, der sein Fahrzeug vom Zoll als Sammlungsstück anerkannt bekommt. Wenn dies der Fall ist, besteht Zollfreiheit und es wird nur der ermäßigte Einfuhrumsatzsteuersatz vom EUSt-Wert von zurzeit 7 Prozent erhoben. Die Einordnung als Sammlungsstück ist üblicherweise dann gegeben, wenn das Fahrzeug

- selten und vergleichsweise wertvoll ist,
- möglichst im originalen Zustand erhalten ist,
- nicht mehr als gewöhnliches Transportmittel verwendet wird,
- Gegenstand eines Spezialhandels ist und
- einen Meilenstein in der kraftfahrzeugtechnischen Entwicklung darstellt.

Die Voraussetzungen sind für den Zoll in der Regel dann erfüllt, wenn das Fahrzeug vor 1950 (auch nicht fahrbereit) hergestellt wurde, oder nachweislich bei besonderen geschichtlichen Ereignissen benutzt wurde. Rennfahrzeuge zählen üblicherweise auch dazu.

Unser Tourensportwagen wurde 2005 von einem deutschen Importeur am Hafen in Rotterdam in die EU eingeführt und dort vom Hauptzollamt in Niederlande als Sammlungsstück eingestuft. Hier sei erwähnt, dass erfahrungsgemäß die niederländischen und belgischen Hafenzollämter bei der Einstufung großzügiger als die deutschen sind, insbesondere für 30 bis 50 Jahre alte Fahrzeuge.

Falls Sie selbst den Import vornehmen wollen, informieren Sie sich vor dem Kauf Ihres spezifischen Modells nochmals genau über Transportkosten, Einfuhrbestimmungen (www.zoll.de) und die jeweiligen gesetzlichen Regelungen des Landes.

Definition der Restaurierungsziele

Die Ziele der Restaurierung wie etwa Fahrzeugverwendung, Restaurierungsansatz, Kostenobergrenze, Zustandsnote oder Fertigstellungstermin sollten möglichst schon zu Beginn genau festgelegt werden. Sie stellen sozusagen das eigene Lastenheft dar, das es zu erfüllen gilt. Dabei müssen die Zielbeschreibungen realistisch und realisierbar sein sowie eindeutig, präzise und verständlich formuliert werden. Gleichzeitig sollten die Anforderungen messbar oder beurteilbar sein (z. B. Termine, Kostengrenzen, Qualitätsmerkmale), damit sie von Ihnen überwacht und gegebenenfalls Gegenmaßnahmen eingeleitet werden können.

Die Restaurierung eines historischen Fahrzeuges, ob Voll- oder Teilrestaurierung, ist mit einem hohen organisatorischen, zeitlichen und finanziellen Aufwand verbunden. Bei der Festlegung der Ziele ist demnach vorher eine detaillierte Analyse der Machbarkeit zu empfehlen. Gut beraten ist derjenige, der bereits beim Erwerb seines Restaurierungsobjektes eine detaillierte Machbarkeitsanalyse durchführt. Sie schützt vor bösen Überraschungen durch das frühe Erkennen von Problemen und Risiken.

Denn was nützt es, wenn man beispielsweise eine behutsame »substanzerhaltende Restaurierung« (vgl. Seite 22) anstrebt, sich aber als Basis ein Wrack im 5er-Zustand anschafft. Dieser Restaurierungsansatz wäre rein technisch gar nicht möglich. Umgekehrt wäre der Schaden sehr groß, wenn ein Klassiker mit gut erhaltener Substanz einer Fabrikneu-Restaurierung unterzogen werden würde. Diese oder ähnliche Zielkonflikte gilt es bereits im Vorfeld zu erkennen und zu vermeiden.

Bei der Machbarkeitsanalyse wird unterschieden zwischen funktioneller, technischer, organisatorischer, personeller, rechtlicher, zeitlicher und wirtschaftlicher Machbarkeit. Dabei sollte man die Analyse grundsätzlich an folgenden drei Aspekten vorbeiführen (vgl. Dingfelder, 2007):

- Bewahrung und Schutz von Kulturgut
- Authentizität und Originalität
- Werterhaltung und Wertsteigerung

Die funktionelle Machbarkeit befasst sich mit der späteren Verwendung des Fahrzeuges, beispielsweise für den Einsatz bei Rallyes, Concours etc. Die technische Machbarkeit hingegen umfasst alle Restaurierungs-, Konservierungs- und Rekonstruktionsmaßnahmen auf der Basis des Fahrzeugbefundes. Bei der organisatorischen und personellen Machbarkeitsanalyse geht es vor allem darum, neben dem eigenen Können festzustellen, ob Fachbetriebe und Ersatzteilversorgung in der gewünschten Qualität termingerecht ihre Dienstleistung erbringen können.

Die rechtliche Durchführbarkeitsuntersuchung behandelt alle Fragestellungen rund um das Straßenverkehrsrecht (z. B. StVZO) und andere nationalen Gesetze. Beispielsweise stellt sich die Frage, ob ein Restaurierungsobjekt die Voraussetzungen bietet, am Ende eine Zulassung mit H-Kennzeichen zu erhalten. Der sorgfältige Blick in den Anforderungskatalog für die Begutachtung von Oldtimern gemäß § 21c StVZO (www.tuev-sued.de) und der rechtzeitige Rat durch Sachverständige der Prüforganisationen im Vorfeld ist in diesem Zusammenhang äußerst empfehlenswert.

Die zeitliche Machbarkeitsanalyse prüft, ob der gewünschte Zeitrahmen für die Arbeit eingehalten werden kann. Die wirtschaftliche Durchführbarkeit befasst sich schließlich mit der wohl wichtigsten Frage der Finanzierung des gesamten Projektes über den gesamten Zeitraum, beginnend mit der Anschaffung, Restaurierung in Eigenleistung, Ersatzteil- und Verbrauchsgüterkosten, Kosten für Fremdvergabe. Nicht zu vernachlässigen sind Nebenkosten wie die Fahrzeug- und Teileunterbringung während und nach der Restaurierung, Verbringungskosten oder Gutachten- und Zulassungskosten.

Erfahrungsgemäß werden die Gesamtkosten der Restaurierung häufig unterschätzt. Deshalb sollte bereits zu Beginn eine sorgfältige Kostenplanung angestrebt werden zuzüglich eines genügend hohen Sicherheitsaufschlags.

Für die Kostenschätzung bieten sich bei der Restaurierung von Old- und Youngtimern zwei Methoden an: das Analogieverfahren und die Einflussgrößenrechnung (vgl. Dingfelder, 2007).

1. **Analogieverfahren:** Beim Analogieverfahren wird nach einem abgeschlossenen Projekt gesucht (z. B. Erfahrungen von Oldtimerclubs), das dem aktuellen Projekt ähnlich ist. Anschließend werden Unterschiede des Vergleichsprojektes ermittelt und auf die Kosten des aktuellen Projektes geschlossen. Dieses Verfahren liefert zwar nur eine grobe Schätzung und ist stark abhängig von den Erfahrungen des Schätzenden. Es hat allerdings den Vorteil, einfach und schnell zu sein und ist als erste Näherung mit einem genügend hohem Sicherheitsaufschlag hinreichend gut geeignet.

2. **Einflussgrößenrechnung:** Bei der Kosteneinflussgrößenrechnung bietet sich an, als Basis den jeweiligen Zustand der Baugruppen zu verwenden. Dem liegt die Tatsache zugrunde, dass ein schlechter und mangelhafter Zustand höhere Kosten als ein guter Zustand verursacht. Bei diesem Verfahren werden zunächst die Baugruppen und Teilaufgaben aufgeteilt, der Zustand der Baugruppen bestimmt und anschließend für die Restaurierung jeder einzelnen Baugruppe die Kosten geschätzt. Die Summenbildung der einzelnen Kosten mit den weiteren Kostenanteilen für beispielsweise Fahrzeugzerlegung und Montage ergibt die Gesamtkosten der Restaurierung. Dieses Verfahren ist deutlich aufwändiger als das Analogieverfahren, liefert allerdings auch genauere Werte. Es ist vor allem für seltene Fahrzeuge empfohlen, bei denen das Analogieverfahren ausscheidet.

Mit dieser umfassenden Betrachtungsweise sind wir schließlich in der Lage, die Restaurierungsziele zu definieren. Tabelle 8, Seite 160 zeigt im Überblick wichtige Ziele mit Erläuterungen. Dabei sei angemerkt, dass sich während des Projekts auch die Rahmenbedingungen ändern können, auf die man sich möglichst flexibel einstellen sollte. Ziele sollten sukzessive angepasst und fortgeschrieben werden.

Beispielsweise war bei der Restaurierung unseres Mercedes-Benz Tourensportwagen zu Beginn ein 2er-Zustand für jede Baugruppe vorgesehen. Kosten-Nutzen-Gesichtpunkte führten schließlich dazu, die Ziele zu erhöhen, um den Zustand 1 zu erreichen. In der Folge verlangte dies den verstärkten Einsatz professioneller Hilfe. Es kann aber auch genau umgekehrt sein, dass der Aufwand der Restaurierung hin zu einem Top-Zustand aus merkantilen Gesichtspunkten zu hoch wird, und man sich deshalb besser an einem Zustand 2 oder 3 orientiert.

Restaurierungsziele	**Erläuterungen**
Fahrzeugverwendung	Welchem Zweck soll das Fahrzeug nach der Restaurierung dienen (z. B. Ausfahrten, historische Rennen, Geldanlage, Sammlerstück).
Restaurierungsumfang	Vollrestaurierung oder Teilrestaurierung von bestimmten Baugruppen (z. B. Motor, Innenausstattung, Karosserie).
Restaurierungsansatz/ -philosophie	In Anlehnung an Schoch (2009) und Dingfelder (2007) können folgende sechs Restaurierungsansätze unterschieden werden: Fabrikneu-Restaurierung, Besser-als-neu-Restaurierung, Restaurierung mit moderner Technik, Szene Restaurierung, Substanzerhaltende Restaurierung und reine Konservierung. Bereits im Vorfeld sollte man sich im Klaren sein, welcher Ansatz in Frage kommt. Eine exakte Abgrenzung ist allerdings nicht immer möglich. Auch Mischformen sind möglich (vgl. Seite 20 ff.).
Originalität und Authentizität	Festlegung des Grades der Substanzerhaltung, der Originalität und der Authentizität (vgl. Restaurierungsansatz).
Zustandsnote	Zustandsnote, die für das Fahrzeug und die einzelnen Baugruppen erreicht werden sollen (vgl. Infokasten auf Seite 18).
Obergrenze der Kosten	Festlegung der maximalen Kosten für Anschaffung und Restaurierung der Baugruppen und des Gesamtfahrzeugs. Wahlweise kann auch die eigene Arbeitszeit fiktiv angesetzt werden mit einem adäquaten Stundensatz (z. B. 20 Euro/Std.).
Qualitätsanforderungen	Festlegung der Qualitätsstufe der einzelnen Restaurierungsarbeiten von Bauteilen und Baugruppen.
Materialien	Festlegung der zu verwendenden Materialien für die einzelnen Baugruppen (z. B. Lederqualität für Interieur).
Oberflächenschutz	Festlegung des Oberflächenschutzes für die Baugruppen und Teile gegen Korrosion von Lack, Galvanik, Chrom, Pulverbeschichtung.
Ersatzteile	Festlegung der Beschaffung von Baugruppenteile (z. B. neues Originalteil, gebrauchtes Originalteil aufbereiten, Nachfertigung).
Vergabe von Fremdarbeit	Festlegung von Arbeitsinhalten und Leistungen, die an Fremdfirmen vergeben werden sollten.
Technische Veränderungen	Festlegung der Veränderungen, die beispielsweise wegen der Straßenverkehrzulassungsordnung und Sicherheit erforderlich sind (z. B. Sicherheitsgurt, Warnblinkanlage, 12 Volt-Elektrik statt 6 Volt).
Spezielle Arbeits-verfahren und Fertigungsmethoden	Festlegung von Arbeitsverfahren wie zeitgenössische Schweißverfahren oder Lackiermethoden sowie Festlegung von Fertigungsmethoden für die Nachfertigung von Bauteilen.
Wertsteigernde Maßnahmen	Festlegung der Maßnahmen, die der Wertsteigerung dienen (z. B. zusätzlicher Einbau von zeitgenössischem Zubehör, Rückrüstung auf Werkauslieferungszustand).
Dokumentation und Berichtswesen	Festlegung aller Details zur Dokumentation (z. B. Zwischenberichte über den Projektfortschritt, Abweichungen, Gegenmaßnahmen, Bilder, Skizzen, Schemas, Übersichtstabellen).
Fertigstellungstermin	Der Zieltermin für die Fertigstellung sollte möglichst genau formuliert werden, ggf. mit einem Sicherheitszuschlag für unvorhersehbare Schwierigkeiten.
Meilensteine	Definition und Terminierung der Projektzustände, die besondere Bedeutung für das Projekt und darauf aufbauende Arbeitsschritte haben (siehe auch Seite 141).

Tabelle 8: Überblick wichtiger Restaurierungsziele – klare Festlegung, laufende Überwachung und Anpassung ist ratsam (vgl. auch Dingfelder, 2007).

Qualifizierung und Fertigkeiten erwerben

Kaum jemand wird fachlich in der Lage sein, alle Bereiche der Restaurierung durchführen zu können. Selbst Profis mit viel Erfahrung beschränken sich auf bestimmte Spezialgebiete, weil die Fähigkeiten und Kenntnisse nicht ausreichen, oder weil die technischen Voraussetzungen in der Werkstatt fehlen. So sind beispielsweise für Motorinstandsetzung spezielle Werkzeuge und Messgeräte zum Bohren, Honen, Aus- und Feinwuchten erforderlich, oder es sind für die Herstellung von Karosserieblechen Spezialmaschinen wie Rollenstreck- oder Sickenmaschinen notwendig. Auch vor umfangreichen Karosserielackierarbeiten werden wohl die meisten Abstand nehmen, wenn sie einen Bestzustand anstreben. Denn erstens soll das Fahrzeug wieder im professionellen Glanz erscheinen, und zweitens verfügen die wenigsten über eine Lackierkabine, die alle notwendigen umweltschutzrechtlichen Bedingungen erfüllt.

Je nach handwerklichen Fähigkeiten und Kenntnissen sollte jeder zunächst selbst einschätzen, welche Arbeiten an welchen Gewerken in Eigenregie durchgeführt werden können. Zweckmäßig ist es, an Restaurierungskursen oder Seminaren teilzunehmen, um Wissen und praktische Fähigkeiten zu erwerben und zu üben. Einzelne typenbezogene Kurse werden von Mitgliedern der Marken-Clubs angeboten. Beispielsweise bietet der Mercedes 190 SL-Club regelmäßig Schulungen zur Einstellung der komplexen Solex-Vergaseranlage an. Auch die Automobilhersteller bieten über ihre Klassikabteilungen gelegentlich Restaurierungskurse an.

Die erste Adresse in Deutschland für den Erwerb von praktischen Fertigkeiten ist die Fahrzeugakademie in Schweinfurt (www.fahrzeugakademie.de). Die dort veranstalteten Oldtimer-Intensiv-Seminare und Kurse richten sich an Einsteiger und Profis. Anfänger können theoretische und praktische Grundlagen zur Blechbearbeitung, Instandsetzung von Kleinschäden an der Karosserie oder Schweiß- und Löttechniken erwerben. Darüber hinaus werden Kurse zu Mechanik und Elektrik, Motortechnik, Vergaser und Einspritztechnik sowie Sattlerarbeiten angeboten. Für Fortgeschrittene werden in den vielen Oldtimer-Kursen Fertigkeiten sowie Tipps und Tricks für die professionelle Restaurierung vermittelt. Beispielsweise erlernt man dort besonders anspruchsvolle Techniken zum Aufbau von komplexen Karosseriebauteilen aus Einzelsegmenten mit Hilfe der Rollenstreckmaschine.

Bild 201: Fahrzeugakademie Schweinfurt – die erste Adresse für Oldtimer-Intensiv-Seminare.

Bild 202: Selbstanfertigung von Schweller T-Stücken (*Fahrzeugakademie Schweinfurt*).

Bild 203: Selbstanfertigung von Kotflügelelementen (*Fahrzeugakademie Schweinfurt*).

Auch für denjenigen, der nicht so tief in die Restaurierungsarbeiten einsteigen möchte, sondern eher Arbeiten an Fachbetriebe abgeben will, kann es sinnvoll sein, Grundlagen zu bestimmten Gewerken zu erwerben. Die Qualität von Oldtimer-Restaurierungsarbeiten lassen sich dann deutlich sicherer beurteilen, Zeit- und Kostenaufwand für die Arbeiten treffender einschätzen und es ist leichter zu beurteilen, welche Werkzeuge, Hilfswerkzeuge, Materialien etc. erforderlich sind.

Für Einsteiger ist auch die Durchführung der Arbeiten rund um die Aufbereitung von Kleinteilen gut möglich. Verchromen, Verzinken, Pulverbeschichten oder Lackieren erfordern stets zeitintensive Vorbereitungen der Oberflächen durch Strahlen, Schleifen, Füllern und Spachteln. Arrangiert man sich zusätzlich noch mit dem Galvaniseur und Lackierer, kann hier viel Geld gespart werden. Die Galvanik muss selbstverständlich dem Profi überlassen werden, da dabei mit giftigen Substanzen gearbeitet wird, die für Umwelt und für einen selbst gefährlich sind.

Werkstatt und Werkstattausrüstung

Die Größe der Werkstatt und die Ausrüstung sollten abhängig vom Restaurierungsumfang und der -tiefe, die man in Eigenregie bewältigen möchte, ausgewählt werden. Dem Verfasser haben für die Restaurierung des 190 SL zunächst eine Einzelgarage sowie ein Kellerraum mit 20 Quadratmetern ausgereicht. Bei schönem Wetter wurden gelegentlich auch der Vorplatz vor der Garage und ein Teil des Gartens in Beschlag genommen. Die Werkstatt hat freilich nur deshalb ausgereicht, weil bei den umfangreichen Karosseriearbeiten Zsolt zu Hilfe kam.

Bild 204: Für die Vollrestaurierung ist ein Drehgestell unverzichtbar (*Jürgen Bassalig)*.

Bild 205: Werkstatt für einen Messerschmitt – klein aber fein (Schwarzmann/Grimme).

Bild 206: Für kleine Teile gut geeignet – kompakte Sandstrahlkabine von KALO Strahltechnik.

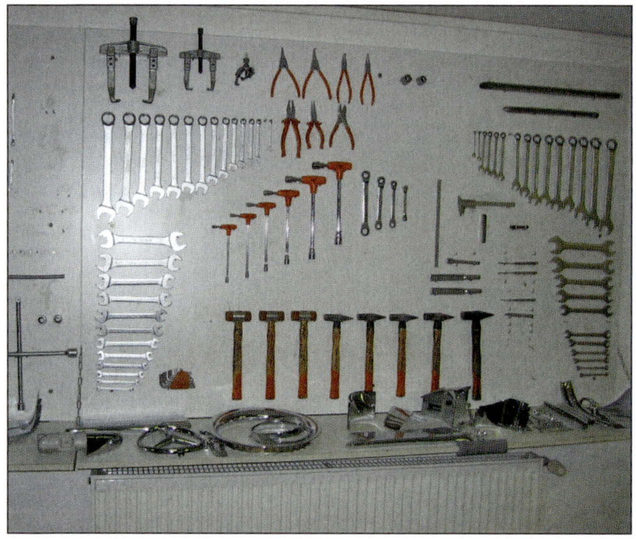

Bild 207: Mit Ordnung und Übersicht geht die Restaurierung leichter von der Hand.

Soll der Großteil der Gewerke einschließlich Karosseriearbeiten in Eigenarbeit erbracht werden, wäre eine Werkstattfläche mit der drei- bis vierfachen Größe des Fahrzeuggrundrisses angebracht. Auf einer Hebebühne oder mindestens über einer Grube sollte man das Fahrzeug von unten bearbeiten können. Außerdem sind Spezialwerkzeuge für viele Karosserie- und Technikarbeiten erforderlich. Bei einer Vollrestaurierung ist für die Karosseriearbeiten dringend ein Drehgestell anzuraten, mit dem man von allen Seiten die Karosserieteile bearbeiten und einschweißen kann. Außerdem sind eine ausreichend große Werkbank erforderlich und genügend Ablagemöglichkeiten in Regalen für die Fahrzeugteile.

Für die Vollrestaurierung eines Oldtimers kann sich eine kleine Strahlkabine lohnen, insbesondere wenn viele Kleinteile bearbeitet werden müssen. Das Angebot am Markt reicht von einfachen Tischgeräten bis hin zu größeren Anlagen mit zusätzlicher Absaugung. Im Bild 206 ist exemplarisch eine kompakte Sandstrahlkabine zu sehen, die sich für alle handelsüblichen Strahlmittel wie Korund, Glasperlen, Keramik, Kunststoff, Nussschalen und Stahlkies eignet.

Besonders wichtig sind Ordnung und Sauberkeit. Das ist gerade zu Beginn einer Restaurierung nicht so einfach, wenn beim Zerlegen der Schmutz und Rost massiv entgegenrieselt. Spätestens, wenn die Karosseriearbeiten abgeschlossen sind und alle Technikteile zerlegt, gereinigt und aufbereitet werden, wird die Arbeit am Objekt sauberer. Das muss dann auch so sein, damit die schön aufbereiteten Baugruppen, insbesondere im Innenraum, keinen Schaden durch öl- und säurehaltigen Schmutz nehmen.

Natürlich spielt auch der Wohlfühlfaktor eine große Rolle. Immerhin geht man bei der Restaurierung eines Veteranen im Zustand eines Wracks eine langjährige Beziehung mit mehr als tausend Stunden ein. Ein Radio mit passender Musik aus jener Ära des Klassikers, eine Kaffeemaschine und der gelegentliche Small Talk mit dem interessierten Nachbarn versüßen die Arbeit und das Leben.

Schließlich darf der Arbeitsschutz nicht fehlen. Mit dem richtigen Werkzeug, der richtigen Schutzkleidung und den richtigen Arbeitschutzmaßnahmen macht das Arbeiten am Oldtimer »sicher« Spaß. Bitte machen Sie sich deshalb mit den wichtigsten Schutzmaßnahmen vertraut. Einige davon finden Sie nachfolgend. Weiterführende Literatur ist zahlreich auf dem Markt.

Die Werkzeuggrundausstattung

Baumärkte oder Discounter bieten zuweilen »günstige« Werkzeug-Komplett-Sets an. Oft sind sie ihr Geld nicht wert: Lockere Hammerköpfe fallen vom Stiel, billige Schraubenzieher verbiegen sich beim ersten Kontakt mit einer Schraube, »Schnäppchen«-Spachtel sind so weich, dass sie sich schon nach einem kurzen Druck verbiegen.

Die Grundausstattung
Gutes Werkzeug kann billig sein, ist es in der Regel aber nicht. Ein Satz Ring-/Maulschlüssel kostet schon rund 80 Euro. Noch größer sind die Qualitäts- und Preisunterschiede bei den Steckschlüsselsätzen – oft auch Knarrenkästen genannt. Das wichtigste Teil ist hierbei die Knarre selbst. Die Sperrklinken sollten austauschbar sein, gute Hersteller bieten dafür Ersatzteile und einen Service an. Besonders wichtig ist das bei einem Drehmomentschlüssel, der regelmäßig kalibriert werden sollte. Drehmomentschlüssel nach der Arbeit immer entspannen!
Sehr wichtig ist auch die Qualität von Schraubendrehern und Zangen. Damit werden hohe Kräfte übertragen, die das Werkzeug aushalten muss.

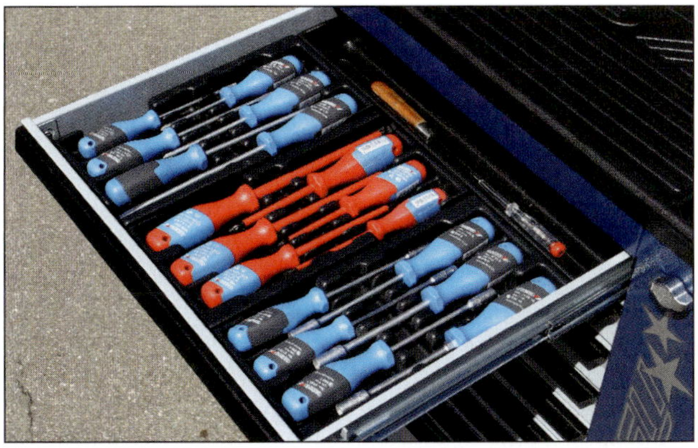

Schraubendreher: Entscheidend ist der Griff und die Qualität der Spitze. Je drei Größen von Schlitz- und Kreuzschlitz sollten für den Anfang genügen

Der Werkzeugwagen: Was sich in diesem Rollcontainer alles verbirgt, sehen Sie auf den Bildern rechts. Diese Luxusversion ist abschließbar und hat laufruhige Gummiräder

Ring-Maulschlüssel: Ein kompletter Satz dieser Kombinationsschlüssel von acht bis 22 Millimeter reicht in den meisten Fällen. Zusätzlich gibt es Spezialschlüssel

Steckschlüssel: Auch Nüsse und Knarre genannt. Ein guter Kompromiss ist ein Satz mit dem Verbindungsmaß 3/8 Zoll. Niemals an der Umschaltknarre sparen!

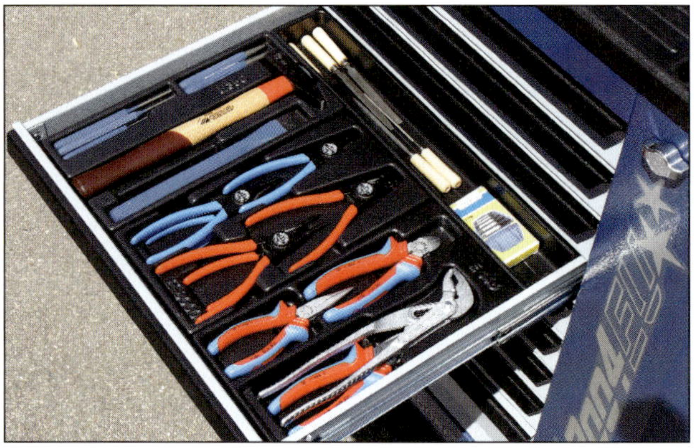

Zangen: Wichtig sind eine verstellbare Wasserpumpenzange, eine Flach- oder Spitzzange sowie eine Kombizange mit integriertem Seitenschneider

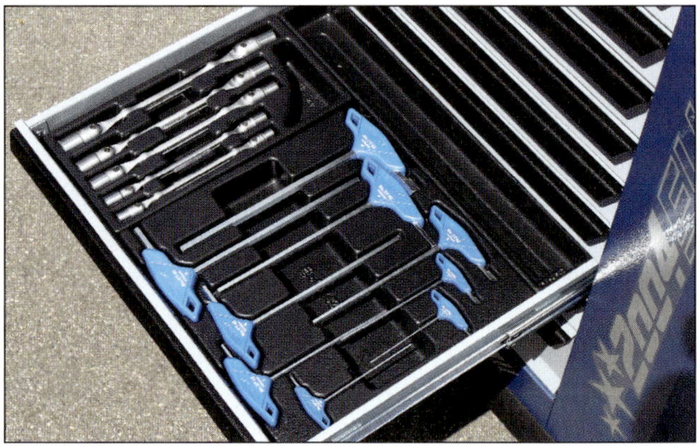

T-Griffe: Werden meist im Karosseriebereich eingesetzt. Das übertragbare Drehmoment ist nicht sehr hoch, dafür sind auch tief sitzende Schrauben gut zu ereichen

Torx-Abteilung: Immer mehr Schraubverbindungen haben Torx- oder Vielzahnköpfe. In diesem Fach ist alles versammelt, was beim Arbeiten an Torx Schrauben dienlich ist

Spezialaufgaben: Selten benötigte Werkzeuge wie Bremsleitungsschlüssel, Messschieber oder auch die verschiedenen Spezialbits sollten ein extra Fach bekommen

Gekröpfte Schlüssel: Manche Schrauben lassen sich überhaupt nur mit einem gekröpftem Schlüssel erreichen. Es gibt verschiedene Ausführungen, auch für Spezialfälle

Hammer, Säge, Drehmoment: Die schweren Werzeuge sollten immer im untersten Schubfach ihren Platz finden. Meistens ist dieses Fach auch größer als die anderen

Nützliches Zubehör

Wenn Sie genügend Platz haben, können Sie das gesamte Werkzeug auch in einer Werkbank-/Werkzeugschrank-Kombination unterbringen. Lassen Sie aber noch etwas Platz übrig, denn neben gutem Werkzeug beherbergt die Schraubergarage auch immer einige nützliche Helfer.

Sicherer Stand: Stabile Auffahrrampen sind für die meisten Arbeiten unter dem Auto völlig ausreichend. Zwar können Sie die Räder nicht abnehmen, dafür steht das Auto sicher

Werkstattapotheke: Auch ein kleines Sortiment von chemischen Produkten gehört zur Werkstatt. Unverzichtbar sind Teilereiniger und Sprühfett, aber auch die Kupferpaste werden wir noch brauchen

Ampellösung: Damit wir die kostbare Werkbank nicht mit dem wertvollen Blech rammen, haben wir einen Abstandswarner montiert. Gefunden bei Conrad-Elektronik

Beste Bedingungen: Auf einem solchen Reifenbaum sind nicht benötigte Räder perfekt untergebracht. Zwischen den Rädern bleibt etwas Luft, das Gewicht trägt die Felge

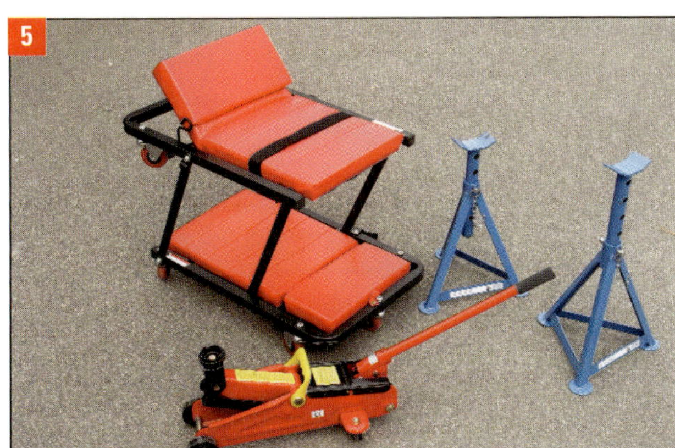

Helfer für unten: Unterstellböcke und ein hydraulischer Wagenheber sind ein Muss. Ein Rollbrett, das sich zum Hockerr falten lässt, ist dagegen schon fast Luxus

6

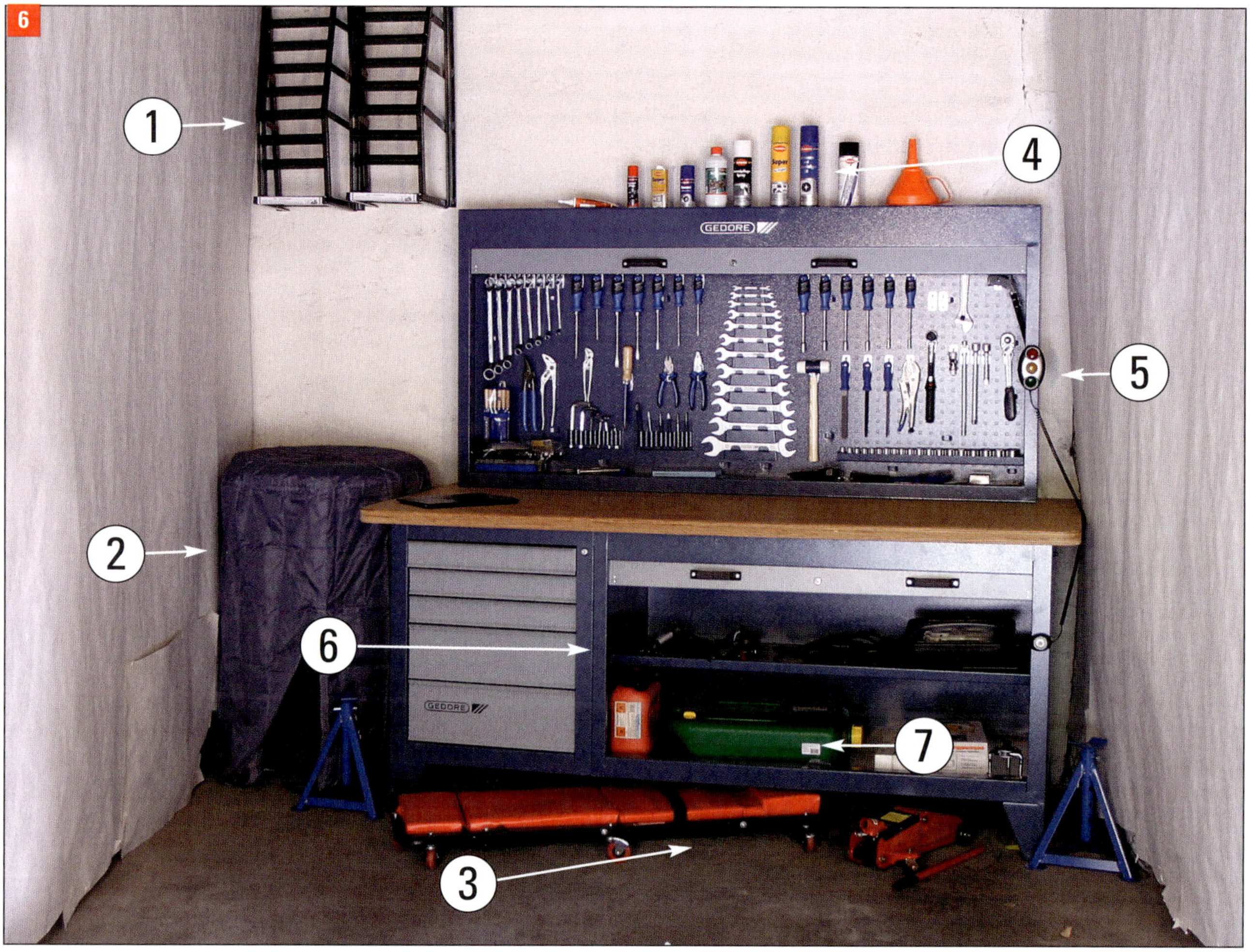

Dcs Schraubers Traum: Mit einem cleveren Werkstatt-System können Sie sich auch auf begrenztem Raum ein wahres Schrauberparadies schaffen. Tatsächlich steht diese Einzelgarage, was die Ausrüstung angeht, einer Profi-Werkstatt kaum nach. Alles was jetzt noch fehlt ist eine Hebebühne, doch diese braucht leider vier Meter Raumhöhe

7

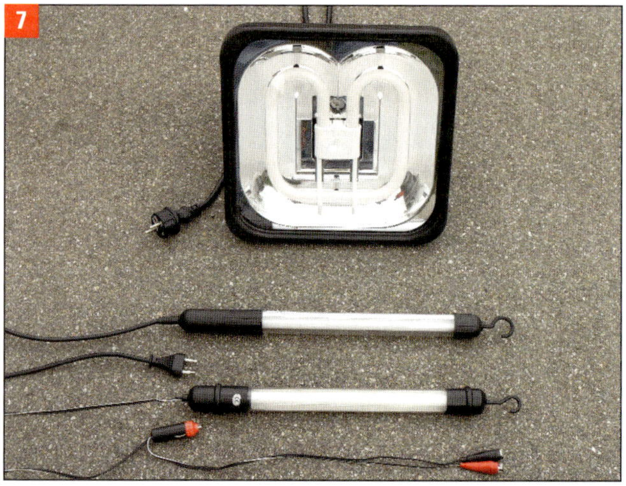

Es werde Licht: Wenn Sie nicht sehen, woran Sie schrauben, ist das Scheitern vorprogrammiert. Es gibt wirklich genug Möglichkeiten, für ordentliches Licht zu sorgen

8

Ölige Helfer: Für den Ölwechsel empfehlen wir eine solche Wanne und ein Trichterset. Wer absaugen will, braucht eine Pumpe, die für Öl geeignet ist

Schutzkleidung und -ausrüstung

Das Angebot an Schutzkleidung ist enorm groß. Informieren Sie sich daher vor dem Kauf über Einsatzbereich und Verwendungsgrenzen und schenken Sie der Benutzerinformation oder Gebrauchsanleitung genügend Zeit. Folgende Aspekte sollten Sie grundsätzlich beachten:

- Arbeitsanzug oder Overall mit engen Ärmeln
- Rutschfeste Arbeitsschuhe mit Stahlkappen
- Schutzbrille beim Schleifen, Bürsten, Fräsen, Bohren etc.
- Atemschutz vor allem beim Schleifen und Lackieren
- Arbeitshandschuhe je nach Arbeitseinsatz (zum Beispiel benzin-, säurebeständig)
- Keinen Schal, weite Ärmel, Armbanduhr, Ringe oder Ketten
- Handschutzcreme verwenden.

Maschinen und Geräte

Auch bei Bohrmaschinen, Schleifgeräten, Heißluftgebläsen, hydraulischen Wagenheber etc. sollten Sie unbedingt auf Qualität setzen. Zu groß ist die Gefahr, dass Ihr Oldtimer Schaden nimmt oder Sie sich selbst verletzen. Außerdem sollten unbedingt folgende Regeln eingehalten werden:

- Bedienungsanleitung sorgfältig lesen und gut erreichbar aufbewahren
- Maschine vor jeder Arbeit auf ordnungsgemäßen Zustand prüfen
- Überprüfen der elektrischen Anschlussleitung auf Beschädigungen
- Stecker am Stecker und nicht am Kabel aus der Steckdose ziehen
- Auf scharfes und stabiles Werkzeug achten
- Elektrowerkzeug erst aus der Hand legen, wenn es völlig still steht
- Defekte Geräte nur von fachkundigen Personen reparieren lassen
- Nicht mit defekten Sägeblättern (fehlende Zähne!), geknickten Trennscheiben oder abgenutzten Vorsatzgeräten bei Elektrowerkzeugen arbeiten.

Lagerung und Arbeiten mit Flüssigkeiten

Neben den Betriebsflüssigkeiten kommen häufig auch Lacke, Farben und Reinigungsmittel zum Einsatz, etwa beim Vorbereiten von Lackierarbeiten wie dem Abbeizen, Abschleifen, Anschleifen und Spachteln oder Reinigen von Aggregaten. Wenn Sie mit brennbaren Flüssigkeiten arbeiten, zum Beispiel mit Nitroverdünnung, Lacken oder brennbaren Klebern, besteht Brand- und Explosionsgefahr, weil sich entstehende Dämpfe entzünden können. Achten Sie also ganz besonders auf die Warnhinweise auf den Flüssigkeitsbehältern. Außerdem:

- Bewahren Sie gefährliche Produkte für Kinder unerreichbar auf.
- Benutzen Sie niemals Lebensmittelgefäße zur Aufbewahrung von Chemikalien.
- Essen oder trinken Sie nicht, während Sie mit Chemikalien hantieren.
- Schließen Sie Behälter von Klebern, Lacken & Co. stets sofort nach der Verarbeitung.
- Achten Sie auf das Flammensymbol auf den Behältern. Es weist auf entzündliche Inhaltsstoffe hin.
- Halten Sie Zündquellen fern. Versprühte Sprays brennen besonders leicht, weil sie sehr oft hoch entzündliche Treibgase enthalten.
- Lüften Sie bei Verarbeitung von flüchtigen Stoffen in Innenräumen stets gut durch.
- Tragen Sie nur Schutzbrille und Handschuhe, die gegen die jeweilige Flüssigkeit resistent sind.

Befund und Dokumentation

Ausreichend Platz schaffen

Motorräder der Vorkriegsgeneration bestehen inklusive aller Schrauben und Muttern aus rund 1000 Einzelteilen. Das wissen wir deshalb so genau, weil wir derzeit an einer NSU Quick aus dem Jahr 1947 mit exakt 814 Einzelteilen schrauben. Automobile Veteranen aus den 50er- und 60er-Jahren erreichen dagegen über 5000 Teile und bei Youngtimern mit den zahlreichen Nebenaggregaten wie Klimaanlage, Servolenkung etc. wird sogar die 10.000-Marke überschritten.

Bevor mit der Demontage des Fahrzeuges begonnen wird, sollte daher zunächst für ausreichend Arbeitsfläche und Platz zur Unterbringung der zerlegten Baugruppen und Teile gesorgt werden. Für die Restaurierung eines Motorrades reicht üblicherweise ein Raum mit etwa zehn Quadratmetern aus, um es zu zerlegen und die Bauteile in Behältnissen unterzubringen. Für klassische Automobile hingegen ist eine Fläche von mindestens der dreifachen Grundfläche des Fahrzeugs zu empfehlen sowie ein Regal mit vier Meter Länge, zwei Meter Breite und mindestens fünfzig Zentimeter Tiefe, in dem die gesamten Baugruppen systematisch untergebracht werden können. Auch wenn es Ausnahmen geben mag, ist es auf jeden Fall ratsam, dass die Breite des Raumes so bemessen ist, dass eine

Fahrzeugtüre vollständig bis zum Anschlag geöffnet werden kann, um bequem die Demontagearbeit durchführen zu können. Mit dem Fahrzeug ganz an der Seitenwand, geht das aus eigener Erfahrung auch bei so mancher Einzelgarage.

Hilfsmittel für Dokumentation und Befund

Zweckmäßig ist es, sich alle Hilfsmittel zurechtzulegen, die für die Dokumentation und den Befund notwendig sind. Dazu gehören – soweit verfügbar – Unterlagen wie Ersatzteilkataloge mit Explosionszeichnungen und Werkstatthandbücher aus dem Zubehörhandel oder vom Hersteller direkt. In den Werkstatthandbüchern und Ersatzteilkatalogen sind nicht nur Informationen über den Aus- und Einbau von Teilen und Aggregaten enthalten, sondern auch hilfreiche Details wie erforderliches Spezialwerkzeug oder Abmessungen von Verbindungselementen wie Schrauben, Muttern, Scheiben in Originalzuständen. Kopien von Explosionszeichnungen eignen sich außerdem gut für handschriftliche Notizen von Details, die für die Aufbereitung und Montage der Teile von Bedeutung sind.

Nicht fehlen dürfen diverse Messwerkzeuge wie Zollstock, Schieblehre, Mikrometer oder Gewindelehre, um jede einzelne Schraube oder Mutter beim Ausbau zu vermessen und zu dokumentieren.

Besondere Bedeutung hat heute die Fotodokumentation gewonnen. Sie kann teilweise das Anfertigen von Skizzen und die ausführliche schriftliche Dokumentation der Arbeitsschritte ersetzen oder zumindest ergänzen. Dabei sollte beim Zerlegprozess möglichst jeder Schritt, der erforderlich ist um eine Baugruppe auszubauen oder zu zerlegen, fotografisch festgehalten werden. Digitale Bilder stellen keinen Kostenfaktor mehr dar und unterstützen den Zusammenbau der einzelnen Bauteile und Baugruppen.

Die Praxis lehrt uns, dass auch schriftliche Aufzeichnungen in einem Skizzenheft nach wie vor äußerst sinnvoll und teils notwendig sind. Sie sind nicht nur als redundante Informationen zu Werkstatthandbüchern oder zur Fotodokumentation wichtig, sondern erleichtern später den Zusammenbau, insbesondere dann, wenn beispielsweise die Reihenfolge der Arbeitsschritte von besonderer Bedeutung ist oder die Zerlegtiefe über die Informationen in den Werkstatthandbüchern hinausgeht.

Bezüglich Redundanz sei in diesem Zusammenhang bemerkt, dass uns die Aufzeichnungen im Skizzenheft einmal aus der Patsche geholfen haben, als aus unerklärlichen Gründen ein gesamter Satz digitaler Bilder zur Zerlegung des Hinterachsgetriebes vom Computer verschwunden war.

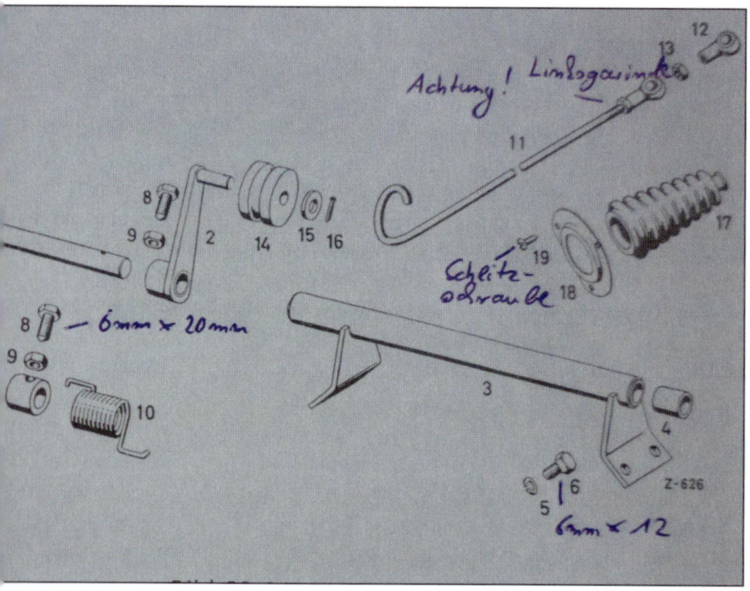

Bild 208: Auszug aus Werkstatthandbuch – Explosionszeichnung mit Notizen helfen später beim Zusammenbau.

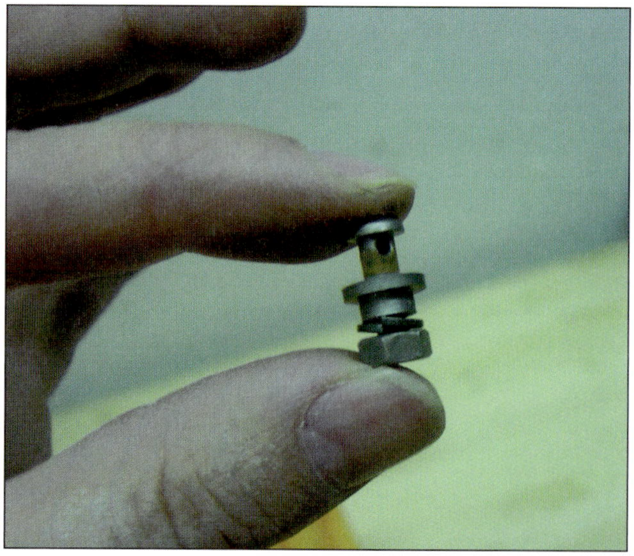

Bild 209: Auf das Detail kommt es an! Das darf nicht unterschätzt werden! Bilder wie diese garantieren zum Schluss den richtigen Zusammenbau.

Demontage und Befund

Da zwischen dem Zerlegen und Zusammenbauen des Gesamtfahrzeuges mehrere Jahre verstreichen können, sollte die Demontage möglichst strukturiert unter Zuhilfenahme des Werkstatthandbuches durchgeführt werden. Dabei beginnt man zunächst, das Fahrzeug in seine einzelnen Baugruppen zu zerlegen. Liegt ein Original-Ersatzteilkatalog vor, ist es sehr zweckmäßig, die im Katalog verwendete Baugruppenunterteilung zu verwenden und jeweils alle Teile einer Baugruppe getrennt in beschrifteten Behältnissen unterzubringen. Begleitend dazu erfolgt die Aufzeichnung jedes Arbeitsschrittes mit Fotos und Skizzen.

Je detaillierter Sie die Arbeiten festhalten, desto einfacher gestalten sich der Befund, die Ersatzteilbeschaffung und am Ende die Montage. Verbindungselemente wie Schrauben, Scheiben, Muttern, Federringe, Splinte, Sicherungsringe etc. sind dabei akribisch zu vermessen und mit Hilfe der Explosionszeichnung in Werkstatthandbüchern, Ersatzteillisten und Fotos sowie der Befundsliste abzugleichen.

Nach dem Zerlegen des Fahrzeuges erfolgt der Befund der einzelnen zu restaurierenden Baugruppen wie Karosserie und Rahmen, Fahrwerk, Motor, Getriebe, Innenausstattung etc. Folgende Punkte sollten besonders sorgfältig berücksichtigt werden:

- Grad der Funktionsfähigkeit
- Vollständigkeit der Teile
- Originalität und Authentizität (z. B. Fälschungen, Nachbauten)
- Typenzugehörigkeit
- Beschädigungen und Erhaltungszustände (Art und Ausmaß von Beschädigungen und Defekten)
- frühere Instandsetzungen und Restaurierungen (z. B. nicht fachgerecht instand gesetzte Bauteile)
- technische Veränderungen

Der Baugruppenbefund kann in der Regel erst durchgeführt werden, wenn die entsprechende Baugruppe zerlegt und gereinigt ist. Bei Karosseriebauteilen, Rahmen und lackierten Bauteilen ist es zudem erforderlich, den Lack zu entfernen, um versteckte Korrosion, Beschädigung oder Risse aufzuspüren. Ist das Fahrzeug bereits teilweise zerlegt, fehlen Teile oder wurden bereits Restaurierungsversuche unternommen, wird der Befund häufig erschwert. Das gilt besonders für Baugruppen, für die keine Ersatzteildokumentationen mehr vorliegen.

In jedem Fall ist es ratsam, sich eine Dokumentationsliste (z. B. mit Excel) anzufertigen, in der detailliert der Baugruppen- und Teilebefund dokumentiert werden kann. Bild 210 enthält hierzu ein Beispiel, das sich für die Restaurierung von Motorrädern und Autos bewährt hat. In der Liste werden jede einzelne Baugruppe und die dazugehörenden Teile aufgelistet mit Dokumentation der Ersatzteilnummer aus dem Originalersatzteilkatalog oder alternativ bei Verbindungselementen (Schrauben, Muttern etc.) die Abmessungen. Die Liste sollte die Bildnummer des Ersatzteilkatalogs und eine Fotonummer von selbst angefertigten Fotos enthalten, die bei der Restaurierung des einzelnen Teils oder beim Einbau hilfreich sind.

In die Liste sollte außerdem der Zustand von jedem einzelnen Teil eingetragen werden, beispielsweise gemäß den Spalten 8 bis 13. Daraus lassen sich Informationen ablesen, ob das jeweilige Teil fehlt, zerstört, korrodiert, beschädigt, defekt, nicht fachgerecht oder in Ordnung ist.

In weiteren Spalten der Befundliste sollten die durchzuführenden Restaurierungsmaßnahmen dokumentiert sein (Spalten 14 bis 20) mit einem Überblick, ob ein Bauteil aufbereitet, instand gesetzt, neu angefertigt, gestrahlt, verzinkt, lackiert oder verchromt werden soll. Teile, die ersetzt werden müssen, werden ebenso dokumentiert. Hierzu dienen die Rubriken in den Spalten 21 bis 25 mit den Bezeichnungen Zukauf sowie nähere Information zum Teil, neues, gebrauchtes Originalteil, Nachfertigung oder alternatives Teil. Eine Spalte Besonderheiten kann dazu dienen, Details zur Aufbereitung (z. B. weiß oder gelb verzinken) oder zur Anschaffung zu dokumentieren.

Abschließend noch ein wichtiger Tipp: Führen Sie den Befund und die Dokumentation besonders sorgfältig durch, denn sie entscheiden am Ende maßgeblich über die Restaurierungsgüte und sind ein wichtiger Bestandteil der Fahrzeuggeschichte. Nicht zuletzt bei der Gutachtenerstellung und Fahrzeugwertermittlung ist eine perfekte Dokumentation der Vorher/Nachher-Situation ein großer Vorteil. Für die Restaurierung in den Top-Zustand sind sorgfältiger Befund und Dokumentation ein absolutes Muss!

Baugruppen Nr.	Teile-/Baugruppenbezeichnung	Ersatzteil-Nr. aus Ersatzteilkatalog	Bild-Nr. Ersatzteilkatalog	Foto-Nr.	Menge	Einheit	fehlt	zerstört	Korrosion	beschädigt/defekt	nicht fachgerecht	in Ordnung	aufbereiten	instandsetzen	anfertigen	strahlen	verzinken	lackieren	verchromen	Zukauf	neues Originalteil	gebrauchtes Originalteil	Nachfertigung	alternatives Teil	Besonderheiten
Bgr. 1	**Motor**																								
1	Sechskantschraube Motoraufhängung hinten	M8 x 55 (Gw20,Sw14)	2	56	1	Stk			x	x						x	x								
1	Federscheibe (DIN 137)	A8	3	57	1	Stk	x													x				x	weiß verzinkt
1	Sechskantmutter	M8 x 55 (sw14)	4	57	1	Stk			x	x						x	x								weiß verzinkt
1	Federscheibe (DIN 137)	B8	5	57	4	Stk	x													x				x	weiß verzinkt
1	Sechskantmutter für Motoraufhängung vorne	M8	6	58	2	Stk			x	x								x							
Bgr. 2	**Kurbelgehäuse**																								
2	Kurbelgehäusehälfte links	011109488	2	62	1	Stk			x							x									
2	Stiftschraube für Zylinderbefestigung	011097755	3	63	2	Stk		x												x	x				
2	Stiftschraube für Kettenschutzblechbefestigung (DIN 940)	M6x10	4	64	1	Stk		x												x	x				
2	Stiftschraube für vordere Motoraufhängung (DIN 940)	M8x24	5	64	2	Stk	x				x									x			x		Schrauben statt Stiftschrauben
2	Büchse für Kupplungswelle	011095788	6	65	1	Stk						x													
2	Kurbelgehäusehälfte rechts	011109489	7	66	1	Stk				x						x									

Bild 210: Beispiel einer Liste für Baugruppen- und Teilebefund am Beispiel einer NSU Quick.

Ersatzteilbeschaffung

Die Beschaffung von Ersatzteilen wird gerade von Neueinsteigern häufig stark unterschätzt. Auch in Zeiten der weltweiten elektronischen Kommunikation kann sie für manche Fahrzeuge schwierig, zeitaufwändig und teuer werden. Das gilt besonders, wenn es sich um seltene Fahrzeugmodelle handelt. Existieren für die zerstörten Bauteile und Baugruppen keine Dokumente mehr, die zur Nachfertigung herangezogen werden können, kann es besonders kostenintensiv werden.

Die Ersatzteilbeschaffung ist in der Regel eine Mischung aus mehreren Quellen (vgl. Dingfelder, 2007)

1. eigene Reparatur und Aufbereitung der Originalteile
2. Reparatur und Aufbereitung von Originalteilen durch Fremdvergabe
3. Erwerb von Originalersatzteilen beim Automobilhersteller (Classic-Abteilungen)
4. Erwerb von Originalteilen beim Zulieferer (z. B. Bosch)
5. Erwerb von Gebrauchtteilen und Aufbereitung
6. Erwerb von im Handel erhältlichen Nachbauteilen
7. Erwerb von gleichen oder ähnlichen Neuteilen
8. Erwerb von Neuteilen mit ähnlicher Funktion

Dabei hängt es selbstverständlich vom jeweiligen verfügbaren Budget und dem angestrebten Endzustand ab, welche Ersatzteile erworben werden sollen. Im Idealfall könnten alle Originalteile bis auf die Verschleißteile wieder aufbereitet werden. Das ist allerdings selbst bei Fahrzeugen im 3er-Zustand nicht zu erwarten.

Vorzuziehen ist der Erwerb von originalen Teilen direkt beim Automobilhersteller oder Zulieferer. Dort erhält man gewöhnlich die volle Herstellergarantie für die Ersatzteile. Außerdem sorgen herstellerspezifische Funktions- und Qualitätsprüfungen für mindestens Original-Qualität. Gute Gebrauchtteile, die zum Aufbereiten geeignet sind, können durchaus eine entsprechende Alternative zum Neuerwerb sein. Zuweilen wird sie sogar notwendig sein, wenn keine Neuteile oder Nachbauteile auf dem Markt angeboten werden. Regelmäßige Oldtimerersatzteilmärkte, Oldtimerclubs und auch das Internet bieten hier regelrechte Fundgruben für Preisschnäppchen. Allerdings ist Vorsicht geboten. Prüfen Sie immer Preis und Qualität.

Keine Kompromisse sollte man eingehen im Bereich der Sicherheitsbauteile (Bremsen etc.). Der Einbau gebrauchter Teile in Fahrzeugen zur Wahrung der Authentizität darf grundsätzlich nicht so weit gehen, dass das damit verbundene hohe Ausfallrisiko die Verkehrssicherheit beeinträchtigt.

Achtsam sollten man sein, wenn bestimmte rare Teile auf dem Markt teurer angeboten werden als erhältliche Nachbauteile (z. B. Embleme, Kienzle-Uhren, Radio). Mittlerweile tauchen leider immer häufiger Fälschungen (besonders im Internet) auf. Der simple Trick der Betrüger: Nachbauteile werden durch Behandlung mit Laugen oder Säuren und unter Einwirkung der natürlichen Witterung künstlich gealtert, um originale Teile vorzutäuschen.

Besondere Vorsicht ist geboten beim Erwerb von Gummiteilen wie Gummilagern an Achsen, Motor und Getriebe. Verwendet werden sollten möglichst immer Originalersatzteile vom Hersteller oder Zulieferer. Zu groß ist sonst die Gefahr, dass die Teile nicht beständig gegenüber Betriebsstoffen, Temperatur oder Vibrationen sind und nach kurzer Zeit verspröden oder reißen.

Bild 211: Oldtimerteilemärkte sind oftmals wahre Fundgruben – mit etwas Glück kann viel Geld gespart werden.

Dasselbe gilt für alle Dichtungen, die die Aufgabe haben, dem Austritt von Betriebsflüssigkeiten entgegenzuwirken. Sie müssen ihren jeweiligen Zweck nachhaltig erfüllen und beständig sein gegenüber den jeweiligen Betriebsflüssigkeiten (z. B. Kraftstoff, Öl, Bremsflüssigkeit oder Kühlflüssigkeit). Beispielsweise gibt es für Vergaser und Einspritzanlagen billige Nachbaudichtungen am Markt, die nach kurzer Zeit durch Kraftstoffeinwirkung weich werden und in der Folge der Motor Falschluft zieht.

In diesen Zusammenhang leidlich selbst erfahren haben wir die schlechte Qualität von nachgefertigten Kraftstofffiltern aus Papier, den wir bei einem namhaften Anbieter von Mercedes-Oldtimerteilen erworben haben. Nach nur einer Saison sorgte das Benzin dafür, dass sich der Filter zersetzte und Papierkrümel die Benzinleitung verstopften.

Altteile sollte man auf jeden Fall bis zum Schluss aufheben. Das gilt nicht nur für defekte Aggregate, Blechteile etc., sondern auch für alte Dichtungen, Gummi, Dämmmaterialien, Kabel, Stecker etc. Die Erfahrung zeigt nämlich, dass bis zur Endmontage und den ersten Testfahrten das eine oder andere neue Teil mit dem alten verglichen werden muss. Bei der Restaurierung des 190 SL waren beispielsweise die gebrauchten Blinkerfassungen vom Gebrauchtteilemarkt nicht komplett, konnten aber mit den Altteilen ergänzt werden. Ebenso dienten der alte Kabelbaum mit Kontakten, sämtliche Verkleidungen oder Dämmmaterialien als Muster für den Neueinbau.

Ist die Restaurierung vollständig abgeschlossen und ein gutes Stück Zeit mit ausreichend vielen Ausfahrten vergangen, kann man sich getrost vom alten Plunder trennen. Den definieren Sie nach Platzangebot selbst. Denken Sie dabei aber durchaus sehr langfristig. So manches Teil kann nach Jahrzehnten richtig wertvoll werden, ob monetär oder emotional. Ein altes vergammeltes Lenkrad oder ein defektes, aber stilvolles Rundinstrument kann durchaus einmal eine kleine Kostbarkeit werden.

Info kompakt: Originalteil versus Nachbauteil

Seit mehreren Jahren bieten namhafte Hersteller wie BMW, Volkswagen, Porsche und Mercedes über ihre Klassikabteilungen zunehmend Originalteile für ihre

Klassiker an. Auch Automobilzulieferer wie Bosch ziehen nach und erkennen den steigenden Bedarf an Dienstleistungen und Ersatzteilen. Für manche Modelle sind sogar alle Verschleißteile wieder verfügbar. Andere Teile werden nach strengen Herstellerrichtlinien neu aufgelegt und sorgen für »Original-Qualität«. In vielen Fällen sind die Qualität und Zuverlässigkeit sogar höher, da heutige Werkstoffe robuster und zuverlässiger sind und die Herstellungsprozesse größere Genauigkeit zulassen.

In einer Studie des Allianz Zentrum für Technik wurden Oldtimer-Experten befragt, ob ihnen Schäden bekannt sind, die durch minderwertige Nachbauteile entstanden sind. Mehr als die Hälfte der Experten bejahten diese Frage. Meist waren es kostenintensive Folgeschäden. Verkehrsunfälle blieben glücklicherweise aus.

Besonders die Hersteller, Restaurierungsbetriebe und Werkstätten verfügen wegen der hohen Frequenz von Fahrzeugreparaturen über reichlich negative Erkenntnisse. Folgende Beispiele zu Schäden durch qualitativ schlechte Nachbauteile wurden von den Experten genannt:

Fahrwerk und Bremsen

- Gebrochene Achsteile wie Achsschenkel und Radlagerschäden bei diversen Fahrzeugen
- Unsachgemäß gelötete oder geschraubte Verbindungen bei nachgefertigten Bremsseilen
- Zu niedrige Temperaturfestigkeit bei Bremstrommeln führten zu Rissen
- Mindere Qualität von Nachbauteilen aus den USA besonders bei Teilen der Lenkung, Radaufhängung, Abgasanlagen, Räder/Reifen und Bremsen
- Bremsgerät fällt nach bestimmter Zeit aus (Bremsgerät T50 für Mercedes 190 SL)
- Minderwertige Nachbaufelgen führen zum Lösen der Felgenschüssel oder Bruch

Bild 212: Nachgefertigte Teile mit schlechter Qualität können im schlimmsten Fall zum Fahrzeugbrand führen (*AZT*).

- Reifen ohne Betriebsgenehmigung und ohne Tragfähigkeits- und Geschwindigkeitseignung
- Versprödungen beim Verzinken hochvergüteter Schrauben mit einer Festigkeitsklasse größer 8.8; beispielsweise Bruch von Schrauben am Fahrwerk

Motor

- Billig nachgefertigte Kettenspanner aus »Kuchenblech«, zahlreiche schlechte Nachbauteile und daraus resultierende Schäden häufig bei englischen Fahrzeugen
- Kühlmittelverlust durch minderwertige Wasserpumpe bei einem BMW
- Minderwertige Kurbelwellendichtringe und defekte Zündschlösser beim Mercedes Benz W100
- Motorschaden bei einem Porsche 911 durch minderwertige Dichtungen und Schrauben
- Undichte Benzineinspritzsysteme aufgrund falscher Dichtungen (kann zu Brand und Verpuffungen führen)
- Motorschaden durch Ölstau bei Verwendung billiger Ölfilter (Verklebung löst sich auf)
- Motorschäden durch die Verwendung minderwertiger Kolben, Pleuel, Zylinder, Lager und anderer Bauteile
- Liegenbleiben aufgrund einer billig nachgefertigten Zündspule.

Die Auswahl der Schadenbeispiele zeigt, dass minderwertige Nachbauteile nicht selten einen großen Schaden anrichten können und am Ende teurer kommen als das vermeintlich teurere Originalteil.

Herstellerspezifische Funktions- und Qualitätsprüfungen sorgen für Original-Qualität. Auch unsere Erfahrungen sind: Die Verwendung von Originalteilen erhält den Wert und die Originalität Ihres Fahrzeugs und garantiert nachhaltig höchste Sicherheit.

* * *

Unterstützung durch den Fachbetrieb

Angesichts der hohen Komplexität einer Teil- und Vollrestaurierung und der Vielzahl unterschiedlicher Gewerke ist wohl überwiegend die Unterstützung durch einen oder mehrere Fachbetriebe erforderlich. Der größte Kostenanteil entsteht dabei im Regelfall durch den Arbeitsaufwand bei der Restaurierung. Es ist daher sehr wichtig den richtigen Fachbetrieb zu beauftragen, der höchste Qualität termingerecht zu einem adäquaten Preis verrichten kann. Auf das Thema einstimmen soll folgendes Fallbeispiel.

Fallbeispiel

Herr Müller (Name geändert) erwarb ein VW Käfer Cabriolet im 4er-Zustand, das er restaurieren lassen wollte. In der Nähe seines Wohnortes überließ er das Fahrzeug einer freien Kfz-Meisterwerkstatt, die mit Reparaturen und Fahrzeuginstandsetzungen aller Art warb. Der Inhaber gab an, schon einmal einen VW Käfer voll restauriert zu haben. Mit dem Meister besprach Herr Müller in groben Zügen die erforderlichen Instandsetzungsarbeiten. Die mündliche Vereinbarung: Das Fahrzeug sollte für zirka 8000 Euro in einen 2er-Zustand restauriert werden. Die Werkstatt verlangte den vereinbarten Instandsetzungspreis im Voraus.

Als Herr Müller seinen Oldtimer nach sechs Monaten abholen wollte, kam das böse Erwachen. Selbst als Nichtexperte erkannte er die mangelhafte Qualität der Restaurierung. Ob Karosseriearbeiten am Unterboden und der Beplankung, Spaltmaße an den Türen oder die Stoffbezüge der Sitze, überall war zu erkennen, dass

Bild 213: Nur einem ausgewählten Fachbetrieb sollte man Gewerke der Restaurierung überlassen (*Fritz Wallner*)

nur mäßig restauriert wurde. Ebenso war die neue Lackierung des roten Käfers übersät mit Staubkorneinschlüssen. Zu seiner Überraschung kam schließlich hinzu, dass die Rechnung 5000 Euro über dem vereinbarten Preis lag. Ein Streit war also unabwendbar, allerdings bedauerlicherweise mit schlechten Aussichten für Herrn Müller.

Untersucht man diesen Fall genauer, lässt sich feststellen, dass Herr Müller eine Reihe von Fehlern gemacht hat, die leicht vermeidbar gewesen wären. Sein erster Fehler war die mangelnde Prüfung der Werkstatt hinsichtlich der Erfahrungen mit Restaurierungsarbeiten. Eine nicht auf Restaurierung spezialisierte Werkstatt ist gewöhnlich handwerklich selten in der Lage gute Restaurierungsarbeiten durchzuführen. Zu groß ist die Belastung im täglichen Geschäft mit Kundendienst, Wartung und kleinen Reparaturarbeiten. Komplexe Gewerke, die bei einer Restaurierung erforderlich sind, bleiben dabei häufig auf der Strecke.

Zweitens: Rechtlich gesehen ist eine Restaurierung eines Oldtimers nichts anderes als eine Art Fahrzeugreparatur. In Deutschland findet hier das so genannte »Werkvertragsrecht« Anwendung. Zwischen Fahrzeugeigentümer und Reparaturwerkstatt wird ein Vertrag abgeschlossen, bei dem sich die Werkstatt zur Herstellung des versprochenen Werks und der Besteller bzw. Fahrzeugeigentümer zur Entrichtung der vereinbarten Vergütung verpflichten. Zusätzlich gibt es weitere Nebenpflichten für die Vertragsparteien, beispielsweise haftet der Unternehmer für Diebstahl oder durch ihn oder Dritte verursachte Schäden während der Reparaturzeit. Ein Werksvertrag sollte also unbedingt schriftlich abgefasst werden und wichtige Punkte wie Versicherung und Qualitätsmerkmale der Restaurierung definieren. Wird dazu ein Vordruck verwendet, so ist dieser genau zu prüfen, in Zweifelsfällen mit gegenseitigem Einverständnis abzuändern und schriftlich zu akzeptieren.

Schließlich wird bei Restaurierungsarbeiten gewöhnlich ein Zahlungsplan mit Teilzahlungen vereinbart, die nach Restaurierungsfortschritt fällig werden. Die Fälligkeit tritt demnach erst dann ein, wenn der Besteller das vom Unternehmer erbrachte Werk als ordnungs- und vertragsgemäß abgenommen hat. Ist die Restaurierungsleistung mangelhaft, muss selbstverständlich der vereinbarte Preis nicht bezahlt werden.

Mit einem schriftlichen und verbindlichen Kostenvoranschlag und einem Werksvertrag hätte Herr Müller das Recht auf Nacherfüllung oder Mängelbeseitigung durch Dritte gehabt. Außerdem hätte er den Rechnungsbetrag mindern, vom Vertrag zurücktreten und sogar Schadenersatz fordern können. Das Beispiel zeigt, wie bedeutend die richtige Auswahl und Beauftragung eines Fachbetriebes ist. Damit Ihnen das möglichst nicht passiert, stellen wir im Folgenden dar, auf was es ankommt.

Bild 214: Beste Rahmenbedingungen für Mercedes Klassiker bietet die Werkstatt von Fritz Wallner in München.

Der erste Eindruck zählt?

Dass der erste Eindruck zählt, ist sicher nicht von der Hand zu weisen. Allerdings erfordert die Restaurierung historischer Fahrzeuge oder Baugruppen besondere Kompetenz, die sich von der für die reine Fahrzeugreparatur oder für sonstige fahrzeugbezogene Berufe deutlich unterscheidet (siehe Seite 20). Bei der Auswahl des Fachbetriebes sollte man sich demnach keinesfalls nur auf den ersten Eindruck verlassen.

Fakt ist, dass Sie Ihr wertvolles Objekt jemandem über einen längeren Zeitraum anvertrauen und damit auch gleichzeitig eine längere Beziehung mit dem Fachbetrieb eingehen. Schon deshalb sollten Sie Ihr Fahrzeug nur in die besten Hände geben. Ein Nachweis von Kompetenz, Vertrauenswürdigkeit und Seriosität des Fachbetriebes ist unerlässlich. Referenzen und Restaurierungsbeispiele, am besten für das spezifische Modell, sollten möglichst nachgewiesen werden können. Der Restaurierungsbetrieb muss außerdem über detaillierte Kenntnisse der Grundsätze der Restaurierung und des Schutzes sowie der Behandlung von Kulturgut haben und individuell beraten können.

Gefragt sind Fachkräfte mit überdurchschnittlichen handwerklichen Fertigkeiten und gleichzeitig interdisziplinäres Hintergrundwissen in den Bereichen Design-, Technik- und Kulturgeschichte. Gleichzeitig sind Faktoren wie Durchhaltevermögen, Begeisterung für die Sache, Organisations- und Planungstalent sowie unternehmerisches Denken und Handeln wichtige Voraussetzungen. Einzelne Fachkräfte, die über die gesamte Kompetenzvielfalt verfügen, sind in der Praxis nur selten anzutreffen. Besonders bei der Vollrestaurierung ist demnach eher der gesamte Betrieb mit Geschäftsführung und Mitarbeitern gefragt, die diese Kompetenzvielfalt gemeinsam vorweisen können.

In Deutschland gibt es erfreulicherweise seit dem Jahr 2009 ein Qualitätssiegel, an dem man sich als Auftraggeber orientieren kann. Der Zentralverband Deutsches Kraftfahrzeuggewerbe (ZDK) vergibt das Zusatzschild »Fachbetrieb für historische Fahrzeuge« an Werkstätten und Autohäuser, die Mitglied in einer fahrzeugtechnischen Innung sind und bestimmte Vergabekriterien erfüllen. Das sind zum Beispiel der Nachweis von Dokumentationsschemen, Kenntnisse über die Ethik und den Erhalt technischen Kulturguts sowie mindestens ein qualifizierter Mitarbeiter und mindestens ein spezialisierter Arbeitsplatz.

Selbstverständlich spielen auch die so genannten »weichen Faktoren« eine Rolle, wie freundliches und höfliches Auftreten, neutrale und absichtslose Beratung, Pünktlichkeit, Zuhören können, ausgeprägtes Qualitätsbewusstsein, Vertrauenswürdigkeit, Hilfsbereitschaft und problemlösungsorientiertes Handeln.

Bild 215: In dieser Werkstatt sind Ferrari offensichtlich in guten Händen (*Meilenwerk Berlin*).

Beratungsgespräch

Einen guten Eindruck über die Kompetenz und Professionalität eines Fachbetriebes kann man sich bei einem ersten Beratungsgespräch verschaffen. Dabei sollten das erste Gespräch und der erste Fahrzeugbefund im Restaurierungsbetrieb vor Ort stattfinden. Dort können Referenzobjekte und Muster gezeigt werden, Sie sehen, mit wem Sie es zu tun haben, können die Mitarbeiter kennen lernen und haben die Möglichkeit, den Fahrzeug- oder Baugruppenbefund besser durchzuführen (z. B. mit Hebebühne, Spezialwerkzeugen). Ein gutes Beratungsgespräch zeichnet sich aus, wenn folgende Merkmale erfüllt werden:

- auf Ihre Vorstellungen, Wünsche und Ziele eingegangen wird
- eine strukturierte und zielgerichtete Gesprächsführung stattfindet
- genügend Zeit für das Gespräch eingeplant wird
- so lange nachgefragt wird, bis eindeutig geklärt ist, was erwartet wird
- Sie neutral beraten und überzeugt werden und Sie keinesfalls den Eindruck gewinnen, dass Sie überredet werden
- Ihre Meinung und der Geschmack akzeptiert werden
- Referenzen über bestehende abgeschlossene Aufträge existieren, bei denen Sie sich ggf. über Adresse und Telefonnummer selbst erkundigen können
- Arbeitsbeispiele oder Muster vorliegen
- die Werkstatt für eine Besichtigung offen ist
- die Werkstätte sauber und in Ordnung ist
- das Erscheinungsbild der Mitarbeiter gepflegt ist
- die Mitarbeiter gegebenenfalls in die Beratung mit einbezogen werden, die sich später mit Ihrem Fahrzeug beschäftigen
- alternative Lösungsvorschläge zur Entscheidung unterbreitet werden
- alle Absprachen mit Ihnen dokumentiert werden
- eventuell die Teilnahme bei der Restaurierung ermöglicht wird

Am Ende des Beratungsgespräches sollten Sie das Gefühl haben, möglichst genau zu wissen, was auf Sie zukommt. Im Idealfall liefert Ihnen der Fachbetrieb dann zeitnah ein strukturiertes, ausführliches und systematisch erstelltes verbindliches Auftragsangebot, das später in einen Werkvertrag mit zusätzlichem Pflichtenheft mündet.

Angebot

Die Angebotserstellung der Restaurierung von Fahrzeugbaugruppen ist im Gegensatz zu reinen Reparaturangeboten weit schwieriger. Gründe dafür sind der hohe zeitliche und finanzielle Aufwand, die großen Zeiträume, verdeckte Schäden, die Vielzahl von Teilen, die nicht selten langwierige und teure Teilebeschaffung und die Vergabe von Unteraufträgen an Spezialisten. Leider werden in der Praxis immer wieder Angebote für Restaurierungsaufträge mit Terminen und Preisen erstellt, die nicht einhaltbar sind. Das liegt zum einen daran, dass die Restaurierungsbetriebe Aufträge generieren wollen und deshalb lieber niedrige Preise und Zeiträume angeben. Zum anderen aber schlichtweg auch an der nicht sorgfältigen Analyse des Restaurierungsobjektes.

Bei der Angebotserstellung unterscheidet man grundsätzlich folgende drei verschiedenen Varianten, die alle ihre Vor- und Nachteile haben:

1. Angebot mit Festpreis und Terminobergrenzen (verbindlicher Kostenvoranschlag)
2. Angebot in zwei, drei oder mehreren Teilaufträgen
3. Regievereinbarung

Das Angebot mit einem Festpreis und Terminobergrenzen wird meist mit einem genügend hohen Aufschlag versehen, so dass es vom Restaurierungsbetrieb einhaltbar ist. Der Vorteil für den Auftraggeber ist, dass er bereits im Vorfeld mit einem klaren, verpflichtend gültigen Finanzbedarf rechnen und planen kann. Der Nachteil ist allerdings, dass im Falle von auftretenden Problemen (z. B. versteckte Schäden) eventuell ein Preis- und/oder Zeitdruck entsteht, der in der Folge negativen Einfluss auf die Qualität der Restaurierung haben kann.

Bei der Variante 2 wird im Regelfall für einen ersten Vorauftrag ein Angebot erstellt, das mindestens folgende Arbeiten umfasst: Zerlegen, Entlacken und Entrosten der Baugruppe bzw. des Fahrzeugs sowie die sorgfältige Analyse und Dokumentation der vorhandenen und fehlenden Bauteile. Auf dieser Basis werden anschließend ein oder mehrere weitere Angebote für die nächsten Arbeitsschritte der Restaurierung erstellt. Diese Variante hat den Vorteil, dass die sorgfältige Vorarbeit ein klares Bild über die Qualität und erforderliche Tiefe der Restaurierung sowohl für den Restaurierungsbetrieb als auch für den Auftraggeber liefert. Nachteil ist allerdings, dass zu Beginn der Restaurierungszeitraum und die anfallenden Gesamtkosten noch unbekannt sind und im schlimmsten Fall, bei zu hohem Kostenumfang, die Arbeiten abgebrochen werden müssen.

Die dritte Möglichkeit der reinen Regievereinbarung gibt vor, dass der Restaurierungsbetrieb vollständige Verantwortung über die Restaurierung übernimmt. Diese Variante findet meist nur dann Anwendung, wenn bereits eine Vertrauensbasis zwischen Restaurierungsbetrieb und Auftraggeber existiert, und wenn der mögliche Kostenrahmen weitgehend von beiden Seiten bekannt ist und von vornherein akzeptiert wird.

Selbstverständlich können auch Mischformen aus den drei beschriebenen Angebotsvarianten vereinbart werden, um das Risiko individuell anzupassen.

Pflichtenheft

Bei umfangreichen Restaurierungsarbeiten sollte neben dem Werkvertrag möglichst ein separates Pflichtenheft vereinbart werden. Das Pflichtenheft wird gewöhnlich vom Auftragnehmer formuliert und wird auf dessen Wunsch vom Auftraggeber bestätigt. Es beschreibt die Gesamtheit der Forderungen an die Lieferungen und Leistungen innerhalb eines Auftrages. Idealerweise sollten also erst nach der Bestätigung die eigentlichen Restaurierungsarbeiten beginnen.

Folgende Positionen sollten im Pflichtenheft mindestens festgelegt werden und mit Ihren persönlichen Restaurierungszielen, den Randbedingungen sowie der Realisierbarkeit abgeglichen werden (vgl Dingfelder, 2007). Zweckmäßig ist es dabei, die einzelnen Punkte gemeinsam mit der Restaurierungsfirma zu erarbeiten, damit es zu keinen Missverständnissen kommt:

- Fahrzeugverwendung
- Fertigstellungstermin
- Meilensteine bei komplexen Gewerken oder Vollrestaurierung
- Preisobergrenze (mit Sicherheitszuschlag)
- Versicherungsdetails (z. B. gegen Brand und Diebstahl)
- Haftungsaspekte
- Qualitätsanforderung (Zustandsnote nach Restaurierung)
- Materialien (z. B. Lederqualität für Innenausstattung, Konservierungsstoffe)
- Ersatzteilbeschaffung (z. B. Original, Nachfertigung)
- Vergabe von Unteraufträgen durch den Auftragnehmer an Dritte
- Spezielle Arbeitsverfahren (z. B. Entlackungsverfahren, Galvanik, Schweißverfahren, Teilenachfertigung)
- Garantievereinbarungen
- Art der Dokumentation in Wort und Schrift
- Besichtigungen, Zwischenabnahmen
- Verbleib der ausgetauschten Teile
- Vertragsänderungen und Nachträge

Auftragserweiterung

Treten verdeckte Schäden auf oder sind etwa bestimmte Teile nicht auf dem Markt verfügbar, ist eventuell eine Auftragserweiterung erforderlich. Gemäß dem Zentralverband des Deutschen Kraftfahrzeuggewerbes ZDK sind hier die meisten gerichtlichen Auseinandersetzungen zu verzeichnen. Bei der Auftragserteilung sollte hierzu im Vertrag unbedingt eine eindeutige Vereinbarung getroffen werden. Üblicherweise wird im Vertrag schriftlich vereinbart, dass über einem bestimmten Kostenaufwand in Prozent der Auftraggeber benachrichtigt wird. Bei Restaurierungen ist es zweckmäßig, dies an die Meilensteine oder jeweiligen Arbeitsauftragseinheiten (z. B. Restaurierung Karosserie, Motor, Getriebe) zu koppeln.

Zahlungsvereinbarung

Bei größeren Restaurierungsarbeiten wird gewöhnlich ein Zahlungsplan mit Abschlagszahlungen vereinbart, die entsprechend dem Restaurierungsfortschritt fällig werden. Dies hilft Ihnen als Auftraggeber und der Restaurierungswerkstätte gleichermaßen. Denn die Fälligkeit der Zahlung tritt jeweils erst dann ein, wenn der Besteller das vom Unternehmer erbrachte Werk als ordnungs- und vertragsgemäß abgenommen hat. Zudem ist die Firma in der Lage, mit einer angemessenen Vorauszahlung für den Ersatzteilekauf und Arbeit in Vorleistung zu gehen.

Zweckmäßig ist es dabei, den Zahlungsplan eng an die Projektmeilensteine zu binden (siehe Beispiel in Tabelle 9). Jeder dieser voraussichtlichen Zahlungstermine ist dann mit einer Zwischenabnahme verbunden, bei der Sie die Möglichkeit haben, die Gewerke hinsichtlich der Qualität zu prüfen und gegebenenfalls Nachbesserung zu verlangen. Ist die Restaurierungsleistung mangelhaft, muss selbstverständlich die verein-

Kfz-Reparaturbedingungen

Meisterbetrieb der Kfz-Innung

Bedingungen für die Ausführung von Arbeiten an Kraftfahrzeugen, Anhängern, Aggregaten und deren Teilen und für Kostenvoranschläge

Unverbindliche Empfehlung des Zentralverbandes Deutsches Kraftfahrzeuggewerbe e.V. (ZDK)
Stand: 03/2008

I. Auftragserteilung

1. Im Auftragsschein oder in einem Bestätigungsschreiben sind die zu erbringenden Leistungen zu bezeichnen und der voraussichtliche oder verbindliche Fertigstellungstermin anzugeben.
2. Der Auftraggeber erhält eine Durchschrift des Auftragsscheins.
3. Der Auftrag ermächtigt den Auftragnehmer, Unteraufträge zu erteilen und Probefahrten sowie Überführungsfahrten durchzuführen.

II. Preisangaben im Auftragsschein; Kostenvoranschlag

1. Auf Verlangen des Auftraggebers vermerkt der Auftragnehmer im Auftragsschein auch die Preise, die bei der Durchführung des Auftrags voraussichtlich zum Ansatz kommen.

   Preisangaben im Auftragsschein können auch durch Verweisung auf die in Frage kommenden Positionen der beim Auftragnehmer ausliegenden Preis- und Arbeitswertkataloge erfolgen.
2. Wünscht der Auftraggeber eine verbindliche Preisangabe, so bedarf es eines schriftlichen Kostenvoranschlages; in diesem sind die Arbeiten und Ersatzteile jeweils im einzelnen aufzuführen und mit dem jeweiligen Preis zu versehen. Der Auftragnehmer ist an diesen Kostenvoranschlag bis zum Ablauf von 3 Wochen nach seiner Abgabe gebunden.

   Die zur Abgabe eines Kostenvoranschlags erbrachten Leistungen können dem Auftraggeber berechnet werden, wenn dies im Einzelfall vereinbart ist.

   Wird aufgrund des Kostenvoranschlages ein Auftrag erteilt, so werden etwaige Kosten für den Kostenvoranschlag mit der Auftragsrechnung verrechnet und der Gesamtpreis darf bei der Berechnung des Auftrags nur mit Zustimmung des Auftraggebers überschritten werden.
3. Wenn im Auftragsschein Preisangaben enthalten sind, muss ebenso wie beim Kostenvoranschlag die Umsatzsteuer angegeben werden.

III. Fertigstellung

1. Der Auftragnehmer ist verpflichtet, einen schriftlich als verbindlich bezeichneten Fertigstellungstermin einzuhalten. Ändert oder erweitert sich der Arbeitsumfang gegenüber dem ursprünglichen Auftrag, und tritt dadurch eine Verzögerung ein, dann hat der Auftragnehmer unverzüglich unter Angabe der Gründe einen neuen Fertigstellungstermin zu nennen.
2. Hält der Auftragnehmer bei Aufträgen, welche die Instandsetzung eines Kraftfahrzeuges zum Gegenstand haben, einen schriftlich verbindlich zugesagten Fertigstellungstermin länger als 24 Stunden schuldhaft nicht ein, so hat der Auftragnehmer nach seiner Wahl dem Auftraggeber ein möglichst gleichwertiges Ersatzfahrzeug nach den jeweils hierfür gültigen Bedingungen des Auftragnehmers kostenlos zur Verfügung zu stellen oder 80% der Kosten für eine tatsächliche Inanspruchnahme eines möglichst gleichwertigen Mietfahrzeuges zu erstatten. Der Auftraggeber hat das Ersatz- oder Mietfahrzeug nach Meldung der Fertigstellung des Auftragsgegenstandes unverzüglich zurückzugeben; weitergehender Verzugsschadenersatz ist ausgeschlossen-, außer in Fällen von Vorsatz oder grober Fahrlässigkeit. Der Auftragnehmer ist auch für die während des Verzugs durch Zufall eintretende Unmöglichkeit der Leistung verantwortlich, es sei denn, dass der Schaden auch bei rechtzeitiger Leistung eingetreten sein würde.

   Bei gewerblich genutzten Fahrzeugen kann der Auftragnehmer statt der Zurverfügungstellung eines Ersatzfahrzeugs oder der Übernahme von Mietwagenkosten den durch die verzögerte Fertigstellung entstandenen Verdienstausfall ersetzen.
3. Wenn der Auftragnehmer den Fertigstellungstermin infolge höherer Gewalt oder Betriebsstörungen ohne eigenes Verschulden nicht einhalten kann, besteht auf Grund hierdurch bedingter Verzögerungen keine Verpflichtung zum Schadenersatz, insbesondere auch nicht zur Stellung eines Ersatzfahrzeuges oder zur Erstattung von Kosten für die tatsächliche Inanspruchnahme eines Mietfahrzeuges. Der Auftragnehmer ist jedoch verpflichtet, den Auftraggeber über die Verzögerungen zu unterrichten, soweit dies möglich und zumutbar ist.

IV. Abnahme

1. Die Abnahme des Auftragsgegenstandes durch den Auftraggeber erfolgt im Betrieb des Auftragnehmers, soweit nichts anderes vereinbart ist.
2. Der Auftraggeber ist verpflichtet, den Auftragsgegenstand innerhalb von 1 Woche ab Zugang der Fertigstellungsanzeige und Aushändigung oder Übersendung der Rechnung abzuholen. Im Falle der Nichtabnahme kann der Auftragnehmer von seinen gesetzlichen Rechten Gebrauch machen.

   Bei Reparaturarbeiten, die innerhalb eines Arbeitstages ausgeführt werden, verkürzt sich die Frist auf 2 Arbeitstage.
3. Bei Abnahmeverzug kann der Auftragnehmer die ortsübliche Aufbewahrungsgebühr berechnen. Der Auftragsgegenstand kann nach Ermessen des Auftragnehmers auch anderweitig aufbewahrt werden. Kosten und Gefahren der Aufbewahrung gehen zu Lasten des Auftraggebers.

V. Berechnung des Auftrages

1. In der Rechnung sind Preise oder Preisfaktoren für jede technisch in sich abgeschlossene Arbeitsleistung sowie für verwendete Ersatzteile und Materialien jeweils gesondert auszuweisen.

   Wünscht der Auftraggeber Abholung oder Zustellung des Auftragsgegenstandes, erfolgen diese auf seine Rechnung und Gefahr. Die Haftung bei Verschulden bleibt unberührt.
2. Wird der Auftrag aufgrund eines verbindlichen Kostenvoranschlages ausgeführt, so genügt eine Bezugnahme auf den Kostenvoranschlag, wobei lediglich zusätzliche Arbeiten besonders aufzuführen sind.
3. Die Berechnung des Tauschpreises im Tauschverfahren setzt voraus, dass das ausgebaute Aggregat oder Teil dem Lieferumfang des Ersatzaggregats oder -teils entspricht und dass es keinen Schaden aufweist, der die Wiederaufbereitung unmöglich macht.
4. Die Umsatzsteuer geht zu Lasten des Auftraggebers.
5. Eine etwaige Berichtigung der Rechnung muss seitens des Auftragnehmers, ebenso wie eine Beanstandung seitens des Auftraggebers, spätestens 6 Wochen nach Zugang der Rechnung erfolgen.

VI. Zahlung

1. Der Rechnungsbetrag und Preise für Nebenleistungen sind bei Abnahme des Auftragsgegenstandes und Aushändigung oder Übersendung der Rechnung zur Zahlung in bar fällig, spätestens jedoch innerhalb 1 Woche nach Meldung der Fertigstellung und Aushändigung oder Übersendung der Rechnung.
2. Gegen Ansprüche des Auftragnehmers kann der Besteller nur dann aufrechnen, wenn die Gegenforderung des Bestellers unbestritten ist oder ein rechtskräftiger Titel vorliegt; ein Zurückbehaltungsrecht kann er nur geltend machen, soweit es auf Ansprüchen aus dem Auftrag beruht.

   Der Auftragnehmer ist berechtigt, bei Auftragserteilung eine angemessene Vorauszahlung zu verlangen.

Bild 216: Auszug aus Kfz-Reparaturbedingungen – Unverbindliche Empfehlung des Zentralverbandes Deutsches Kraftfahrzeuggewerbe e. V. (*ZDK*).

Zahlung nach Projektfortschritt Meilenstein	voraussichtliche Fälligkeit	voraussichtliche Zahlungshöhe (netto)
Vorauszahlung	Vertragsbeginn	z. B. 30 % gemäß Kostenvoranschlag
1. Teilzahlung Rahmen/Karosserie	nach 6 Monaten	5000 Euro
2. Teilzahlung Lackierung	nach 9 Monaten	4000 Euro
3. Teilzahlung Motor	nach 12 Monaten	3500 Euro
4. Teilzahlung Getriebe	nach 14 Monaten	800 Euro
n. Teilzahlung …		…
Restzahlung nach Endabnahme (z. B. nach Fahrzeugzulassung)	nach 18 Monaten	z. B. 20 % der Gesamtkosten

Tabelle 9: Zahlungsplan (schematisch) mit voraussichtlichen Terminen/Zahlungen bei Auftrag für Vollrestaurierung.

barte Leistung nicht bezahlt werden. Die Restzahlung erfolgt auf die Abschlussrechnung nach restloser, ordnungsgemäßer Erbringung aller Leistungen und nach Anerkennung und Endabnahme von Ihnen. Bei einer Vollrestaurierung ist es sinnvoll, die Endabnahme nach erfolgter positiver Begutachtung durch den TÜV und der Zulassung durchzuführen.

Je genauer Sie gemeinsam mit der Restaurierungsfirma die Meilensteine und voraussichtlichen Termine und Zahlungshöhen planen, desto weniger Schwierigkeiten gibt es für beiden Seiten hinsichtlich der finanziellen Planungssicherheit. Es lohnt sich also, die Zahlungsbedingungen möglichst genau im Vorfeld zu definieren.

Vertragsvereinbarungen

Sobald Sie mit dem verbindlichen Angebot einverstanden sind und beide Parteien mit Pflichtenheft und Zahlungsvereinbarungen übereinstimmen, folgt der Abschluss eines Werkvertrages mit dem Restaurator. Die Wirksamkeit eines Vertrages wäre zwar grundsätzlich nicht an eine bestimmte Form gebunden, sie könnte auch mündlich erfolgen. Allerdings ist hier dringend die Schriftform in doppelter Ausfertigung zu empfehlen, einschließlich aller Anhänge wie Angebot, Pflichtenheft, Wertgutachten (vor der Restaurierung) etc., damit im Zweifel bei Streitigkeiten ein Nachweis über getroffene Vereinbarungen erbracht werden kann. In diesem Zusammenhang ist es auch wichtig, die Allgemeinen Geschäftsbedingungen der Firma zu lesen und sich Unklarheiten erläutern zu lassen (vgl. Auszug Kfz-Reparaturbedingungen links).

Restaurierung im Ausland

Die Restaurierung von Oldtimern im Ausland ist heute längst kein »Geheimtipp« mehr. Seit viele unserer osteuropäischen Nachbarländer wie Slowenien, Tschechien, Polen und Ungarn Mitglieder in der Europäischen Union sind, fallen für Dienstleistungen keinerlei Zollgebühren mehr an. Für Restaurierungsarbeiten sind damit lediglich die Restaurierungsrechnungen einsch-

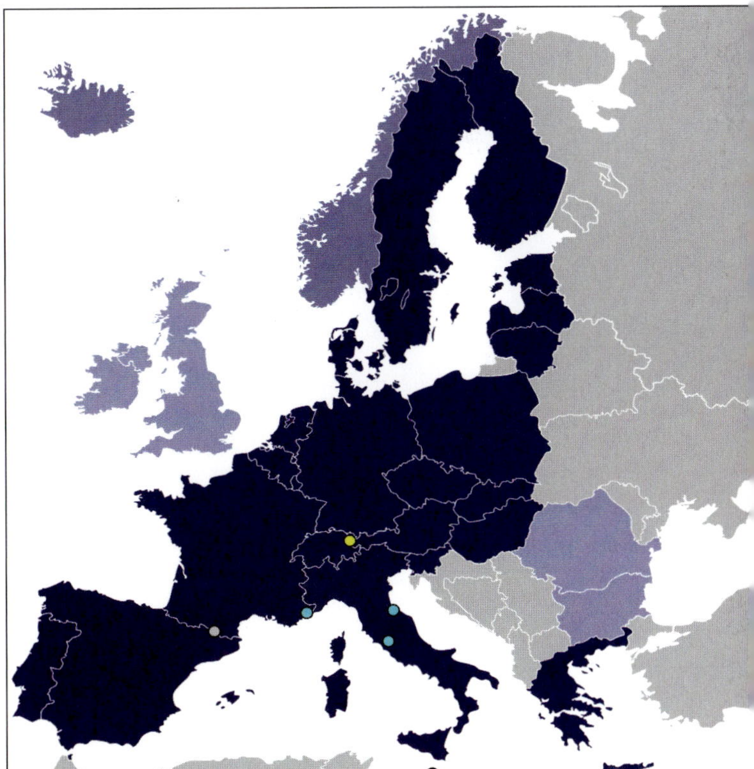

Bild 217: Die Staaten des Schengener Abkommens – Vollanwenderstaaten in dunkelblau (Stand: 2010).

ließlich der Mehrwertsteuer des jeweiligen Landes zu bezahlen.

Auch das Schengener Abkommen und die damit verbundene Abschaffung der stationären Grenzkontrollen an den Binnengrenzen der EU hat die Situation deutlich verbessert. Der Transport von Fahrzeugen und Teilen sowie die regelmäßige Besichtigung des Restaurierungsfortschrittes haben sich vereinfacht. Berücksichtigt werden müssen allerdings nach wie vor Reise-, Übernachtungs- und Transportkosten.

Wie im Erfahrungsbericht in ab Seite 29 nachzulesen ist, haben wir als Auftraggeber sehr gute Erfahrungen in Ungarn gemacht. Die professionelle Zusammenarbeit mit Zsolt bei der Restaurierung des Mercedes 190 SL hat schließlich auch zur Erstellung dieses Buches geführt. Auch aus dem Freundeskreis hören wir oft Lob rund um die Teil- und Vollrestaurierung im europäischen Ausland. So manche negative Meldungen in Internet Foren geben allerdings auch Anlass zur gesunden Skepsis. Wenn etwa geschrieben wird, dass sich bei der Restaurierung laufend die Kosten erhöhten, die Qualität der Restaurierung mangelhaft war oder sich die Restaurierungszeit unverhältnismäßig lang hinausgezögert hat.

Tatsache ist, dass für die Restaurierung im Ausland prinzipiell Ähnliches gilt wie für Fremdarbeiten im Inland. Sie vertrauen Ihr wertvolles Objekt über einen längeren Zeitraum einem ausländischen Fachbetrieb an und gehen damit auch eine längere Beziehung mit dem Unternehmen ein. Der vorherige Nachweis von Kompetenz, Vertrauenswürdigkeit und Seriosität des Betriebes ist deshalb auch hier unerlässlich. Referenzen und Restaurierungsbeispiele, am besten für das spezifische Modell, müssen nachgewiesen werden. Mitglieder von Oldtimer-Clubs können eventuell mir ihren Erfahrungen helfen. Liegen keinerlei Referenzen vor, ist man beraten, zunächst mit kleinen Schritten vorzugehen und eventuell Teilkomponenten in Auftrag zu geben. Die Besichtigung vor Ort und ein persönliches Gespräch sind in jedem Fall unerlässlich.

Bei der Gestaltung des Werkvertrages, des Pflichtenheftes und der Zahlungsvereinbarungen sollte man mögliche Sprachprobleme, die spezifische Rechtslage und die Versicherungsbedingungen in den jeweiligen Ländern berücksichtigen. Auf Nummer sicher geht derjenige, der für die Vertragsgestaltung einen Rechtsexperten einschaltet, der die länderspezifischen Rahmenbedingungen kennt und bei der Vertragsgestaltung in englischer oder deutscher Sprache oder gegebenenfalls sogar zweisprachig hilft.

Wissenswertes für die Restaurierung

An dieser Stelle des Buches war von uns einmal ein Kapitel mit dem Titel »Restaurierung der einzelnen Baugruppen« vorgesehen. Bei der näheren Betrachtung merkten wir aber bald, dass dies schlicht und einfach ein unmögliches Unterfangen ist. Zu unterschiedlich sind die marken- und modellspezifischen Gewerke für die über zehntausend verschiedenen Fahrzeugtypen. So mancher gut gemeinte Versuch in der bestehenden Literatur mochte bislang auch nicht so wirklich gelingen. Immer fehlt genau die Information, die man für seinen speziellen Klassiker benötigt. Also ließen wir lieber die Finger davon, einen allumfassenden Ratgeber für die unzählbar vielen Baugruppenvarianten zu verfassen und machen stattdessen einen kleinen Ausflug in ein paar Restaurierungsdetails zu den Themen »Rost und Korrosionsschutz«, »Richtig schrauben«, »Schadendiagnose von Motor und Getriebe«, »Nachfertigung von Baugruppen und Teilen«, »Räder und Reifen«, »Vorkriegsfahrzeug versus Nachkriegsfahrzeug«, »Umrüstung von 6 Volt auf 12 Volt« und »Besser machen als neu«.

Für weiteres Spezialwissen zum individuellen Restaurierungsobjekt sei dem Restaurator geraten, das Wissen darüber sorgfältig zu recherchieren. Quellen des Wissens sind zusammenfassend auf den Seiten 143 ff. aufgelistet.

Rost- und Korrosionsschutz

Schäden durch Korrosion sind bei Oldtimern leider allgegenwärtig. Sicher ein wesentlicher Grund, warum sich die Oldtimerszene dem Thema Rost besonders widmet. Ausnahmen mag es bei toprestaurierten Klassikern geben, aber selbst dort hat sich manchmal an versteckten Stellen schon mikroskopisch klein Korrosion angesetzt. Damit Sie ihr Paroli bieten können, werden in diesem Kapitel die effektivsten Methoden der Rostentfernung und des Rostschutzes vorgestellt. In Info kompakt »Korrosion und Rost« auf Seite 186 erfahren Sie darüber hinaus mehr über die Entstehung von Rost.

Rost entfernen

Für das Entfernen von Rost und Korrosion eignen sich mechanische Verfahren wie Strahltechniken, Schleifen

Bild 218: Verschiedene Werkzeuge zur Rostbeseitigung (*AZT*).

und Bürsten sowie chemische Verfahren. Je nach Ausmaß des Rostbefalls und der Zugänglichkeit der Stellen kommen unterschiedliche Methoden zur Anwendung.

Schleifen und Bürsten

Schleif- und Bürsttechniken dürften den meisten bekannt sein. Der Fachhandel bietet hier eine Reihe von Werkzeugen und Schleifmitteln an, die geeignet sind, Rost und Korrosion zu entfernen. Dazu gehören gewöhnliche Schleifpapiersorten in verschiedenen Körnungen, rotierende Drahtbürsten oder Nylonscheiben zum Einspannen in die Bohrmaschine.

An gut zugänglichen Stellen entfernt man den groben Rost zunächst mit der Drahtbürste. Anschließend verwendet man Schmirgelleinen mit einer Körnung von 60 bis 80 und steigert stufenweise die Körnung. Das feinste Schmirgelpapier sollte allerdings nicht über einer Körnung von 180 liegen, da sonst die Grundier- oder Lackschicht nicht ausreichend haftet.

Für die kleinräumige intensive Behandlung von Roststellen sind schnell rotierende Multifunktionswerkzeuge (10.000 bis 30.000 U/min) gut geeignet, in die verschiedene Aufsätze zum Schleifen und Bürsten eingespannt werden können. Diese Geräte eignen sich nicht nur zum Entrosten von weniger gut zugänglichen Stellen, sondern auch zum Reinigen oder Polieren von Kleinteilen. Achten sollte man unbedingt auf die geeignete Wahl des jeweiligen Aufsatzes. Beispielsweise dürfen bei der Behandlung von weichen Metallen wie Kupfer, Aluminium oder Messing niemals harte Stahlbürsten zum Einsatz kommen. Hierfür sind Messing- oder Kunststoffbürsten gut geeignet.

Tipp: Bei der Behandlung von Rostherden ist es erfahrungsgemäß sinnvoll, auch den Lack der unmittelbaren Umgebung zu entfernen. Nicht selten verbergen sich unter dem scheinbar »gesunden« Lack Roststellen, die bereits den Lack unterwandert haben.

Strahltechnik

Die effektivste Methode zur Entfernung von Korrosion ist die Strahltechnik. Sie wird hauptsächlich bei der Voll- oder Teilrestaurierung eingesetzt. Das jeweilige Strahlgut wird dabei mit sehr hoher Geschwindigkeit auf die Metalloberfläche geblasen und löst je nach Eigenschaft des Strahlguts und der zu strahlenden Oberfläche gleichmäßig das gewünschte Material ab. Manche Strahlmedien haben dabei die Eigenschaft, die Oberflächen sogar zu vergüten. Als Strahlmedium werden heute vor allem Glaspuder, Schlacken, Kunststoffgranulat, Walnussschalen oder Glasperlen eingesetzt. Selbst Trockeneis kommt zum Einsatz. Einige Strahlsubstanzen stellen wir nachfolgend kurz vor. Das Strahlen der Karosserie oder von großen Bauteilen soll-

Bild 219: Sandgestrahlte Karosserie eines Mercedes 300 SL – erster Schritt für eine Vollrestaurierung (*Sandstrahlerei Walleit*).

te man allerdings grundsätzlich den Profis überlassen. Für Hobby-Restauratoren empfiehlt sich eventuell die Anschaffung einer Tischstrahlkabine mit Kompressor, Absaugung und natürlich der entsprechenden Ausrüstung für den Arbeitsschutz.

Sand (heute Glaspuder oder Schlacken): Sand ist nur der Namensgeber der ursprünglichen Strahltechnologie, er wurde wegen seiner gesundheitsschädlichen Eigenschaften als Strahlmittel verboten. Heute werden für die harten Fälle Korund, Glaspuder oder bestimmte Schlacken eingesetzt. Die kleinen Körner haben scharfkantige Oberflächen und reißen auch die letzten Rostherde von der Blechoberfläche. Allerdings wird auch gutes Material abgetragen, was bei einem unvorsichtigen Einsatz leicht zur Schwächung des Bleches führen kann und durch Wellenbildung sichtbar wird. Selbst Profis vermeiden deshalb die Bearbeitung großer Karosserieflächen wie Dächer, Hauben oder Türen. Ein zu beachtender Nachteil ist, dass Glaspuder oder Schlacken Wasser aufnehmen und daher nach der Behandlung von Hohlräumen Bohrlöcher und Gewinde gut ausgeblasen werden müssen. Folgeschäden durch Rostbildung sind sonst vorprogrammiert.

Glasperlen: Das Strahlgut besteht aus kugelförmigen mineralischen Glasperlen (z. B. Korngruppe 0,2 bis 0,4 mm nach DIN 8201) und kann sehr gut zur Reinigung und Verdichtung von weichen Metallen verwendet werden. Durch die kugelförmigen Körner wird die Oberfläche geglättet und gleichzeitig vergütet. Schmutzpartikel können sich nach einer Bearbeitung schlechter ansetzen. Besonders geeignet ist das Strahlgut für Teile aus Aluminiumlegierungen wie Zylinderkopf, Ölwanne, Ventildeckel, Vergasergehäuse oder Wasserpumpengehäuse. Eine Nachbehandlung ist nicht erforderlich.

Bild 220: Solex-Doppelvergaser vor und nach der Vollrestaurierung – Gehäuse wurde mit Glasperlen gestrahlt, Schrauben und Kleinteile galvanisch verzinkt.

Kunststoffgranulat: Das Strahlmedium Kunststoff kommt am besten bei großen Karosserieabschnitten zum Abtragen von Lack und Korrosion zum Einsatz, wobei mit diesem Verfahren das Blech nicht angegriffen wird. Selbst die vom Fahrzeughersteller aufgebrachte Phosphatierung bleibt erhalten. Außerdem ist das Strahlgut bei GFK-Karosserien geeignet. Weitere Vorteile sind: Die Kunststoffkügelchen nehmen kein Wasser auf und sind leicht aus Hohlräumen auszublasen. Eine Komplettzerlegung der zu strahlenden Bereiche ist daher nicht unbedingt erforderlich.

Trockeneis: Besonders schonend ist das Strahlen mit Trockeneis, Rost wird allerdings nicht entfernt. Es handelt sich dabei um ein Granulat aus gefrorenem Kohlendioxid. Durch das schlagartige Abkühlen der Oberfläche beim Auftreffen und der dabei auftretenden Versprödung löst es Lack und Schmutz. Es eignet sich vor allem bei entsprechender Einstellung (Eismenge, Strahlabstand und Druck) zur Ablösung von Unterbodenschutz, ohne dabei darunter liegende Oberflächen wie Lack zu beschädigen. Der große Vorteil ist, dass sich das Trockeneis spurlos verflüchtigt und damit kein Strahlmedium in den Ritzen und Hohlräumen der Karosserie übrig bleibt. Selbst Aggregate wie Motor, Getriebe, Achsen und Bremsanlage können beim Trockeneisstrahlen eingebaut bleiben. Allerdings können Kunststoffe wie Kabelummantelungen beim Strahlen beschädigt werden.

Rostumwandler

Rostumwandler sind flüssige Stoffgemische, die Rost durch einen chemischen Prozess in haltbare Eisen(III)-Verbindungen umwandeln. Sie enthalten heute meist Phosphorsäure bzw. Phosphate als wirksamen Bestandteil. Beim Aufbringen auf die verrostete Metallfläche bildet sich auf der Oberfläche eine dünne, mit dem Grundwerkstoff fest verbundene Metallphosphatschicht. Diese Schicht dient als Haftgrund für eine Grundierung oder Lackbeschichtung und verhindert ein Unterrosten der Lackschicht. Häufig sind im Handel erhältliche Rostumwandler mit Grundierungen gemischt. Dadurch kann der Schritt des Grundierens entfallen und der Lack direkt auf die mit Rostumwandler behandelten Stellen aufgetragen werden. Übrigens hat auch Cola wegen des Phosphorsäuregehaltes eine rostumwandelnde Wirkung, die sich wegen des niedrigen Gehaltes der Säure allerdings in Grenzen hält.

Ein in der Oldtimer-Szene besonders verbreitetes Produkt ist Fertan. Es enthält unter anderem den Wirkstoff Tannin und hat gemäß Hersteller folgende Wirkung: Das Mittel löst den Rost so lange ab, bis es sich mit dem darunter liegenden Metall verbunden hat. Auf der Oberfläche bildet sich eine kompakte Schicht aus Eisen-Tanninverbindungen, die unlöslich sind und eine gute Basis für spätere Rostschutzlackierungen bilden. Da es sich um ein wasserhaltiges Produkt handelt, dringt es überall ein und kann auch in Hohlräumen und Falzen zur Rostbeseitigung verwendet werden.

Besonders wichtig bei der Anwendung ist, dass Fertan auf vollkommen fett- und silikonfreie Oberflächen aufgetragen wird. Dies kann mit einem Pinsel, einer Rolle, einem Schwamm oder bei der Anwendung in Hohlräumen im Sprühverfahren erfolgen.

Gleichzeitig muss bei trockenem Wetter darauf geachtet werden, dass die mit Fertan behandelten Stellen feucht bleiben. Der Rostumwandler wirkt bereits in wenigen Stunden, es ist jedoch empfehlenswert, mindestens 48 Stunden abzuwarten und dann zu prüfen, ob der Rost sich ganz in eine schwarze, kompakte Schicht verwandelt hat. Vor der Lackierung oder Nachbehandlung mit Hohlraum-Wachs sollte die Oberfläche mit einem Wasserstrahl gereinigt werden oder der schwarze Staub, der sich durch die Konversion gebildet hat, mit einem feuchten Lappen abgewischt werden. Die so behandelte Oberfläche kann mit allen Rostschutzmitteln lackiert werden.

Auch für die Behandlung von Hohlräumen ist Fertan grundsätzlich gut geeignet. Allerdings sollte man diese Arbeit unbedingt erfahrenen Restauratoren überlassen, die sorgfältig mit Endoskop, Sonde und einem detaillierten Hohlraumplan des Herstellers vorgehen. Besonders wichtig ist auch hier die gründliche Wasserspülung aller Flächen, damit das Mittel neutralisiert wird, bevor die Flächen mit einem Hohlraum-Wachs zugedeckt werden (siehe auch Seite 189). Eine Informationsbroschüre ist bei Fertan kostenlos verfügbar (www.fertan.de).

Bild 221: Von oben nach unten : Auftragen auf eine fettfreie Fläche mit Pinsel, Ergebnis nach 24 Stunden, Abwaschen mit reichlich Wasser, dunkle Flächen zeigen die Abscheidung von Zink an (Fertan).

Info kompakt: Rost und Korrosion

In der Oldtimerszene wird Rost nicht selten als »Staatsfeind Nummer eins« bezeichnet. Wenn man den Widersacher bekämpfen will, muss man genau wissen, mit wem man es zu tun hat. Was ist also Rost und Korrosion? Unter Korrosion (lateinisch: corrodere = zernagen) versteht man die allmähliche Zerstörung durch elektrochemischen Prozess bei Metallen, Glas, Kunststoff und anderen Werkstoffen. Rost ist hingegen ein Korrosionsprodukt, das aus Eisen oder Stahl durch Oxidation mit Sauerstoff und in Gegenwart von Wasser entsteht.

Im Bild XX ist ein vereinfachtes elektrochemisches Modell der Rostbildung schematisch dargestellt (vgl. Bargel & Schulze, 2006). Auf einer Eisenoberfläche liegt ein Wassertropfen, in den positiv geladene Eisenatome diffundieren (1). Die Elektronen verbleiben im Metall und laden es negativ auf. Zudem diffundiert Sauerstoff aus der Luft von außen in den Wassertropfen. Er übernimmt den Transport der Elektronen von (3) nach (4) in den Wassertropfen. Der Konzentrationsunterschied im Wassertropfen erzeugt gleichzeitig eine Potenzialdifferenz im Metall, wobei Elektronen von (2) nach (3) wandern.

Mit dem Wasser als Elektrolyten hat sich somit eine galvanische Zelle gebildet, die als Korrosions- oder Lokalelement bezeichnet wird. Im Wasser bei (3) reagieren die Elektronen mit Sauerstoff zu so genannten Hydroxid-Ionen. Diese wiederum bilden mit Eisenionen Eisen(III)-Hydroxid (4), das unter weiterer Beteiligung von Sauerstoff und Wasser als schwer lösliches Eisen(III)-Oxid, also Rost, auf der Eisenoberfläche (5) abgelagert wird. Befinden sich aggressive, staubförmige Partikel wie Ruß, Salz oder Metalloxide im Bereich des Wassertropfens, so wird dieser Prozess erheblich beschleunigt. Fahrten im Winter bei Streusalz sollte man daher möglichst mit dem Oldtimer vermeiden oder zumindest nach einer Fahrt durch Streusalz eine sorgfältige Reinigung vornehmen.

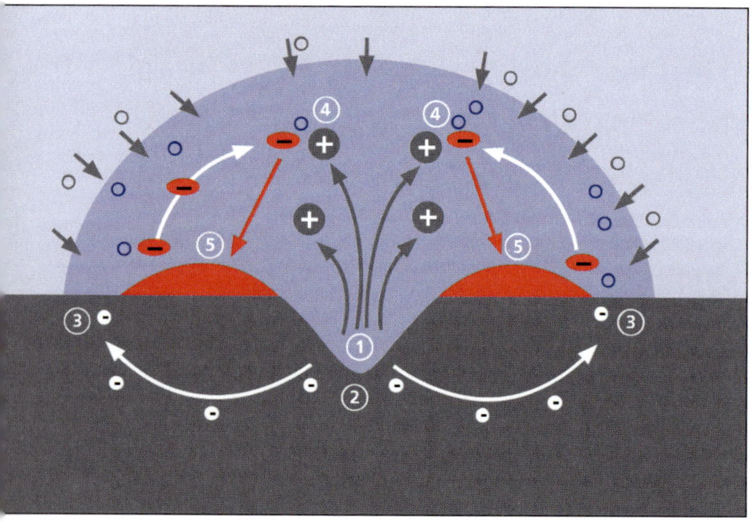

Bild 222: Modell der Sauerstoffkorrosion – schematisch *(vgl. Bargel & Schulze, 2006).*

Ein weiteres Rostphänomen ist die Kontaktkorrosion. Kommt Eisen mit einem anderen Metall in Berührung, entsteht an der Kontaktstelle ebenfalls ein Lokalelement, das zur Korrosion des unedleren Metalls führt. Bei Oldtimern ist das häufig an ungeschützten Kontaktflächen zwischen Stahlblech und dem unedleren Aluminium anzutreffen. Das Phänomen kann aber gleichzeitig auch zum Rostschutz verwendet werden, etwa mit einer Zinkbeschichtung auf Stahl (siehe Seite 187 ff.).

Aus dem Modell der Rostbildung ergeben sich mehrere Möglichkeiten des Rostschutzes, vor allem das Fernhalten von Sauerstoff und die Vermeidung von Feuchtigkeit. Beide Methoden werden vielfältig angewandt und als so genannter »passiver Korrosionsschutz« bezeichnet. Beim »aktiven Korrosionsschutz« hingegen schützen unedlere Schichten das Material und fungieren dabei als Opfer- oder Schutzanode. Ein klassisches Beispiel ist verzinktes Stahlblech. Zink ist dabei das unedlere Metall und bewahrt das edlere Stahlblech vor Korrosion.

Rostschutz

Rost- und Korrosionsschutz ist an allen Metallteilen gefordert, er sollte aber hauptsächlich an den am stärksten gefährdeten Bereichen aufgebracht werden. Bei Oldtimern mit selbsttragender Karosserie sind das meist die Hohlräume in den Türen, Türschweller und Radkästen, denn in über 80 Prozent der Fälle rosten Fahrzeuge von innen nach außen. Auch die Bereiche, in denen sich leicht feuchter Schmutz ablagert, sind besonders gefährdet. Dazu gehören Front- und Heckschürze, Falze an Türen, Hauben und Kotflügeln sowie Stellen unter den Dichtgummis und Zierleisten. Am besten ist es, man informiert sich genau (z. B. bei Markenclubs) über die fahrzeugspezifischen markanten Rostherde, bevor man sich ans Werk macht. Eine wichtige Regel zur Vermeidung von Rost gilt allerdings allgemein: Achten Sie auf absolute Sauberkeit an den anfälligen Stellen. Sauberkeit und richtige Vorbehandlung des Untergrundes sind natürlich wichtige Voraussetzungen für eine einwandfreie Rostschutzbehandlung oder Lackierung. Das gilt gleichermaßen für Reparatur- und Ganzlackierung, Auftragen von Unterbodenschutz oder Hohlraumversiegelung. Im Folgenden wollen wir uns den wichtigsten Möglichkeiten des Rostschutzes widmen. Dazu gehören das Verzinken, das Pulverbeschichten, der Hohlraumschutz, und natürlich darf die Luftentfeuchtung nicht fehlen. Auf die Lackierung gehen wir ab Seite 62 besonders ein. Sie nimmt eine bedeutende Rolle ein, denn sie sorgt neben dem wichtigen Rostschutz auch entscheidend für das äußere Erscheinungsbild des Oldtimers.

* * *

Zink als Rostschutz

Die Vorzüge von Zink als Rostschutz resultieren paradoxerweise aus seiner Eigenschaft, besonders korrosionsanfällig zu sein. Kommt das sehr unedle Metall mit Luftsauerstoff in Berührung, bildet es sehr schnell eine Oxidschicht aus und schützt so das edlere Stahlblech. Beim ersten Anschein könnte man schnell auf den Gedanken kommen, das gesamte Fahrzeug verzinken zu lassen und schon hätte man das »Problem Rost« gelöst. Leider hat Zink aber auch negative Eigenschaften. Es eignet sich daher je nach Art der Aufbringung für bestimmte Fahrzeugteile sehr gut und für andere weniger gut. Ein kleiner Überblick wird im Folgenden gegeben. Falls Sie sich bei der Schadenbehebung einzelner Bauteile für einen Rostschutz mit Zink entscheiden, sollten Sie sich in jedem Fall Rat bei Experten einholen!

Feuerverzinken: Beim Feuerverzinken wird das betreffende Werkstück in flüssiges Zink gelegt, dieses hat einen Schmelzpunkt von ca. 419 Grad Celsius. Die hohe Temperatur stellt grundsätzlich für Rahmenteile, diverse Fahrwerksteile oder Bremsankerplatten kein Problem dar. Die Karosserie von Oldtimern würde sich allerdings bei dieser Hitze verziehen. Als Faustformel gilt, dass Stahlblech zum Feuerverzinken mindestens 1,5 mm dick sein muss. Außerdem muss beachtet werden, dass durch das Aufbringen des Zinks in einem Zinkbad passgenaue Bohrungen und Gewinde nachbehandelt werden müssen.

Galvanisches Verzinken: Bei dieser Art des Verzinkens setzen sich positiv geladene Zinkteilchen durch elektrischen Strom in einem Elektrolytbad auf das negativ gepolte Werkstück ab. Im Anschluss wird die reaktionsfreudige Zinkschicht mit Chromverbindungen passiviert und erhält je nach der Art des Chroms eine gelbe, silberne oder schwarzbläuliche Schicht. Aufgrund des Chrom(VI)-Verbotes seit dem Jahr 2007 sind mittlerweile auch Ersatzstoffe für die Passivierung entwickelt worden, die ähnliche Korrosionsschutzeigenschaften bieten. Besonders gut geeignet ist das galvanische Verzinken für Schrauben und Kleinteile (Bild 223), allerdings dürfen auf keinen Fall hochfeste Stähle (z. B. Fahrwerksteile und Schrauben mit hohen Festigkeitsklassen) behandelt werden, da das Metall im Elektrolytbad leider auch Wasserstoff aufnimmt und versprödet. Seine Grenzen hat das galvanische Verzinken außerdem in Hohlräumen, da der Strom – ähnlich dem Prinzip beim Faraday'schen Käfig – nicht in Hohlräume gelangt. Abhilfe können teilweise Hilfsanoden leisten, die in die Hohlräume eingeführt werden.

Spritzverzinken: Beim Spritzverzinken wird Zinkstaub in einer speziellen Spritzpistole verflüssigt und mit Druckluft auf die kühle Werkstoffoberfläche gespritzt.

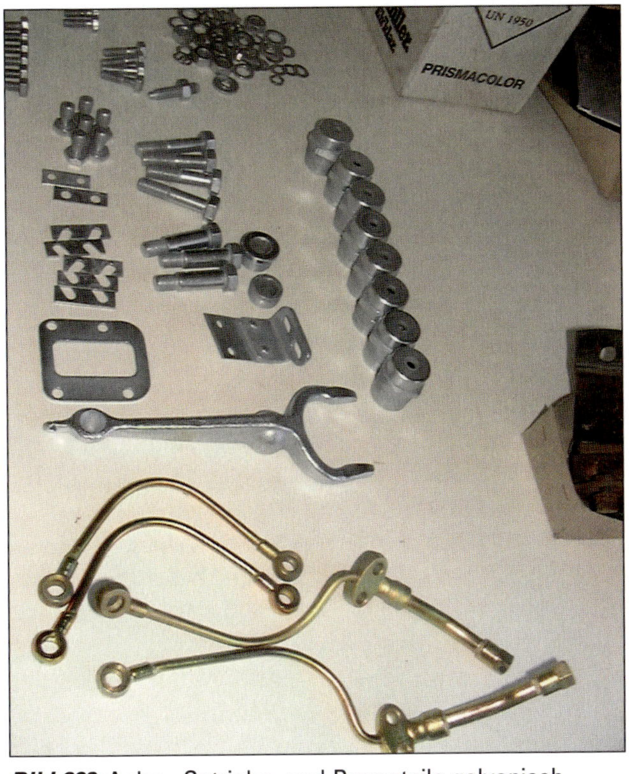

Bild 223: Achs-, Getriebe- und Bremsteile galvanisch verzinkt – der ideale Rostschutz.

Dort erstarren die heißen Tröpfchen und bilden eine relativ raue Oberfläche. Voraussetzung für das Aufspritzen ist ein rauer Untergrund, der durch Sandstrahlen erreicht werden kann. Nachteil des Verfahrens ist, dass die Schichtstärke je nach Aufspritzen erheblich schwanken kann. Außerdem kann, ähnlich wie beim Lackieren mit der Spritzpistole, nicht jede Fläche in Hohlräumen erreicht werden. Zinkspray und -aufstrich: Im Handel sind Rostschutzgrundierungen als Aufstrich oder in der Spraydose erhältlich, die Zinkpartikel enthalten. Voraussetzung für die elektrochemische Wirkung als Opferschicht ist, dass sich die im Trägermedium eingerührten Zinkpartikel berühren und leitfähig sind. Das heißt, es müssen genügend Partikel enthalten sein. Zu viel Zink reduziert allerdings die Haftbarkeit der Grundierung. Ein Zielkonflikt, der die Vorteile der »Selbstheilung« durch Zink wieder kompensiert. Zinkhaltige Grundierungen bieten im Vergleich mit anderen Verzinkverfahren keinen besseren Rostschutz. Die Rostschutzwirkung entspricht eher der anderer Rostschutzgrundierungen.

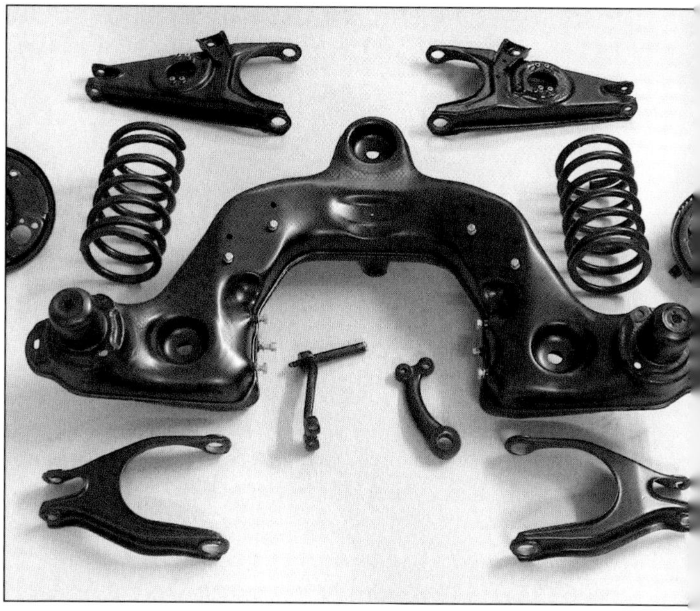

Bild 224: Vorderachsteile eignen sich besonders zur Kunststoffbeschichtung – das Material ist elastisch und sehr widerstandsfähig (*AZT*).

Elektrolytische Handverzinkgeräte: Eine interessante Möglichkeit ist die Verzinkung mit Hilfe eines elektrolytischen Handverzinkgerätes. Dabei wird ein mit einem Elektrolyt getränkter Plüsch an den positiven Pol der Batterie angeschlossen und über die zu verzinkende blanke Blechoberfläche (negatives Potenzial) gestrichen. Nach etwa ein bis zwei Minuten Behandlung entsteht eine ausreichend dünne Zinkschicht, die an der dunkelgrauen Verfärbung erkennbar ist. Gut geeignet ist diese Methode insbesondere für gut zugängliche Reparaturbleche kleiner Größe, Schweißnähte oder Steinschlagreparaturen. In rostgefährdeten Falzen und Hohlräumen kann das Zink allerdings nicht eindringen.

Pulverbeschichten

Pulverbeschichten von Stahl- und Aluminiumteilen wird auch im Oldtimerbereich immer beliebter. Es hat gegenüber dem klassischen Nasslackieren einige Vorteile. Zum einen ist die Beschichtung nach dem Abkühlen sofort voll ausgehärtet und belastbar. Außerdem zeichnet sich die Beschichtung, die in nahezu allen Farben verfügbar ist, als sehr widerstandsfähig bei mechanischen Beanspruchungen aus. Besondere Voraussetzung ist jedoch die gründliche Vorbereitung der Fahrzeugteile. Lack und Rost müssen beispielsweise durch Sandstrahlen vollkommen entfernt werden und die Oberfläche muss gereinigt und fettfrei sein. Anschließend werden die aufgehängten Teile elektrostatisch aufgeladen und mit dem Pulverlack besprüht. Die elektrostatische Ladung zieht den Lack an, es wird ein Auftrag von 98 Prozent des verspritzten Pulvers erreicht. Danach werden die Teile in einer Einbrennkammer auf 140 bis 200 Grad Celsius erhitzt. Dabei schmilzt das Pulver und bildet eine gleichmäßige Oberfläche. Nach dem Einbrennen müssen die Teile noch abkühlen und sind dann fertig. Durch diese Methode kann man Rahmen, Achsteile, Motorradfelgen, Felgen, Alufelgen und vieles mehr pulverbeschichten, mit gleichmäßigem Auftrag bis in die letzten Ecken. Bei großflächigen Abplatzungen ist eine Ausbesserung allerdings nur eingeschränkt möglich. Außerdem kann es vorkommen, dass bei Haarrissbildung Wasser eindringt und es zu unsichtbarer Korrosion kommt.

Kathodische Tauchlackierung

Die kathodische Tauchlackierung (KTL) ist ein Verfahren zur Beschichtung von Metallen. Es eignet sich besonders für komplexe Werkstücke oder Karosserien mit Hohlräumen, die unzugänglich für die Entrostung durch Strahlen oder Schleifen sind. Für die Behandlung wird die Karosserie oder das Bauteil als Kathode geschaltet und in ein Lackbad mit positiv geladenen Lackpartikeln getaucht. Die negativ geladene Karosserie zieht die anodischen Partikel (Epoxidharzpigmente) an und behält sie als gleichmäßigen Film auf seiner Oberfläche zurück. Der gesamte KTL-Durchlauf beinhaltet allerdings mehrere Arbeitschritte der Vorbereitung und dauert einige Tage. Dazu gehören Entfettung und Spülzone zur Entfernung von Lacken, Spachtel und Klebstoffen. Anschließend erfolgt eine intensive Entrostung mit Phosphorsäure gefolgt von sorgfältigem Spülen (z. B. mit vollentsalztem Wasser) zur Neutralisierung und chemischen Passivierung. Erst dann kann die kathodische Tauchlackierung in einem speziellen Tauchbecken erfolgen. Anschließend folgt das Einbrennen der Lackschicht im Ofen bei über 180 Grad Celsius. Trotz relativ hohem Preis ist die kathodische Tauchlackierung besonders zu empfehlen für komplette Karosserien mit guter Substanz, bei der die Hohlräume geschlossen bleiben sollen. Nach der KTL-Behandlung ist die Karosse vollständig innen und außen grundiert und steht für weitere Karosseriearbeiten rostfrei zur Verfügung.

Hohlraumschutz

Da Rost sich ausgerechnet dort gern ansetzt, wo man besonders schlecht hinkommt, stellt die Rostentfernung in Hohlräumen als Vorbereitung für den Hohlraumschutz eine besondere Herausforderung dar. Schon deshalb ist dringend zu raten, auf die Expertise von Fachleuten zu setzen, die ausgerüstet mit dem notwendigen Spezialwerkzeug wie Sonde und Endoskop auf einer Hebebühne zu Werk gehen können. Zur Vorbereitung gehört auch das sorgfältige Studium des fahrzeugspezifischen Hohlraumplanes. Nur dann können erforderliche Bohrlöcher so gesetzt werden, dass alle versteckten Winkel und Ecken erreicht werden.

Mit Strahlverfahren (Kunststoffgranulat), Rostumwandler und anschließendem sorgfältigen Ausblasen mit Pressluft sollten die Hohlräume optimal vorbereitet werden, bevor das Hohlraumschutzmittel eingebracht wird. Im schlimmsten Fall müssen Schweller und Rahmenteile aufgetrennt werden, damit der Rost mit einem Schwingschleifer beseitigt werden kann.

Als Hohlraumschutzmittel für Oldtimer haben sich vor allem Fette und Wachse bewährt. Die Hitliste der Rostschutztests führt regelmäßig das Korrosionsschutzfett von Mike Sander (www.mike-sander.de) an. Dabei handelt es sich um ein Spezialfett, das auf bis zu 120 Grad erwärmt wird, bevor es mit einer speziellen Spritzpistole und Sonde in die sauberen, vorbehandelten Hohlräume gespritzt wird. Besonderer Vorteil ist die hervorragende Kriechfähigkeit des Fetts, das auch nach mehreren Jahren noch elastisch bleibt. Durch Kapillareffekt dringt es selbst in Falze und enge Blechüberlappungen ein. Der Nachteil von Fett ist die etwas aufwändigere Verarbeitung. Außerdem kann bei zu viel eingebrachtem Material an heißen Tagen überschüssiges Fett ablaufen und unschöne Flecken am Boden und auf der Fahrzeugoberfläche verursachen. Diese können allerdings gut mit Silikonentferner beseitigt werden, im Gegensatz zu Rost!

Gut zu verarbeiten sind auch Hohlraumwachse, die meist in Dosen als 1-Liter-Gebinde und teilweise auch in Sprühdosen erhältlich sind. Bei der Auswahl des Wachses sollte man darauf achten, dass das Produkt Restfeuchte unterwandern kann und eine hohe Kriechfähigkeit aufweist. Außerdem muss es über einen langen Zeitraum elastisch bleiben und alle Temperaturschwankungen und Bewegungen der Karosserie im Fahrbetrieb ohne Rissbildung mitmachen. Da Risse im Wachs allerdings immer auftreten können und durch das Eindringen von Wasser und Schmutz den Rostbefall fördern, sollte nach ein paar Jahren nachbehandelt werden.

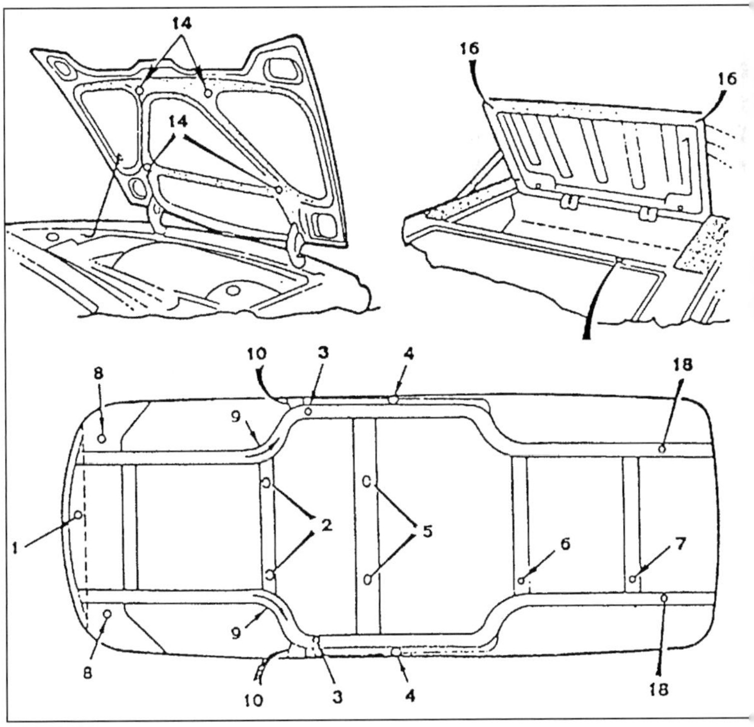

Bild 225: Hohlraumplan mit Bohrlöchern – schematisch (*Fertan*).

Info Kompakt: Richtig schrauben

So manchem Schrauber haben unlösbare oder abgerissene Schrauben die Laune schon gründlich vermasselt. Damit Sie nicht zu den Frustrierten gehören, verraten wir ihnen an dieser Stelle ein paar Tipps und Kniffe.

Drehmomente beachten

Um eine notwendige Verbindungs-Haltekraft ausüben zu können, muss eine Schraube (Mutter) in dem ihr zugeordneten Innengewinde (Außengewinde) mit einem bestimmten Anziehdrehmoment festgezogen werden. Nur damit ist garantiert, dass die durch die Schraube (Mutter) zueinander verspannten Bauteile ausreichend fest sind und sich die Schraubverbindung nicht von alleine löst.

- Werden Schrauben/Muttern zu leicht angezogen, besteht die Gefahr, dass sich die Schraubverbindung lockert.
- Werden Schrauben/Muttern zu fest angezogen, werden ihre Gegengewinde »weich«; gefühlt ist die Schraubverbindung „fest". Spätestens im Betrieb lockert sie sich und fällt ab.
- Werden Schrauben/Muttern bei der Montage zu fest angezogen, reißen bzw. brechen dabei aber (noch) nicht, dann aber spätestens im Betrieb.

Schraube/Mutter M6	6 bis 10 Nm
Schraube/Mutter M8	15 bis 20 Nm
Schraube/Mutter M10	30 bis 40 Nm
Schraube/Mutter M12	55 bis 70 Nm
Schraube/Mutter M14	85 bis 100 Nm
Schraube/Mutter M16	120 bis 140 Nm

Tipp: Profis zeichnen jede Schraube/Mutter, die sie mit dem vorgeschriebenen Drehmoment angezogen haben, mit einer Farbmarkierung. Sollte sich eine Schraubverbindung wider Erwarten öffnen, sieht man das an den zueinander verdrehten Farbstrichen!

Die richtige Länge

Stahlschrauben, die in Aluminium gedreht werden, müssen mindestens mit der Länge des doppelten Schraubendurchmessers in das Innengewinde eingeschraubt werden (M6 also 12 mm).
Noch besser ist die zweieinhalbfache Länge (bei M6 also 15 mm).

- Wenn man keine Schrauben in der passenden Länge bekommt und nur solche, die 5 mm zu kurz oder 20 mm zu lang sind, dann lieber die zu langen kaufen und auf passende Länge zurechtsägen. Lohn der (Säge-)Arbeit ist ein nicht ausreißendes Gewinde!
- Wenn Schmutz oder Reste von Schraubenkleber an der Schraube haften, diese mit einer Messingbürste reinigen. Eine scharfe Stahlbürste reißt die Oberflächen des Gewindes auf!

Bei jeder Schraube, die wieder montiert werden soll, ihr Gewinde begutachten: Ist das Gewinde defekt, ist es reif für die Mülltonne.

Verschiedene Muttern und Scheiben

- Unterlag- oder Wellenscheiben sollen zwischen Stahlmuttern und Aluminium gelegt werden, das verbessert die Flächenpressung und schont das Alu.
- Eine Federscheibe, auch »Sprengring« genannt, verhindert durch ihre beiden Zacken bis zu einem gewissen Maße das Lösen der Schraube/Muttter. Nur bei Stahl auf Stahl verbauen!
- In die Stoppmutter ist ein Kunststoff-Sicherungsring eingesetzt, der die Mutter auf dem Schraubgewinde »verklemmt« und damit sichert. Stoppmuttern sollen nur einmal, höchstens zweimal verwendet werden.
- Stahlmuttern mit fest angefügter Feinzahnscheibe sind eher selten, sie werden ohne zusätzliche Unterlegscheibe auf Alu oder Stahl verschraubt. Nach mehrmaliger Verwendung ist die Verzahnung »flach«, sichert also nicht mehr richtig.

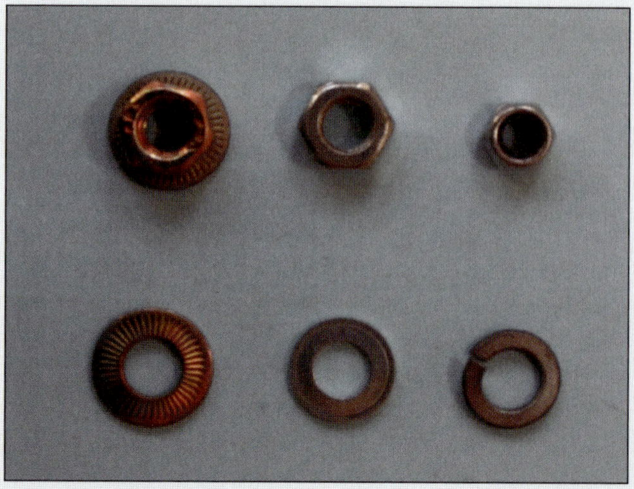

Kleine Auswahl: Für jede Befestigung gibt es die richtige Mutter und Unterlagscheibe.

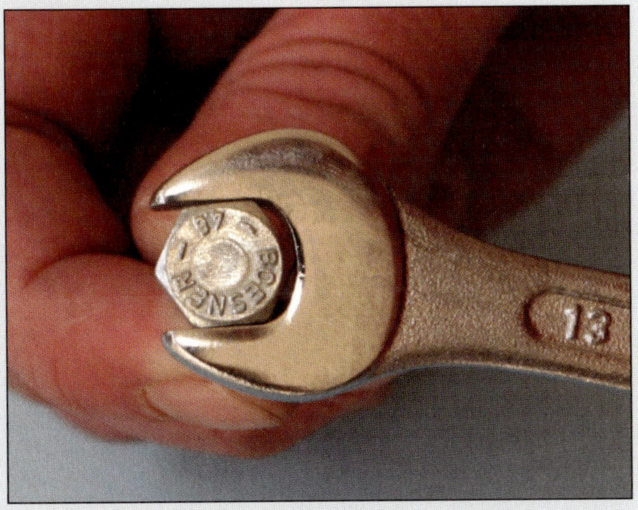

Das passt: Nur mit einem maßhaltigen Schlüssel kann eine Schraube erfolgreich gelöst werden.

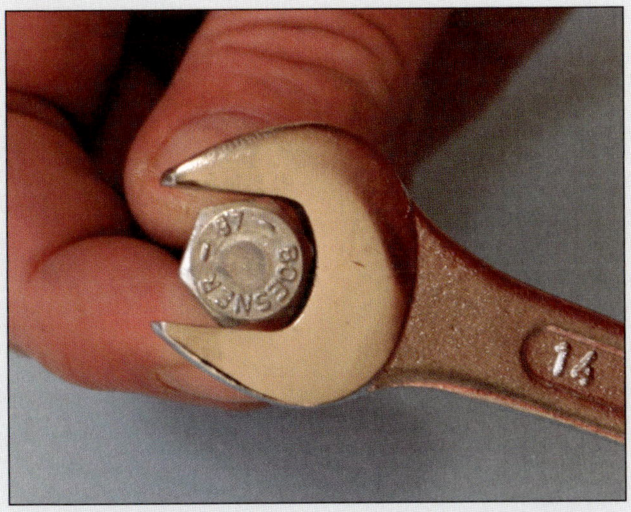

Das geht schief: Wer in Ermangelung des richtigen Schlüssels zum nächstgrößeren greift, hat anschließend Kummer.

Verrostete Schraubverbindungen lösen

Bevor Sie eine fest gerostete Mutter bzw. Schraube lösen, befreien Sie die überstehenden Gewindegänge von Schmutz und Rost. Andernfalls wird nämlich die Reibung auf den Gewindeflanken so groß, dass Sie die Mutter regelrecht abwürgen müssen oder Ihnen kurzerhand der Gewindebolzen abschert.

■ Säubern Sie das überstehende Gewinde mit einer Drahtbürste und sprühen es anschließend mit Rostlöser ein.

■ Bei Schnellrostlösern drehen Sie die Mutter sofort los, …

■ … andere Rostlöser (Öl, Petroleum, Diesel, Cola, etc.) lassen Sie erst einige Zeit einwirken.

Beschädigte Muttern lösen

■ Wenn Sie mit dem Gabelschlüssel eine Sechskantmutter rund gedreht haben oder die Anlageflächen bereits vom Rost zerfressen sind, ist Gewalt häufig das letzte Mittel.

■ Bei kleineren Muttern hilft ab und an noch eine stabile Gripzange. Häufig greifen Sie damit noch den angefressenen Sechskant und lösen die Mutter dann per Zange.

■ Hilft das nicht weiter, sprengen Sie die Mutter mit einem scharfen Meißel. Werkstätten killen widerspenstige Exemplare häufig mit einem Mutternsprenger.

■ Gut zugängliche Muttern können Sie – entlang des Gewindes – mit einer Metallsäge aufsägen.

■ Als letzte Möglichkeit bleibt der Trennschleifer.

Inbus- und Vielzahnschrauben

■ Ehe Sie ein Werkzeug ansetzen, befreien Sie das Sackloch auf dem Schraubenkopf von Schmutz.

■ Zum Lösen solcher Schrauben eignen sich am besten Steckeinsätze mit langem Sechskant bzw. Vielzahn.

■ Im Gegensatz zu gebräuchlichen Winkelschlüsseln (bei denen die Kraft immer schräg ansetzt) vertragen Steckeinsätze auf der Adapterseite auch einen Hammerschlag. Der Schlag – im Notfall sogar direkt auf den Schraubenkopf – lockert meistens die Schraube ein wenig und erleichtert das Lösen.

Schlitz- und Kreuzschlitzschrauben

■ Schon nach relativ kurzer Zeit können Schrauben so fest sitzen, dass Sie einen normalen Schraubendreher damit schlichtweg überfordern. Bei Kreuzschlitzschrauben kommt erschwerend hinzu, dass der Schraubendreher auch bei starkem Gegendruck aus dem Kreuzschlitz wandert. Folge: Schon nach wenigen Versuchen ist der Schraubenkopf vermurkst und die Schraube wird zum Problem.

■ »Festgebackene« Schrauben versuchen Sie zunächst mit einem knackigen Hammerschlag auf den Schraubenkopf zu lösen. Dadurch trennen sich oft schon die Gewindegänge. Wenn Sie den Schraubenkopf nicht direkt mit dem Hammer erreichen, setzen Sie einen passenden Schraubendreher mit stabilem Griff an und traktieren die Verbindung mit Schlägen auf den Griff.

■ Häufig reicht das schon und die oft nur am Kopf

korrodierte Schraube bricht los und lässt sich dann normal lösen.

■ Bleiben Sie erfolglos, versuchen Sie Ihr Glück mit einem Schlagschrauber und dem passenden Einsatz. Schlagschrauber setzen jeden Hammerschlag an der Schraube in eine Drehbewegung um – dem widersteht praktisch keine Schraube.

Stehbolzen lösen

■ Stehbolzen (Gewindestange) bieten einem Schraubenschlüssel meist keine Anlagefläche. Sollten Sie keinen Stehbolzenausdreher haben, schaffen Sie auf dem Stehbolzen eine provisorische Schraubmöglichkeit.

■ Schweißen Sie zum Lösen eine Mutter auf dem überstehenden Bolzengewinde fest oder Sie kontern zwei Muttern gegeneinander.

■ Zum Lösen gekonterter Muttern setzen Sie den Schraubenschlüssel immer an der unteren Mutter an. Zum Festziehen nutzen Sie grundsätzlich die obere Mutter.

Abgerissene Schrauben ausbohren

Ist die Schraube abgerissen, bleiben nicht mehr viele Möglichkeiten. Eine davon ist das Ausbohren, denn fest steht: Das verbliebene Teil muss raus. Die Gefahr, dabei das Gewinde zu beschädigen, ist groß. Lassen Sie sich also Zeit bei dieser Operation. Nur so können Sie das Gewinde schonen.

■ Geben Sie zunächst einen Körnerschlag exakt in die Mitte des Schraubenstumpfs.

■ Bohren Sie den Stumpf an: Bis Schraubengröße M 8 schafft das ein so genannter Kernlochbohrer. Als Kernloch wird der Durchmesser einer Schraube ohne Gewindeflanken bezeichnet. Bis zur Schraubengröße M 6 gilt die Faustregel: Gewindedurchmesser multipliziert mit 0,8. Beispiel: Verschraubung M 6 x 0,8 = Kernlochdurchmesser 4,8. Bei Schrauben, die größer sind als M 8, sollten Sie mit einem dünneren Bohrer vorbohren.

■ Die in den Gewindegängen verbliebenen Metallreste können Sie anschließend mit einer Reißnadel oder Stabmagneten entfernen. Falls nicht, schneiden Sie das Gewinde vorsichtig nach. Der Gewindeschneider entfernt dabei die Reste des alten Bolzens.

Gewinde schneiden

Leichtmetall hat eine geringere Festigkeit als etwa Stahl, demzufolge reißen Gewinde hier besonders leicht aus. Solange um das alte Gewinde herum noch genügend Materialsubstanz vorhanden ist, können Sie ein größeres Gewinde einschneiden. Andernfalls lassen Sie in der Fachwerkstatt eine Gewindebuchse (z.B. HeliCoil) einsetzen. Neue Gewinde schneiden Sie in drei Stufen. Die entsprechenden Gewindeschneider heißen daher Vorschneider (ein Ring am Schaft), Mittelschneider (zwei Ringe am Schaft) und Fertigschneider (ohne bzw. drei Ringe am Schaft).

Ein Fall für den Schrott: Stark verrostete oder beschädigte Schrauben sollten Sie niemals wieder verwenden.

■ Drehen Sie die Gewindeschneider unter ständigem Ölen nacheinander in das vorgebohrte Kernloch ein und aus.

■ Um die Schneider nicht abzureißen, nehmen Sie immer nur kleine Vorwärtsdrehungen (max. 1/8 des Umfangs) vor. Drehen Sie danach den Schneider immer so weit zurück, bis die Schneidspäne abbrechen und der Schneider nicht mehr klemmt.

Gewindereparatur

Es gibt viele Gründe, warum ein Gewinde nicht mehr in der Lage ist, das vorgesehene Anzugsdrehmoment zu halten.

Grund 1: Häufiges Lösen und Anziehen führt zum Verschleiß im Gewinde, und, je nach Häufigkeit der Benutzung, zur Zerstörung.

Grund 2: Die zum Teil recht weichen Aluminiumguss-Legierungen sind in dieser Beziehung besonders problematisch und anfällig.

Grund 3: Schrauben oder Muttern werden mit zu großen Anziehdrehmomenten angezogen.

Grund 4: Durch Korrosion (»Rost«) zwischen Schraube und Bauteilwerkstoff kommt es zum »Festbacken der Schraube«. Beim Versuch, die Schraube zu lösen, wird das Mutterngewinde zerstört.
Zerstörte Gewinde können mit geringem Aufwand und Kosten einfach und zuverlässig repariert werden, indem das defekte Innengewinde ausgebohrt und ein aus gewickeltem Draht bestehender Gewindeeinsatz eingedreht wird: »HeliCoil« nennt sich dieses Reparaturverfahren, das von der Firma Böllhoff Verbindungstechnik GmbH in Bielefeld hergestellt und weltweit vertrieben wird (www.helicoil.de).
HeliCoil bietet so genannte »Repairkits« in den Abmessungen von M2 bis M36 an. Ein HeliCoil-Repairkit kostet ca. 40 Euro, ist im Fachhandel erhältlich und enthält:

- Kernlochbohrer mit dem Kernloch-Gewindedurchmesser für das neue Gewinde.
- Gewindebohrer.
- Einbauwerkzeug, das ist eine Einbau-Gewindespindel mit einem kleinen Ansatz vorne.
- 20 Drahtgewindeeinsätze aus hoch korrosionsbeständigem Stahl der Legierung 1.4301 (Festigkeit mehr als 1.400 N/mm^2).

Und so wird damit ein Gewinde repariert:
1. Schritt: Wenn der Rest einer abgebrochenen Schraube im alten Gewinde steckt: Sichtbaren Schraubenrest ankörnen, mit einem scharf geschliffenen Bohrer, der 0,5 mm kleiner ist als der alte Gewinde-Nenndurchmesser (Beispiel M6: Bohrer 5,5 mm), das abgebrochene Gewindestück vorsichtig ausbohren.

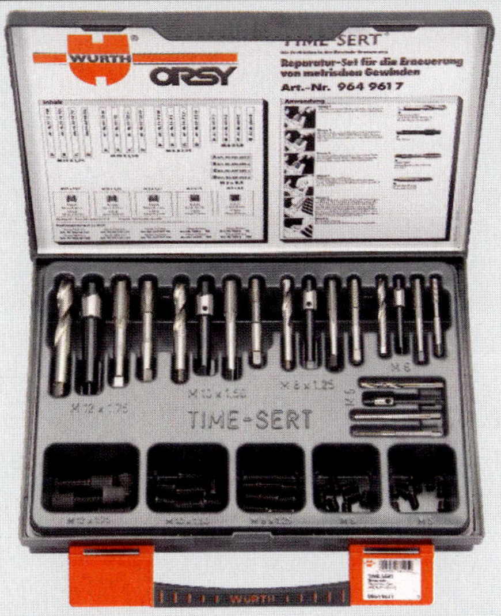

Helfer in der Not: Auch von anderen Herstellern gibt es Gewinde-Reparatursets.

2. Schritt: Mit dem im HeliCoil-Repairkit befindlichen Bohrer das beschädigte Gewinde komplett ausbohren. Der Bohrerdurchmesser entspricht dem Kerndurchmesser des neuen Aufnahmegewindes für den HeliCoil plus-Drahtgewindeeinsatz.

3. Schritt: Aufnahmegewinde für den HeliCoil- rahtgewindeeinsatz mit dem beiliegenden Gewindebohrer schneiden.
Wichtig: Damit keine Späne in Gewindebohrungen hineinfallen, den Gewindebohrer vor dem Gewindeschneiden in Fett eintauchen, dann bleiben die Späne am Gewindebohrer haften.

4. Schritt: Gewinde reinigen, z. B. mit Druckluft ausblasen. ALLE Späne entfernen!

5. Schritt: HeliCoil-Drahtgewindeeinsatz mit der Einbauspindel montieren. Dieses ist sehr einfach, der Drahtgewindeeinsatz wird mit der Spindel wie eine Schraube in das vorbereitete Aufnahmegewinde eingedreht.

6. Schritt: Nach der Montage des Drahtgewindeeinsatzes dessen Mitnehmerzapfen abbrechen

Tipp: Zapfenwerkzeug zuvor in etwas Fett tauchen, ganz in den Drahtgewindeeinsatz einführen, mit einem kleinen Hammer einen leichten Schlag auf das Zapfenwerkzeug geben und den abgebrochenen Mitnehmerzapfen aus dem Drahtgewindeeinsatz entfernen.
Wichtig: Bei der Reparatur von Durchgangsbohrungen muss Obacht gegeben werden, wo der abgebrochene Mitnehmerzapfen hinfällt, damit er z. B. nicht in den Motor zwischen empfindliche Motorenmechaniken gerät!

Eine solche Gewindereparatur ist innerhalb von zehn Minuten ohne Schweißaufwand erledigt. Nach der Reparatur mit HeliCoil ist das Gewinde um ein Vielfaches belastbarer als das Originalgewinde. Das Gewinde wurde nicht etwa »geflickt«, sondern seine Qualität wurde deutlich verbessert: Der HeliCoil-Drahtgewindeeinsatz aus Edelstahl macht das Gewinde verschleißfester und korrosionsbeständiger. Zukünftige Wartungsarbeiten können diesem Gewinde nichts mehr anhaben.

Schadendiagnose von Motor und Getriebe

Motor, Getriebe und Aggregate haben seit ihrer Erfindung Ende des 19. Jahrhunderts eine enorme Entwicklung erlebt. Anzahl und Anordnung der Zylinder, Zweitakt- und Viertakt-Motor, Art des Ventiltriebes und der Gemischaufbereitung, die Variantenvielfalt ist scheinbar unendlich. Und in der Tat gibt es Fachbücher, die sich auf mehr als tausend Seiten dem Herzstück des Automobils widmen.

Es ist also unmöglich, in diesem Ratgeber umfassend auf alle denkbaren Probleme einzugehen. Wir beschränken uns deshalb auf einige wichtige Schwerpunkte, die allgemein für Motoren und deren Aggregate gelten. Wir geben Hinweise, wie sich Motorschäden ankündigen und wie sie erkannt werden können. Damit es erst gar nicht so weit kommt, gilt es einige Punkte zu beachten.

Achten Sie vor allem
- auf das richtige Motoröl und den Ölstand
- auf den Kühlflüssigkeitsstand
- darauf, nicht zu viele Kurzstrecken zu fahren,
- darauf, den Motor vor Belastungen ausreichend warm zu fahren,
- auf eine regelmäßige Wartung.

Ölverbrauch
Ein hoher Ölverbrauch deutet auf ein Problem hin. Zwar verbrauchen alte Motoren mehr Öl als neue. In Abhängigkeit von Zylinderzahl, Hubraum und Verschleiß des Motors können dies in Ausnahmefällen bis zu 2 Liter auf 1000 Kilometer sein. Ob der Ölverbrauch eines Oldtimers im Rahmen liegt, kann der Fachmann beurteilen. Wenn der Ölverbrauch sehr hoch ist und mit blauem Rauch aus dem Auspuff einhergeht, ist davon auszugehen, dass Öl verbrennt und eine Motorrevision ansteht oder das Ende der Motorlebensdauer erreicht ist.
Eine Kompressionsprüfung gibt weiter Auskunft.

Bild 226: Kompressionsdruckprüfung bei einer Corvette – der zweite Zylinder weist offensichtlich Mängel auf (*Sporner/Grimme*).

Kompression
Ein gleichmäßiger Druck in allen Zylindern ist wichtiger als ein besonders hoher Druck in einem einzelnen Verbrennungsraum. Ist der Druck in einem Zylinder deutlich niedriger, können beispielsweise undichte Ventile, Schäden im Zylinderkopf, gebrochene Kolbenringe oder Ölabstreifringe ursächlich sein. In diesem Fall ist eine detaillierte Überprüfung des Motors in einer Fachwerkstatt notwendig.

Rauch aus dem Auspuff
Blauer Rauch ist in den meisten Fällen auf verbranntes Öl zurückzuführen. Bei Zweitaktmotoren ist dies durchaus normal (hier wird das Öl mit verbrannt, das vorher dem Benzin zugemischt wurde), während bei Viertaktmotoren Grund zur Sorge besteht. Übermäßiger schwarzer Rauch signalisiert bei Dieselfahrzeugen meist einen Fehler im Einspritzsystem, bei Benzinfahrzeugen liegt es häufig an der Einstellung des Vergasers oder des Zündsystems. Tritt bei betriebswarmem Motor weißer Rauch aus dem Auspuff, so kann die Zylinderkopfdichtung defekt sein.

Öl-Wasservermischung
Bei einer Verbindung zwischen dem Kühl- und dem Ölkreislauf kann es zu einer Vermischung von Wasser und Öl kommen. Im Kühler bzw. Ausgleichsbehälter ist dies durch einen Ölfilm erkennbar, ebenso wenn das Öl beim Ölwechsel oder am Ölmessstab schaumig erscheint. In den meisten Fällen ist die Zylinderkopfdichtung defekt, sodass eine Verbindung zwischen Öl- und Wasserkanälen entsteht. Eher selten ist ein Riss im Zylinderkopf die Ursache. Auf jeden Fall sollte der Zylinderkopf demontiert und der Schaden so früh wie möglich beseitigt werden.

Motorgeräusche
Besondere Aufmerksamkeit verlangen Motorgeräusche wie Schlagen, Rasseln, Klopfen, Klingeln oder

dergleichen. Nur der Fachmann erkennt am Geräusch, ob Kolben kippen, Pleuellager, Kurbelwellenlager oder Steuerkette betroffen sind. Verschwindet das Geräusch nicht innerhalb kurzer Zeit, sollte im Zweifel lieber der Oldtimer stehen gelassen und nach der Ursache gesucht werden.

Nachlassende Leistung bzw. Aussetzer

Wer sein Fahrzeug kennt, weiß z. B., mit welcher Geschwindigkeit eine bestimmte Steigung gefahren werden kann. Ist diese Geschwindigkeit auf einmal nicht mehr erreichbar, ist das ein Alarmsignal. Die Ursachen können von Lagerschaden über Kompressionsverlust vielfältig sein, und auch in diesem Fall hilft nur die fachgerechte Prüfung des Motors. Bei plötzlich auftretenden Aussetzern ist die Wahrscheinlichkeit eines Motorschadens gering. Vielmehr ist die Ursache im Kraftstoff- oder Zündsystem zu finden.

Keilriemen

Die Lichtmaschine und die Wasserpumpe werden beim Oldtimer in der Regel von Keilriemen angetrieben. Eine mögliche Fehlerquelle ist ein durchrutschender Keilriemen. Die richtige Keilriemenspannung sollte daher in regelmäßigen Abständen und nicht erst beim Aufleuchten der Ladekontrolllampe überprüft werden. Als Richtwert gilt: Der Keilriemen sollte sich zirka ein bis zwei Zentimeter durchdrücken lassen. Rutscht der Keilriemen trotz richtiger Spannung durch, so kann es sich um einen falschen Keilriemen oder um Verschmutzungen am Keilriemen oder auf den Riemenscheiben handeln. Ein Tipp aus der Praxis: Mehrere starke Kabelbinder aneinandergereiht, ermöglichen bei gerissenem Keilriemen die Fahrt bis zur nächsten Werkstatt.

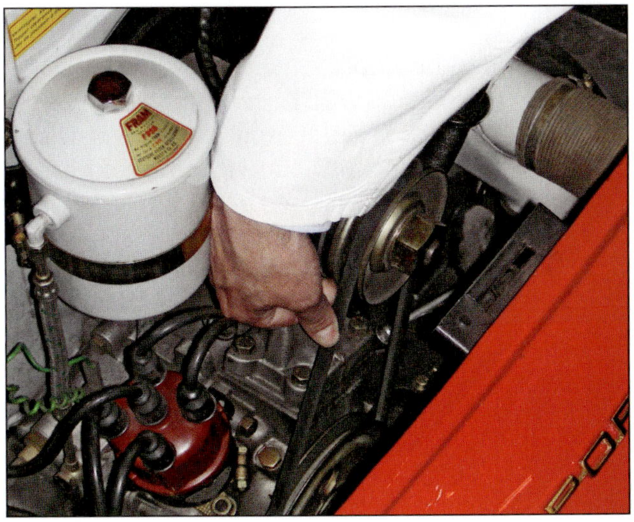

Bild 227: Zustand und Spannung des Keilriemens sind wichtig (*Auto-Feyrer-Classic/AZT*).

Kühlsystem

Schäden am Kühlsystem oder der Wasserpumpe machen sich durch Wasseraustritt oder mahlende Geräusche der Lager bemerkbar. Kurze Strecken können noch zurückgelegt werden, so lange genügend Wasser im Kreislauf vorhanden ist. Dabei ist die Kühlwassertemperatur besonders im Auge zu behalten und die Wasserpumpe so schnell wie möglich auszutauschen. Ein undichtes System könnte einhergehen mit weißem »Rauch« (Wasserdampf) aus dem Motorraum, der beim Auftreffen der Kühlflüssigkeit auf heiße Teile wie den Auspuffkrümmer entsteht.

Der Thermostat hat die Aufgabe, die Warmlaufphase des Motors zu verkürzen. Bei kaltem Motor verschließt der Thermostat einen Teil des Wasserkreislaufs und ermöglicht so ein schnelleres Erreichen der Betriebstemperatur. Öffnet er den gesamten Kreislauf ab einer bestimmten Temperatur nicht, können durch Überhitzung Schäden entstehen. Notfalls kann man den Thermostaten ausbauen und noch kurze Strecken weiterfahren. Im umgekehrten Fall ist er immer geöffnet. Dies ist nicht ganz so gefährlich, allerdings erreicht der Motor nur sehr langsam seine Betriebstemperatur. Ein Austausch ist aber auch in diesem Fall unumgänglich.

Die Ursache eines zu heißen Motors kann aber auch in einem nicht funktionierenden Lüfter liegen. Während bei älteren Fahrzeugen der Kühlerventilator über den Keilriemen angetrieben wird, verrichtet bei vielen Youngtimern ein Elektrolüfter seinen Dienst. Letzterer wird über einen Thermoschalter in Betrieb gesetzt. Ist dieser defekt, springt der Ventilator bei höheren Kühlwassertemperaturen nicht an. Um noch kurze Strecken (beispielsweise bis zur nächsten Werkstatt) zurücklegen zu können, kann dieser Schalter überbrückt werden.

Bis in die 1960er-Jahre waren Kühlerjalousien zur zusätzlichen Regelung der Kühlwassertemperatur üblich. Der Motor erreicht dadurch schneller seine Betriebstemperatur. Wer mit seinem Oldtimer in kalten Jahreszeiten unterwegs ist, kann diese Möglichkeit der Temperaturregelung nutzen. Auch ein vor dem Kühler befestigtes Stück Karton kann helfen. Achten Sie dabei unbedingt auf die Temperaturanzeige. Beim Erreichen der optimalen Temperatur muss der Karton entfernt werden.

Vergaser und Einspritzanlage

Schäden am Vergaser oder der Einspritzanlage äußern sich in den meisten Fällen durch unrunden Motorlauf, schlechte Gasannahme und Leistungsverlust. Meist liegt es an falschen Einstellungen, defekten Dichtungen oder Verschmutzungen. Bei Vergasern sind eventuell ausgeschlagene Lager der Drosselklappenwelle oder undichte Gehäuse verantwortlich. In diesen Fällen sollte die Restaurierung Firmen überlassen werden, die sich darauf spezialisiert haben. Aus den Akten der Versicherer sind Fälle bekannt, in denen falsche Dichtungen bzw. unsachgerechte Reparaturen zu Fahrzeugbränden geführt haben.

Bild 228: Unsachgemäße Restaurierung von Vergaser oder Einspritzanlage kann im schlimmsten Fall zum Brand führen (AZT).

Zündsystem

Nur selten führen Fehler in der Zündanlage zum spontanen Totalausfall. Oft kündigen sich Unregelmäßigkeiten durch schlechtes Anspringen, mangelnde Leistung oder unrunden Motorlauf frühzeitig an. Aber gerade deswegen können sie die Nerven des Oldtimerbesitzers strapazieren. Die Vielfältigkeit der Zündsysteme macht es dabei nicht leichter. Einige Punkte sind generell zu beachten.

Voraussetzung für alle beschriebenen Prüfungen ist eine fehlerfrei funktionierende Kraftstoffversorgung, Gemischaufbereitung und eine intakte, vollgeladene Batterie. Springt ein Motor erst gar nicht an, sollte auf der Niederspannungsseite (Zündschloss, Primärwicklung der Zündspule, Unterbrecher und entsprechende Verbindungskabel) gesucht werden.

Bei Aussetzern einzelner Zylinder ist die Suche auf der Hochspannungsseite (Sekundärwicklung, Verteiler, Zündkabel und -kerzen) Erfolg versprechender. Eine erste Diagnose zeigt schon Kerzenbild. Nasse Kerzen deuten auf einen Zündungsausfall im entsprechenden Zylinder hin; verrußte Kerzen sind ein Zeichen für unzureichende Verbrennung. Weitere Hinweise dazu finden Sie in der Info kompakt unten.

Durch Sichtprüfung lassen sich auch Haarrisse oder oxidierte Kontakte in der Verteilerkappe erkennen. Beim Austausch sollte der Verteilerfinger gleich mit ersetzt werden, da beide Teile eine ähnlich lange Lebensdauer haben. Ein Betätigen des Anlassers bei Dunkelheit lässt überspringende Funken beispielsweise an der Zündspule schon mit bloßem Auge erkennen. Manchmal hilft auch das Auswechseln des Zündkondensators. Messgeräte für kapazitive Messungen sind teuer, meist ist man mit dem Austausch besser bedient.

Getriebe

Schäden an Ausgleichs-, Schalt- oder Automatikgetrieben sind bei Restaurierungsobjekten nicht selten. Hier endet die Fähigkeit eines normalen Oldtimerliebhabers, selbst Reparaturen durchführen zu können. Es kann daher nur angeraten werden, so früh wie möglich bei Schaltproblemen, heulenden oder mahlenden Geräuschen oder Ölverlust einen Fachmann aufzusuchen. Möglicherweise kann durch den Austausch von Lagern ein teurer Folgeschaden vermieden werden. Ein zu großes Lagerspiel kann beispielsweise zu Veränderungen im Tragbild der Zahnräder und damit zur Beschädigung führen.

Neben den aufgezählten, häufigsten Hinweisen zu Schäden an Motor und Getriebe gibt es leider auch plötzliche Ereignisse, die zu einem Stillstand führen können. Ein aufgrund von Materialermüdung gebrochener Pleuel oder eine gerissene Steuerkette seien hier als Beispiel genannt.

Info kompakt: Zündkerzengesichter

Eine erste Diagnose des Motors, der Zündung und der Gemischaufbereitung ist oftmals schon durch die genaue Betrachtung der Zündkerzen möglich. Nasse Kerzen deuten auf einen Zündungsausfall im entsprechenden Zylinder hin; verrußte Kerzen sind ein Zeichen für unzureichende Verbrennung. Weitere Hinweise dazu finden Sie im Folgenden.

Bild 229: Zündkerzengesichter – Technische Information von Bosch.

1, 2 Normal
Isolatorfuß von grauweißer-graugelber bis rehbrauner Farbe. Motor ist in Ordnung. Wärmewert richtig gewählt. Gemischeinstellung und Zündeinstellung sind einwandfrei, keine Zündaussetzer, Kaltstarteinrichtung funktioniert. Keine Rückstände von bleihaltigen Kraftstoffzusätzen oder Legierungsbestandteilen vom Motoröl. Keine thermische Überlastung.

3, 4 Verrußt
Isolatorfuß, Elektroden und Zündkerzengehäuse mit samtartigem, stumpfschwarzem Ruß bedeckt.
Ursache: Fehlerhafte Gemischeinstellung (Vergaser, Einspritzung): Gemisch zu fett, Luftfilter stark verschmutzt, Startautomatik nicht in Ordnung oder Starterzug (Choke) zu lange gezogen, überwiegend Kurzstreckenverkehr, Zündkerze zu kalt, Wärmewert-Kennzahl zu niedrig.
Auswirkung: Zündaussetzer, schlechtes Kaltstartverhalten.
Abhilfe: Gemisch und Starteinrichtung richtig einstellen, Luftfilter prüfen.

5, 6 Verölt
Isolatorfuß, Elektroden und Zündkerzengehäuse mit ölglänzendem Ruß oder Ölkohle bedeckt.
Ursache: Zu viel Öl im Verbrennungsraum. Ölstand zu hoch, stark verschlissene Kolbenringe, Zylinder und Ventilführungen. Bei 2-Takt-Ottomotoren zu viel Öl im Gemisch.
Auswirkung: Zündaussetzer, schlechtes Startverhalten.
Abhilfe: Motor überholen, richtiges Kraftstoff-Öl-Gemisch, neue Zündkerzen.

7, 8 Verbleiung
Isolatorfuß weist stellenweise braungelbe Glasur auf, die auch ins Grünliche gehen kann.
Ursache: Bleihaltige Kraftstoffzusätze. Die Glasur entsteht bei hoher Motorbelastung nach längerem Teillastbetrieb.
Auswirkung: Bei höherer Last wird Belag elektrisch leitend und bewirkt Zündaussetzer.
Abhilfe: Neue Zündkerzen, Reinigung ist zwecklos.

9, 10 Starke Verbleiung
Isolatorfuß weist stellenweise dicke braungelbe Glasur auf, die auch ins Grünliche gehen kann.
Ursache: Bleihaltige Kraftstoffzusätze. Die Glasur entsteht bei hoher Motorbelastung nach längerem Teillastbetrieb.
Auswirkung: Bei höherer Last wird Belag elektrisch leitend und bewirkt Zündaussetzer.
Abhilfe: Neue Zündkerzen, Reinigung ist zwecklos.

11, 12 Aschebildung
Starker Aschebelag aus Öl- und Kraftstoffzusätzen auf dem Isolatorfuß, im Atmungsraum (Ringspalt) und auf der Masseelektrode. Lockerer bis schlackenähnlicher Aufbau.
Ursache: Legierungsbestandteile insbesondere aus Öl können diese Asche im Brennraum und auf dem Kerzengesicht hinterlassen.
Auswirkung: Kann zu Glühzündungen und Leistungsverlust und zu Motorschäden führen.
Abhilfe: Motor in Ordnung bringen. Neue Zündkerzen, evtl. anderes Öl verwenden.

13 Angeschmolzene Mittelelektrode
Mittelelektrode angeschmolzen, blasige, schwammartige, erweichte Isolatorfußspitze.
Ursache: Thermische Überbelastung durch Glühzündung, z. B. durch zu frühe Zündeinstellung, Verbrennungsrückstände im Brennraum, defekte Ventile, schadhaften Zündverteiler und unzureichende Kraftstoffqualität. Evtl. Wärmewert zu niedrig.
Auswirkung: Zündaussetzer, Leistungsverlust (Motorschaden).
Abhilfe: Motor, Zündung und Gemischaufbereitung überprüfen. Neue Zündkerzen mit richtigem Wärmewert.

14 Abgeschmolzene Mittelelektrode
Mittelelektrode stark angeschmolzen, Masseelektrode gleichzeitig stark angegriffen.
Ursache: Thermische Überbelastung aufgrund von Glühzündungen, z. B. durch zu frühe Zündeinstellung, Verbrennungsrückstände im Brennraum, defekte Ventile, schadhaften Zündverteiler und unzureichende Kraftstoffqualität.
Auswirkung: Zündaussetzer, Leistungsverlust, evtl. Motorschaden. Isolatorfußriss durch überhitzte Mittelelektrode möglich.
Abhilfe: Motor, Zündung und Gemischaufbereitung überprüfen. Neue Zündkerzen.

15 Angeschmolzene Elektroden
Blumenkohlartiges Aussehen der Elektroden. Evtl. Niederschlag von kerzenfremden Materialien.
Ursache: Thermische Überbelastung aufgrund von Glühzündungen, z. B. durch zu frühe Zündeinstellung,

Verbrennungsrückstände im Brennraum, defekte Ventile, schadhaften Zündverteiler und unzureichende Kraftstoffqualität.
Auswirkung: Vor Totalausfall (Motorschaden) tritt Leistungsverlust auf.
Abhilfe: Motor, Zündung und Gemischaufbereitung überprüfen. Neue Zündkerzen.

16 Starker Verschleiß der Mittelelektrode
Ursache: Zündkerzen-Wechselintervall nicht beachtet.
Auswirkung: Zündaussetzer, besonders beim Beschleunigen (Zündspannung für großen Elektrodenabstand nicht mehr ausreichend). Schlechtes Startverhalten.
Abhilfe: Neue Zündkerzen.

17 Starker Verschleiß der Masseelektrode
Ursache: Aggressive Kraftstoff- und Ölzusätze. Ungünstige Strömungsverhältnisse im Brennraum, evtl. aufgrund von Ablagerungen, Motorklopfen. Keine thermische Überbelastung.
Auswirkung: Zündaussetzer, besonders beim Beschleunigen (Zündspannung für großen Elektrodenabstand nicht mehr ausreichend). Schlechtes Startverhalten.
Abhilfe: Neue Zündkerzen.

18 Isolatorfußbruch
Ursache: Mechanische Beschädigung durch Schlag, Fall oder Druck auf die Mittelelektrode bei unsachgemäßer Handhabung. In Grenzfällen kann durch Ablagerungen zwischen Mittelelektrode und Isolatorfuß und durch Korrosion der Mittelelektrode der Isolatorfuß – besonders bei überlanger Betriebsdauer – gesprengt werden.
Auswirkung: Zündaussetzer, Zündfunke springt an Stellen über, die durch Frischgemisch nicht sicher erreicht werden.
Abhilfe: Neue Zündkerzen.
Quelle: Bosch

* * *

Elektronik bei Young- und Oldtimern

Viele der älteren Fahrzeuge bis in die 1970er-Jahre hinein kommen mit einer relativ übersichtlichen elektrischen Anlage aus. Diese beschränkt sich meist auf elementare Bauteile wie Anlasser, Lichtmaschine, Scheibenwischerantrieb und Beleuchtungsanlage. Im Jahre 1968 wurde die erste elektronische Benzineinspritzung (Bosch D-Jetronic) im VW 1600 TLE eingesetzt. Es folgten elektrische Fensterheber und andere Komfortsysteme.

Jahr	Art des Sicherheitssystems
1899	Außenbandbremse (mit Bremswirkung auf Trommeln)
1902	Innenbacken-Trommelbremse
1919	Hydraulische Bremsbetätigung mit Bremskraftverstärker
1955	Scheibenbremse
1968	Dreipunkt-Sicherheitsgurt
1978	Antiblockiersystem (ABS)
1979	Fahrer-Airbag
1979	Pyrotechnische Gurtstraffer
1987	Antriebsschlupfregelung
1989	Automatisch ausfahrbare Überrollbügel für Cabrios
1995	Elektronisches Stabilitätsprogramm (ESP)
1995	Gurtkraftbegrenzer
1995	Seitenairbag
2001	Adaptive Cruise Control (ACC)
2001	Sensotronic Brake Control (SBC, elektrohydraulische Bremse)

Tabelle 10: Geschichtlicher Überblick über Sicherheitssysteme – einige davon sind bereits in Oldtimern zu finden (*Bosch*).

Ab Oktober 1978 begann der Serieneinsatz von Anti-Blockier-Systemen in der S-Klasse bei Daimler-Benz und wenig später im 7er-BMW. Im Sommer 1981 folgten Airbags, wiederum erstmalig bei Daimler-Benz. Bis Ende der 1980er-Jahre bestand die Elektronik hauptsächlich aus voneinander unabhängig operierenden Steuereinheiten. Im Jahr 1992 wurden erste Fahrzeuge mit einem Datenbussystem ausgestattet. Diese Vernetzung kann zum Problem für die Oldtimer der kommenden Generation werden. Bei modernen Fahrzeugen ist die Elektronik eine der häufigsten Ursachen in der Pannenstatistik. Was passiert jedoch, wenn aus einem ringförmig vernetzten Steuergeräteverbund ein Bauteil ausfällt? Meist werden die angehängten Steuergeräte ebenfalls ihren Dienst verweigern, da ein Glied der Informationskette fehlt.

Das Hauptproblem wird daher die Alterung elektronischer Komponenten werden. Bereits heute zeigt sich dies bei Airbageinheiten, die Anfang der 1980er-Jahre

Bild 230: Elektronik für Steuergeräte von Bosch gibt es bereits seit über 40 Jahren (*Bosch*).

verbaut wurden und eigentlich nach Werkvorschrift alle 12 bis 15 Jahre ersetzt werden müssten. Speziell bei Steuergeräten steigt mit dem Alter auch die Ausfallwahrscheinlichkeit. Ersatz zu finden ist teilweise heute schon schwierig und dürfte in Zukunft noch problematischer sein, zumal Zulieferer im Elektronikbereich heutzutage meist Lieferverpflichtungen bis zu 15 Jahren haben und Elektronikteile zeitlich begrenzt lagerfähig sind. Erfahrungen zur Alterung im Alltagsgebrauch existieren bis dato kaum. Zu allem Übel gibt es von Steuergeräten oft unzählige Varianten; somit gleicht die Fahndung nach einem Gebrauchtteil der berühmten Suche der Nadel im Heuhaufen.

Einige Teilehersteller wie beispielsweise Bosch oder Hella beginnen heute mit der Nachfertigung von speziellen Halbleitern und Rechenbausteinen oder haben sich auf die Reparatur von Platinen und Bauteilen spezialisiert. Diese Lösungen sind aber allenfalls auf Modelle mit großen Stückzahlen anwendbar. Es bleibt daher abzuwarten, ob sich ein neuer Markt bildet, der diese Lücke ausfüllt. Denkbar wären zukünftig universelle Ersatzsteuergeräte, die als eigenständige Rechnereinheit über fahrzeugspezifische Kabeladapter verbunden werden und in der Lage sind, die Funktionen von Steuergeräten älterer Generationen zu emulieren, d. h. nachzubilden. Dem stehen hohe Entwicklungskosten und ein geringer Absatzmarkt entgegen.

Vorsicht ist bei gebrauchten Steuergeräten geboten. Greifen Sie bei sicherheitsrelevanten Systemen wie ABS zu geprüften Originalteilen der Fahrzeug- und Teilehersteller! Bei einigen Steuergeräten ist eine Reparatur in besonders spezialisierten Betrieben möglich (z. B. Hitzing & Paetzold, www.hitzpaetz.de).

Nachfertigung von Baugruppen und Teilen

Für unseren Mercedes 190 SL ist die Teileverfügbarkeit hervorragend (siehe Seite 52). Nur wenige kleinere Blechformteile, Halter aus Baustahl unter dem Armaturenbrett sowie ein paar Schrauben mit Sonderformen (z. B. am Verdeckgestänge) fertigten wir unter Verwendung von Rundstahl mit ausreichend hoher Festigkeitsklasse (8.8) selbst nach.

Für viele Young- und Oldtimer ist allerdings der Ersatzteilmarkt weniger gut ausgeprägt. Das betrifft nicht nur Exoten, manche Vorkriegsmodelle oder Einzelanfertigungen (Rennwagen), sondern im zunehmenden Maße auch zahlreiche Volumenmodelle der 70er- oder 80er-Jahre. Originale Blech-, Guss-, Kunststoff- und Gummiformteile sowie komplette elektronische Baugruppen sind nur sehr schwer oder gar nicht mehr aufzutreiben. Also bleibt zuweilen nur noch die Nachfertigung als Lösung übrig.

Im Zeitalter von Rapid Prototyping und Rapid Manufacturing kann heute grundsätzlich jedes noch so komplexe Formteil nachgefertigt werden. Firmen im Maschinen- und Werkzeugbau haben sich spezialisiert, Einzelstücke oder Kleinstserien in kurzer Zeit herzustellen. Ihre Kunden sind meist Unternehmen, die vor Anlauf einer Serienfertigung bestimmte Komponenten als Echtteil im Einsatz testen wollen. Mit Laserscannen werden zuerst – üblicherweise anhand des Urmodells – ein digitales 3D-Modell (CAD/CAM) erstellt und anschließend beispielsweise eine Sandgussform hergestellt oder es wird mit Hilfe flexibler Fräsmaschinenanlage das erforderliche Formteil aus Vollmaterial gefräst. Lediglich der hohe Preis schmälert die Freude der unendlichen Möglichkeiten. Die Herstellung eines Zylinderkopfes oder Motorblocks in Einzelanfertigung verursacht Kosten im fünfstelligen Euro-Bereich.

Bevor Sie den Entschluss einer kostenintensiven Nachfertigung fassen, sollten Sie zunächst wirklich alle möglichen Bezugsquellen durchforstet haben (siehe Seite 172), denn leider berichten Oldtimer-Experten regelmäßig über gefährliche Folgeschäden durch man-

Bild 231: Ein einzeln angefertigter Zylinderkopf hat seinen Preis – hier das Einsetzen des Sandkerns beim Gießvorgang (*BMW*).

gelhafte Nachbauteile, insbesondere aus Fernost. Die Bandbreite reicht von Motorschaden bis hin zu Unfällen durch den Ausfall der Bremsanlage (vgl. Info kompakt Originalteil versus Nachbauteil, Seite 173 ff.).

Bei Rissen oder gebrochenen Gussteilen aus Stahl, Aluminium oder Kunststoff, sollten Sie vorher auch von Fachleuten prüfen lassen, ob nicht gegebenenfalls doch eine Reparatur möglich ist. Vieles kann heute tatsächlich noch instand gesetzt werden durch neue Schweiß- und Klebeverfahren. Bei Sicherheitsbauteilen darf man allerdings auf keinen Fall Kompromisse eingehen.

Falls wirklich nichts mehr geht, finden sich beispielsweise im Internet eine Vielzahl von Firmen, die individuelle Nachfertigungen anbieten. Auch Clubmitglieder können helfen. Bei der Auswahl der Fremdfirma für Ihr spezifisches Problem gilt dasselbe wie ab Seite 175 beschrieben. Lassen Sie sich mehrere Angebote geben und alle Möglichkeiten der Nachfertigung aufzeigen. Um Kosten zu sparen, kann man gemeinsam mit weiteren Oldtimerbesitzern eine Sammelbestellung in Erwägung zu ziehen, denn der Einzelpreis nimmt gewöhnlich mit steigender Stückzahl deutlich ab.

Räder und Reifen

Nur vier postkartengroße Flächen übertragen bei jedem Pkw die Kräfte auf die Straße. Diesen kleinen Bereich müssen sich Bremskraft, Antriebskraft und Seitenführungskraft teilen. Damit wird deutlich, wie viel Leistung von den Reifen erwartet wird. Es ist daher ratsam, etwas mehr über Reifen zu wissen.

Etwa um das Jahr 1839 wurde ein Verfahren zum Stabilisieren und Verbessern des Grundstoffes Kautschuk patentiert und damit der Beginn der Reifenproduktion ermöglicht. Dieses ist heutzutage unter dem Begriff »Vulkanisation« bekannt. Die ersten Patente für Luftreifen stammen aus dem Jahr 1845, doch der darin beschriebene Reifen aus mehreren Luftschläuchen hatte wenig Erfolg. Erst die Umsetzung im Jahr 1889 durch den Tierarzt John Boyd Dunlop machte den Luftreifen erfolgreich, anfangs für Fahrräder.

Luftreifen für Autos wurden zum ersten Mal 1895 von Michelin gebaut. In Deutschland dauerte es bis 1899, bis ein Fahrzeug mit Luftreifen ausgerüstet wurde. Bis heute werden Gummimischung, Aufbau, Profil und

Bild 232: Reifen und Felge haben bis in die 1970er-Jahre eine enorme Entwicklung erfahren (Michelin).

weitere Details verbessert, so dass eine Vielzahl von Reifen auf dem Markt ist. Neben den Spezialreifen wie Wulstreifen für Vorkriegsfahrzeuge dominieren zwei Arten die Welt der Oldtimer: Diagonal- und Radialreifen (Gürtelreifen). Sie unterscheiden sich im Aufbau der Reifenkarkasse. Bei Diagonalreifen liegen die Cordfäden diagonal übereinander, so dass sie einen spitzen Winkel zur Fahrtrichtung bilden. Bei Radialreifen verlaufen die Cordfäden 90 Grad zur Fahrtrichtung. Obwohl die ersten Radialreifen bereits 1948 erhältlich waren, sind viele Fahrzeuge vom Werk bis in die 1970er-Jahre noch mit Diagonalreifen ausgestattet worden. Mittlerweile haben sich einige Reifenfirmen darauf spezialisiert, Reifen für Oldtimer anzubieten. Dadurch ist die Suche nach seltenen Diagonalreifen erleichtert worden. In Fachzeitschriften lassen sich Adressen dieser Firmen finden.

Will man sein Fahrzeug von Diagonal- auf Radialreifen umrüsten, ist einiges zu beachten. Durch die Umrüstung können sich Änderungen im Fahrverhalten ergeben. In den meisten Fällen verbessern sich Geradeauslauf, Straßenlage und Fahrkomfort. Negative Auswirkungen gibt es selten und wenn, sind sie fahrzeugspezifisch. Ob Ihr Fahrzeug mit den neueren Radialreifen besser fährt, kann nur derjenige beantworten, der eine solche Umrüstung durchgeführt hat. Auskünfte auf Oldtimer-Messen oder von Marken-Clubs können sehr hilfreich sein.

Umschlüsselungstabellen kann entnommen werden, welcher Radialreifen den Dimensionen des bisher verwendeten Diagonalreifens entspricht. Die Umrüstung selbst ist auf jeden Fall in die Fahrzeugpapiere einzutragen. Dabei ist zu beachten, dass das Fahren mit Mischbereifung (Diagonal- und Radialreifen) verboten ist. Hierzu folgender Tipp: Klären Sie Reifen-Änderungen vorher mit einem amtlich anerkannten Sachverständigen ab!

Soll die Originalität des Fahrzeugs erhalten bleiben, ist die Ausrüstung mit der damals verwendeten Reifenbauart Pflicht. Das soll aber nicht heißen, dass mit sehr alten Reifen gefahren werden muss. Aus Sicht der Unfallforschung sind Reifen mindestens alle acht Jahre zu erneuern. Zu groß ist sonst die Gefahr einer Reifenpanne. Außerdem: Kommt es nachweislich wegen eines zu alten Reifens zu einem Unfall, haftet der Fahrzeughalter. So weit sollte man es gar nicht kommen lassen. Wie erkennt man aber das Alter eines Reifens? Die Antwort kann bei den meisten Reifen einer Kennzeichnung auf der Reifenflanke entnommen werden. Ab dem Jahr 2000 stellt eine 4-stellige Zahl die Woche und das Jahr der Produktion dar.

Vor dem Jahr 2000 wurde das Produktionsdatum mit einer dreistelligen Zahl angegeben, was zu Verunsicherungen führen kann. So kann die DOT-Kennzeichnung »342«, die 34. Woche des Jahres 1972, 1982 oder 1992 bedeuten. Manchmal wird diese Zahl durch ein Zeichen ergänzt, das für die 1990er-Jahre ein kleines Dreieck am Ende des Ovals darstellt und für die 1980er-Jahre ein »X« vor der Zahl. In jedem Fall sind alle Reifen mit einer dreistelligen Kennzeichnung älter als acht Jahre und ein Austausch sollte dringend in Erwägung gezogen werden. Weichmacher in der Gummimischung wandern nach außen, verflüchtigen sich im Laufe der Zeit und lassen die Pneus rissig und spröde werden.

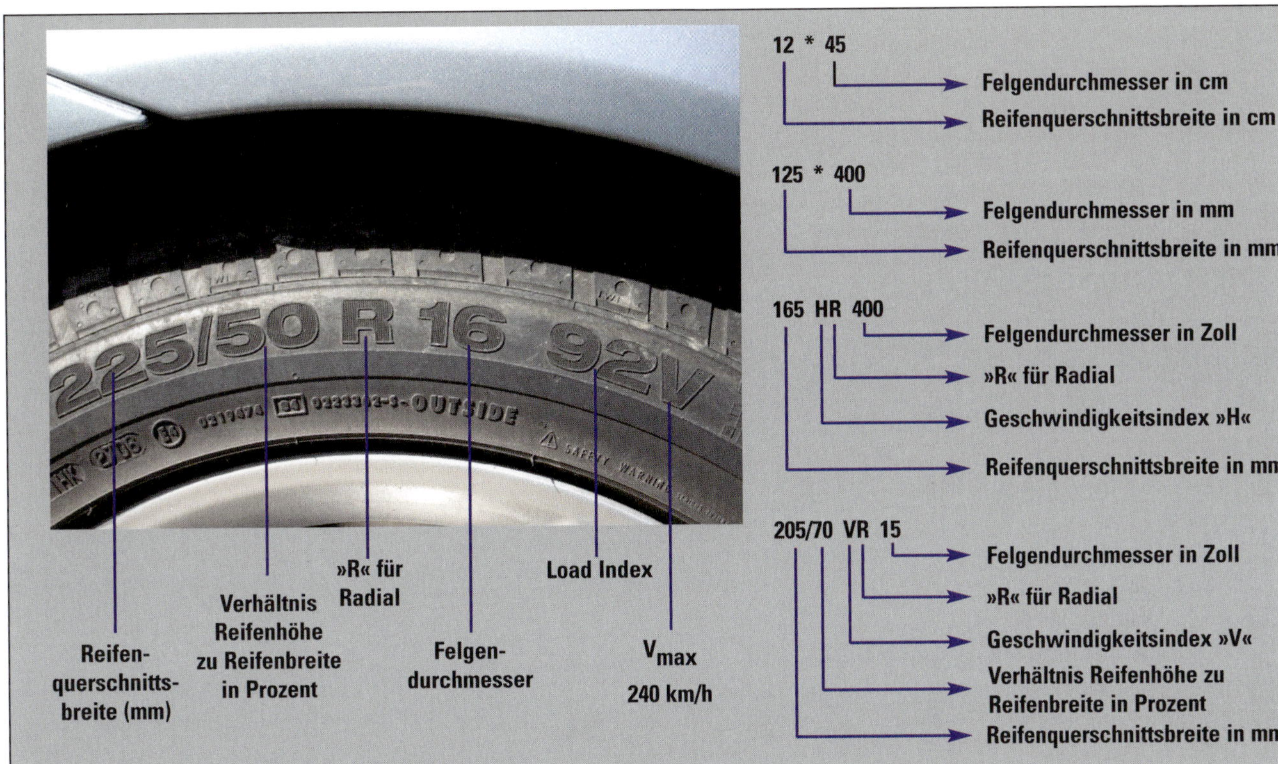

Bild 233: Alte und neue Reifen – die wichtigsten Bezeichnungen im Überblick (*Foto: Arnold*).

Existiert keine DOT-Kennzeichnung, so muss der Reifenzustand als Kriterium für einen Austausch analysiert werden:

- Hat der Reifen viele kleine Risse?
- Fühlt sich das Fahrverhalten hart an?
- War der Reifen viel UV-Strahlung ausgesetzt (stand der Wagen im Freien oder in einer dunklen Garage)?
- Welche Temperaturen wirkten hauptsächlich in der zurückliegenden Zeit auf den Reifen (warm ist schlechter als kalt)?
- Gibt es Informationen vom Vorbesitzer?
- Ist bei Weißwandreifen das Weiß vergilbt oder nur schmutzig?

Die ehrliche Beantwortung dieser Fragen sollte zur Beurteilung ausreichen, ob die Reifen erneuert werden müssen oder nicht. Gehen Sie hierbei lieber auf Nummer sicher.

Ist das Alter des Reifens im Rahmen, sind folgende Punkte zu beachten:

- Nur in Fahrzeugpapiere eingetragene Reifendimensionen verwenden. Dabei ist zu beachten, dass seit der Einführung der harmonisierten Fahrzeugpapiere nur noch eine Reifengröße eingetragen ist. Der Nachweis weiterer ab Werk freigegebener Reifengrößen kann über den Hersteller oder die Überwachungsorganisationen erbracht werden bzw. unter Feld 22 zusätzlich eingetragen sein.
- Ein korrekter Luftdruck
- Mindestprofil einhalten, der Gesetzgeber schreibt 1,6 mm über die gesamte Reifenaufstandsfläche vor (besser sind 3 mm für Sommer- und 4 mm für Winterreifen)
- Bordsteinschäden vermeiden
- Kontakt mit Öl und Benzin vermeiden.

Außerdem müssen auch Tragfähigkeit (Load Index) und maximal zulässige Geschwindigkeit (Geschwindigkeitsindex) beachtet werden. Beide Informationen sind auf der Reifenflanke ersichtlich. Die Tragfähigkeit eines Reifens steht in Zusammenhang mit der Achslast. Die Belastbarkeit der beiden Reifen einer Achse muss immer über der maximalen Achslast liegen, zu finden im Fahrzeugschein/Zulassungsbescheinigung Teil I. Reifen mit unterschiedlicher Tragfähigkeit an Vorder- und Hinterachse sind nicht erlaubt. Meist liegt die vorgeschriebene Tragfähigkeit etwas über der maximal zulässigen Radlast. In der Tabelle 11 lassen sich die wichtigsten Werte für einen Lastindex von 63 bis 110 entnehmen.

Load Index (Li)	Belastung (kg)
63	272
65	290
70	335
75	387
80	450
85	515
90	600
95	690
100	800
105	925
110	1060

Tabelle 11: Tragfähigkeitskennziffer oder Load Index (Li).

Die Eignung für die Höchstgeschwindigkeit können Sie der untenstehenden Tabelle 12 entnehmen. Allerdings ist zu beachten, dass noch ein Abschlag in Höhe von 6,5 plus 0,01*v-max vorgenommen werden muss. Das bedeutet, dass normalerweise nur Reifen gefahren werden dürfen, die einen Geschwindigkeitsindex haben, der für 10 km/h mehr als die tatsächliche Höchstgeschwindigkeit geeignet ist. Beispiel: Ein Fahrzeug hat 180 km/h als Höchstgeschwindigkeit in den Fahrzeugpapieren eingetragen. Dann können keine Reifen der Kategorie »S« gewählt werden, sondern es müssen mindestens »T«-Reifen verwendet werden.

Nur bei Verwendung von Winterreifen dürfen auch Reifen gefahren werden, die für eine niedrigere Geschwindigkeit ausgelegt sind. Dann muss dies durch den bekannten Aufkleber am Armaturenbrett signalisiert werden.

Geschwindigkeitsindex (GSY)	Vmax (km/h)
M	130
N	140
P	150
Q	160
R	170
S	180
T	190
U	200
H	210
V	240
W	270
Y	300

Tabelle 12: Geschwindigkeitsindex.

Schlauch und schlauchlos

Die ersten Reifen bestanden aus einer Vielzahl von Einzelreifen, es folgten Schlauchreifen. Moderne Pkw fahren ausschließlich mit schlauchlosen Reifen. Die geringsten Probleme ergeben sich, wenn die ursprüngliche Kombination von Reifen und Felge und evtl. Schlauch verwendet wird. Schlauchlose Reifen mit Schläuchen zu fahren, ist nur nach Freigabe des Reifenherstellers möglich.

Weißwandreifen

Über das bessere Aussehen von Fahrzeugen mit weißen Streifen in den Reifenflanken braucht man nicht zu diskutieren. Die Vorliebe darf aber nicht so weit gehen, dass zwischen die Felge und den Reifen Zubehörteile eingebaut werden, die den Eindruck eines Weißwandreifens erwecken. Dies ist nicht erlaubt und belastet die Reifenflanken übermäßig. Inzwischen werden bei speziellen Oldtimerreifenhändlern für fast jede Reifengröße Weißwandreifen angeboten.

Felgen

Ebenso wie beim Reifen ist bei den verwendeten Felgen die zugelassene Größe zu beachten. Bei der Felgengröße, die bei der Erstauslieferung in den Fahrzeugpapieren eingetragen ist, können Reifendurchmesser und -breite variiert werden. Welche möglichen Größen für Ihr Fahrzeug über die in den Fahrzeugpapieren beschriebenen hinaus erlaubt sind, erfahren Sie bei den technischen Prüfstellen. Oft helfen auch Besitzer von gleichen Fahrzeugen weiter, die bereits die Umrüstung eingetragen haben. Es werden immer wieder Fehler gemacht wie:

- Eine falsche Einpresstiefe kann zu schweren Schäden an der Bremsanlage oder Fahrwerksteilen führen. In den meisten Fällen merkt man so etwas bei der Montage oder durch reduzierten Lenkeinschlag.
- Falsche Radschrauben können dazu führen, dass sich das Rad lockert oder gar löst. Kegelbundschrauben und Kugelbundschrauben dürfen daher nicht vertauscht werden.
- Falsche Länge der Radschrauben kann dazu führen, dass sich das Rad lockert oder Teile der Bremsanlage beschädigt werden.
- Auf eine Felge werden zu breite Reifen montiert (z. B. 205 statt 165), so dass Reifen oder Fahrwerksteile beschädigt werden können oder sogar der Reifen über die Felge »springt«.

Vorkriegsfahrzeug versus Nachkriegsfahrzeug

Häufig hört man aus der Restauratoren-Szene, dass Karosserien von Vorkriegsfahrzeugen einfacher zu restaurieren sind, als die von Klassikern der Nachkriegszeit. Das mag zuweilen zutreffen, ist aber nicht zwingend so. Erstmal muss klargestellt werden, dass die selbsttragende Ganzstahlkarosserie bereits in den 20er-Jahren erfunden wurde. Der Lancia Lambda von 1922 war das erste Auto mit dieser Variante. Dann folgten im Jahr 1934 der Citroën 11CV und der deutsche Opel Olympia (1935) als Serienwagen mit selbsttragender Ganzstahlkarosserie. Bei diesen Fahrzeugen ist die Karosseriearbeit ähnlich aufwändig wie bei Fahrzeugen der 50er-Jahre.

Vergleichsweise überschaubar ist die Arbeit, wenn die Rahmenkonstruktion einfach gestaltet ist, wie zum Beispiel im legendären Ford T-Modell, liebevoll auch Tin Lizzy (zu deutsch: Blechliesel) genannt. Der Wagen hat als Chassis einen Leiterrahmen aus vernieteten U-Stahlprofilen, der Achsen, Motor, Kraftübertragung und die Karosserie aufnimmt. Die Leiterrahmenkonstruktion, die auch heute im Lkw-Bereich noch typisch ist, gab es auch in zahlreich abgewandelter Formgebung wie den Fischbauchrahmen oder den Kastenrahmen mit X-Traverse.

Bild 235: Ein Ford Modell A aus dem Jahr 1929 mit Leiterrahmen (*Michael Jaumann*).

Bild 234: Bereits im Jahr 1935 hatte der Opel Olympia eine selbsttragende Karosserie.

Der gemeinsame Vorteil dieser Rahmenkonstruktionen ist, dass sie übersichtlich sind, weniger Winkel, Kanten und Ecken haben, wo sich Rostfraß breitmachen kann. Damit ist auch die versteckte Korrosion besser entfernbar. Außerdem lassen sich einfache defekte Rahmenteile vom Fachmann leichter vermessen und nachfertigen. Die überwiegend profilierten Plattformrahmen oder selbsttragende Karosserien weisen hier weit komplizierter gestaltete Blechkonstruktionen auf.

Allerdings können beim Zusammenfügen von Rahmen und Aufbau Probleme auftreten, wenn nicht sorgfältig gearbeitet wird. Beispielsweise besteht die Gefahr, dass sich bei der getrennten Restaurierung die Karosserie verwindet und später mit großer Spannung auf den festen Rahmen montiert wird. Knicke an der Blechaußenhaut oder ein lebenslanges Knarren und Knacksen in der Struktur können die Folge sein, wenn nicht millimetergenau die Hauptteile zusammengesetzt werden.

Hinzu kommt, dass besonders bei Vorkriegsfahrzeugen eine Kombination aus Holz- und Metallbauweise Verwendung fand. Demnach sind zum Teil zusätzlich komplexe Schreinerarbeiten notwendig.

Fazit daraus ist, dass die pauschale Aussage »Karosserien von Vorkriegsfahrzeuge sind leichter zu restaurieren« nicht stimmt. Es gibt vielmehr bei jeder Marke und jedem Modell spezifische Merkmale und Besonderheiten bei der Restaurierung, die zu beachten sind und für die eine besondere Fachkompetenz erforderlich ist.

Umrüstung von 6 Volt auf 12 Volt

Besitzer von 6-Volt-Fahrzeugen kennen die Problematik von schlechter Lichtleistung, zäher Anlasserdrehzahl und problematischer Ersatzteilbeschaffung. Die Fahrzeuge wurden einst auf die damalige Verkehrssituation ausgelegt, und seinerzeit waren eben 6 Volt ausreichend, da man vor 50 Jahren nachts nicht mit hoher Geschwindigkeit über Bundesstraßen fuhr. Der Gedanke an eine Umrüstung auf 12 Volt macht also nicht nur aus sicherheitstechnischer Sicht Sinn. Ein Umbau ist zweifelsfrei aufwändig, bietet sich aber im Rahmen einer Restaurierung an. Befindet sich ein 6-Volt-Bordnetz in neuwertigem Zustand oder wird der Originalität uneingeschränkt Vorzug gegeben, so ist natürlich von einer Umrüstung abzusehen.

Das Hauptproblem der Thematik liegt im Widerstand, genauer gesagt im Übergangswiderstand zwischen Kontakten und Steckern. Diese korrodieren im Laufe der Zeit und führen zu einem höheren Widerstand und damit zu einem Spannungsabfall. Nach dem Ohm'schen Gesetz U = R * I stehen Widerstand und Stromstärke in direktem Zusammenhang. Da die Spannung U begrenzt ist, sinkt bei steigendem Widerstand die Stromstärke und damit die Leistung. Setzt man nun dieselbe Leistung (P = U * I) eines Verbrauchers bei 6 und bei 12 Volt voraus, so ist bei 12 Volt Spannung nur die halbe Stromstärke notwendig. Unter Berücksichtigung des Innenwiderstands des Verbrauchers und der Leitungen kann bei gleichem Ergebnis der Widerstand im 12-Volt-Netz rund viermal größer sein als im 6-Volt-Netz. Oder anders herum gesagt, beträgt der Leistungsverlust bei gleichem Übergangswiderstand bei 12 Volt nur rund ein Viertel.

In der Praxis steht oft die Lichtmaschine im Mittelpunkt der Umrüstung. Die einfachste Möglichkeit ist der Einbau einer betriebsbereiten 12-Volt-Lichtmaschine, welche von der Leistung und den Einbaumaßen her ins Fahrzeug passt. Idealerweise findet sich ein baureihenähnliches Aggregat. Originalitätsfans und Besitzer exotischer Fahrzeuge müssen meist auf die teurere Möglichkeit des Umwickelns ausweichen. Hierbei wird die Lichtmaschine von einem Profi zerlegt, überholt und die Windungszahl an 12 Volt angepasst. Besonders verlustarm ist der Einbau eines elektronischen Reglers. Dieser passt oft ins Gehäuse seines Vorgängers und ist somit immerhin optisch gesehen original. Die gute Nachricht bei einem solchen Umbau ist, dass der Anlasser meist unverändert übernommen werden kann. Wicklungen und Magnetschalter kommen mit der kurzzeitigen Belastung problemlos klar.

Ebenfalls unverändert können sämtliche Kabel übernommen werden, da sich die Stromstärke halbiert. Sicherungen sollten auf den halben Wert heruntergesetzt werden. Unbedingt ersetzt werden müssen sämtliche Glühbirnen. In die Schein-

Bild 236: Zündspule von Bosch.

werfer können moderne H4-Lampen eingesetzt werden, die es heute auch mit Bilux-Sockel zu kaufen gibt. Bis auf diese Ausnahme müssen die Watt-Zahlen der anderen Lampen gleich bleiben.

Beim Tausch sind Instrumentenbeleuchtung, Handschuhfach- und Innenleuchten nicht zu vergessen. Ebenso ist der Austausch der Batterie zwingend notwendig. Es genügt ein Exemplar, das etwas mehr als die Hälfte der Kapazität der Vorgängerin besitzt. Problematisch wird es bei Verbrauchern wie Wischermotor oder Tankanzeige. Glücklicherweise ist die Anzahl der verbauten Systeme in nahezu allen Fällen überschaubar. Hierfür sind elektronische Vorschaltgeräte auf dem Markt verfügbar, welche die Spannung bei einer Stromstärke von bis zu fünf Ampere auf 6 Volt reduzieren. Liegt die Stromaufnahme darüber, hilft nur das Umwickeln der entsprechenden Spule durch einen Profi. Bei Hupen können alternativ kleine Motorrad-Fanfaren in das alte Gehäuse gebaut werden. Für weitere Details helfen die Klassik-Abteilungen der Automobilhersteller sowie die einschlägigen Fahrzeugelektrikausrüster (vgl. Oldtimer Markt, Sonderheft 25, 2000).

Besser machen als neu

Zum Schluss wollen wir noch in aller Kürze auf technische Verbesserungen eingehen, die vor allem darauf zielen, die Fahrsicherheit, den Fahrkomfort und die Alltagstauglichkeit zu verbessern. Modifikationen in diese Richtung kommen wohl besonders für denjenigen in Betracht, der seinen Klassiker häufig im täglichen Straßenverkehr einsetzen möchte.

Aus der Sicht der Autoren steht hier überhaupt nichts dagegen. Es ist einzig und allein Ihre Entscheidung inwieweit von der Originalität abgewichen wird und welche Modifikationen Sie für sinnvoll erachten. Von der dezenten unsichtbaren Modifikation der Zündanlage – elektronisch statt kontaktgesteuert – bis hin zu umfangreichen Veränderungen am Motor oder der Fahrdynamik ist heute sehr vieles möglich. Manche Firmen haben sich sogar darauf spezialisiert, verschiedene Marken und Typen alltagstauglich umzugestalten. Wenn Sie eine Modifikation anstreben, ist es allerdings empfehlenswert, sie so durchzuführen, dass möglichst eine Rückrüstung in den Originalzustand möglich ist. Behalten Sie daher in jedem Fall die Altteile auf. Das kann zum Beispiel beim Verkauf des Fahrzeuges ein Vorteil sein.
Das Thema »Modifikation« kann hier nicht erschöpfend für alle Marken und Modelle behandelt werden. Wir beschränken uns deshalb lieber wieder exemplarisch auf unser ausgewähltes Modell, für das die Experten des Mercedes 190 SL Club hinreichend gute Erfahrungen haben. Manches davon ist übertragbar auf andere Fahrzeuge und kann bei Markenclubs oder Typ-Spezialisten erfragt werden.

Bild 237: Anlasser mit höherer Leistung für alle Pontonfahrzeuge mit Benzinmotor (*Fritz Wallner*)

Bild 238: Umbau auf Bremsscheiben vorne für 190 SL sorgen für mehr Sicherheit (*Fritz Wallner*)

Beim Mercedes 190 SL sind beispielsweise folgende dezente Verbesserungsmöglichkeiten gängig, die je nach Einsatz des Fahrzeuges in Erwägung gezogen werden können:

- Verlängerter Innenspiegelhals für eine bessere Sicht nach hinten
- Nachrüsten eines Lenkradschlosses für erhöhten Diebstahlschutz
- Umbau der Vorderachse auf Scheibenbremsen, um Bremswirkung zu verbessern (siehe Bild 238)
- Umrüstung auf verschleißfreie kontaktlose Zündung
- Auspuffanlage aus Edelstahl
- Einbau eines leistungsstärkeren Anlassers von Bosch (siehe Bild 237)
- Kühler mit Hochleistungsnetz
- Einbau eine Zusatzlüfters mit Thermoschalter
- Montage innerer Kotflügelblenden aus Kunststoff für Rostschutz
- Leichter bedienbare Tellerfederkupplung
- Nachrüstung von Sicherheitsgurten

Sicherheitsgurt

An der Wirkung des Sicherheitsgurtes zweifelt heute niemand mehr. Er schützt die Insassen vor allem vor Verletzungen durch den Aufprall auf das Lenkrad, die Windschutzscheibe und Teile des Armaturenbrettes. Außerdem verhindert er das Herausschleudern aus dem Fahrzeug. Die Zahl der Todesfälle im Straßenverkehr ist mit Einführung der Gurtanlegepflicht drastisch gesunken.

Bis es allerdings der Sicherheitsgurt in der Gesellschaft anerkannt war, musste viel Überzeugungsarbeit geleistet werden. Spektakulär und wirksam zugleich war der Selbstversuch des Rallye-Europameisters Aaltonen, der im Jahr 1981 mit 50 km/h ungebremst auf ein anderes Fahrzeug auffuhr. Er überstand diesen Crash unverletzt. Die Bilder auf Seite 209 zeigen die Kräfte, die dabei auftraten.

Zusammenfassend fordert die heutige Gesetzeslage in Deutschland für alle Fahrzeuge, die ab dem 1. April 1970 in den Verkehr kamen, die Ausrüstung mit Sicherheitsgurten. Damit sind diejenigen Oldtimer, die vor diesem Termin in den Verkehr kamen, und solche Fahrzeuge, die ohne Verankerungspunkte für Gurte zwischen dem 1. April 1970 und dem 31. Dezember 1973 erstmals zugelassen wurden, von der Ausrüstungspflicht befreit. Tatsache ist allerdings auch für ältere Fahrzeuge, dass der Gurt der Lebensretter Nummer eins ist und bleibt. Für Besitzer von Oldtimern ohne Gurte stellt sich daher die Frage: Soll ich mein Fahrzeug mit Gurten nachrüsten oder nicht?

Grundsätzlich gilt: Fahren ohne Sicherheitsgurt ist und bleibt riskant. Das gilt für Erwachsene und natürlich ganz besonders auch für Kinder. Falls Sie Kinder in Ihrem Oldtimer mitnehmen wollen, sind Sicherheitsgurte sowie eine sichere Befestigung von Kindersitzen dringend zu empfehlen. Wenn keine Originalgurte oder nachgerüstete Gurte vorhanden sind, sollte als Erstes geprüft werden, ob sie fachgerecht eingebaut werden können.

Bei manchen Fahrzeugmodellen (z. B. Volvo und Mercedes-Benz) wurden bereits Verankerungspunkte seit den 1950er-Jahren serienmäßig eingebaut. Außerdem müssen Gurte in einer amtlich genehmigten Bauart ausgeführt sein.

Ein Thema, das in dem Zusammenhang immer wieder kontrovers diskutiert wird, ist die Kopfstütze. Aus den heutigen Erkenntnissen der Unfallforschung ist bekannt, dass bei Unfällen, sowohl bei Front- wie bei Heckaufprall, starke Kräfte auf die Halswirbelsäule wirken und ohne Kopfstütze die Gefahr für schwere Verletzungen gegeben ist. Der Einbau von Sicherheitsgurten bei Sitzen ohne Kopfstütze ist daher unbedingt mit Fachleuten zu besprechen und darüber im Einzelfall zu entscheiden. Fahrzeuge, die an historischen Rennsportveranstaltungen teilnehmen, können mit zeitgemäßen Schalensitzen ausgerüstet werden, die in der Regel über Kopfstützen verfügen. Sie sollten daher unbedingt mit Sicherheitsgurten ausgerüstet werden.

Kommen wir noch zum fachgerechten Einbau. Es ist nicht vorgeschrieben, ob der Dreipunktgurt statisch oder automatisch ausgeführt ist; Hauptsache, er ist bauartgeprüft. Wichtig ist die Beschaffenheit der Verankerungspunkte. Teilweise wurden bereits ab Mitte der 1950er-Jahre Verankerungspunkte im Fahrzeug vorgesehen. Sie verbergen sich meist unter den Verkleidungen des Türholms und im Bodenraum. Hersteller oder Marken-Clubs können bei der Suche weiterhelfen.

Sind keine Verankerungspunkte vorhanden, ist Handwerk gefordert. Wegen der Fülle von Marken und Modellen gibt es keine allgemein gültige Einbauanleitung. Bei der Montage sollte Folgendes besonders be-

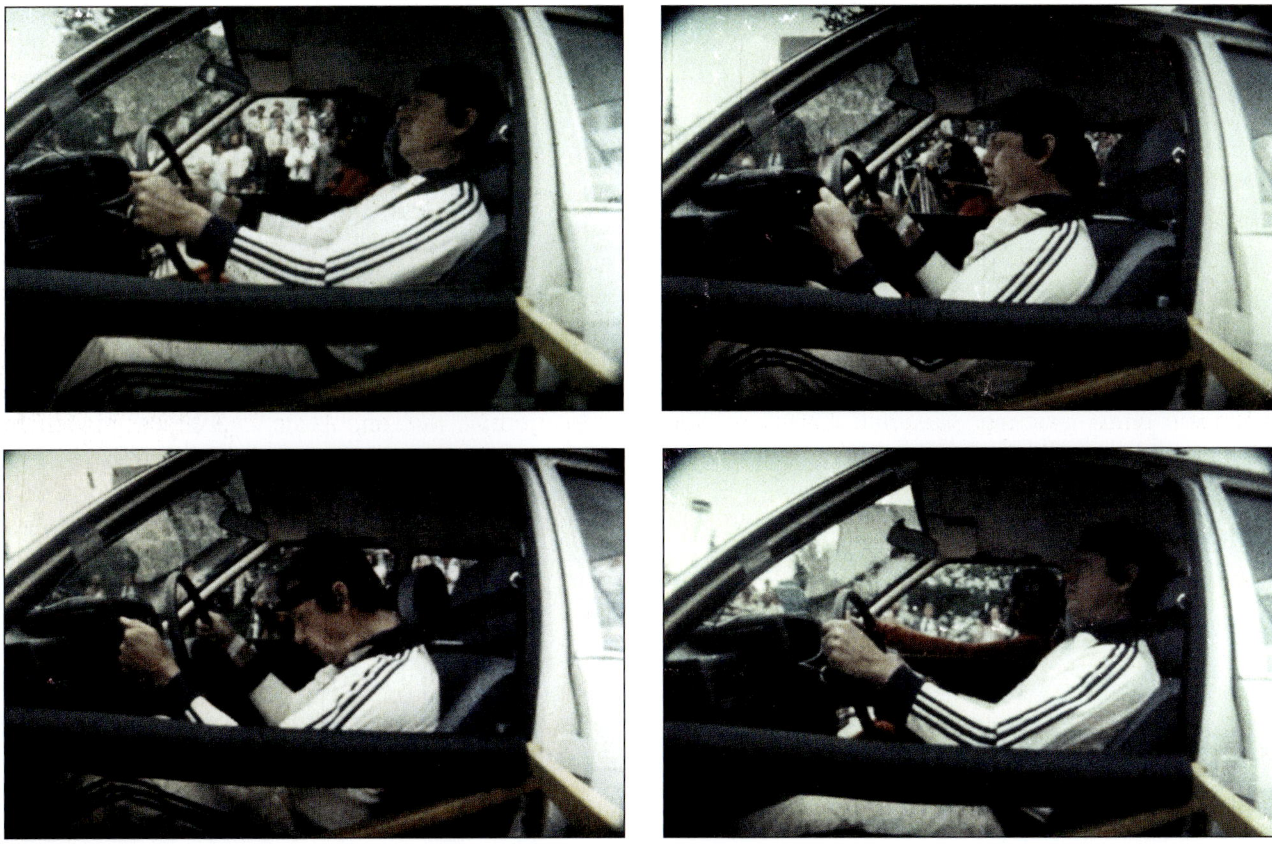

Bild 239: Rallye-Europameister Rauno Aaltonen im Jahr 1981 - Bewegungsablauf bei einem Aufprall mit 50 km/h gegen ein stehendes Fahrzeug (AZT)

achtet werden. Auf die Verankerungspunkte wirken bereits bei einem Crash mit niedrigen Geschwindigkeiten sehr hohe Kräfte. Damit die Verankerungsschrauben nicht durch die Bleche der Bodengruppe oder der B-Säule gezogen werden, müssen Gegenplatten mit ausreichender Größe verwendet werden. Die Montage sollte möglichst mit Fachleuten abgestimmt werden, am besten vertrauen Sie sich den Klassik-Abteilungen der Hersteller an. Unmöglich ist fast nichts, es erhöht sich nur der Aufwand. Auch die Gurt-Hersteller helfen gerne weiter.

Unsachgemäße Befestigungen an zu dünnen Blechen ohne Gegenplatten können bei der Prüfung nach StVZO § 29 bemängelt werden. Tipp: Klären Sie Änderungen an den Sicherheitsgurten und Verankerungspunkten vorher mit einem amtlich anerkannten Sachverständigen ab!

Bild 240: Probesitzen macht Spaß – Über die Gefahren ohne Sicherheitsgurt, vor allem mit Kindern, sollte man sich bewusst sein (*Schwarzmann*).

Zulassung und Steuer

Möglichkeiten der Zulassung in Deutschland

In Deutschland gibt es vier Zulassungsmöglichkeiten, die von Oldtimer-Besitzern in Erwägung gezogen werden können:

- Reguläres Kennzeichen
- Historisches H-Kennzeichen
- Rotes 07er-Kennzeichen
- Saison-Kennzeichen

Im Einzelfall kann auch das Kurzzeit-Kennzeichen in Frage kommen. Welche Zulassungsart ist nun die beste? Die Antwort hängt vor allem von der Einsatzart, dem Hubraum, dem Alter, dem Fahrzeugzustand und der Anzahl der Oldtimer ab, die man fahren möchte. Damit Ihnen die Entscheidung erleichtert wird, ist nachfolgend ein kurzer Überblick mit den wesentlichen Vor- und Nachteilen gegeben. Außerdem zeigt Tabelle 13 für ausgewählte Oldtimer-Modelle einen Kostenvergleich für die Kfz-Steuer pro Jahr auf, die für H- beziehungsweise 07er-Kennzeichen im Vergleich zum regulären Kennzeichen zu entrichten sind. Besonders bei großem Hubraum ist die jährliche Steuerersparnis mit den Oldtimer-Kennzeichen enorm (Stand 2010). Doch auch für Fahrer von Fahrzeugen mit kleinem Hubraum kann das H-Kennzeichen interessant sein, weil damit auch in Umwelt-Zonen uneingeschränkt gefahren werden darf.

Fahrzeug Modell	Hubraum	Reguläres KFZ-Kennzeichen	Oldtimer Kennzeichen H-/07er Kennzeichen
Messerschmidt KR200	191 ccm	50,72 Euro	
BMW Isetta 250	250 ccm	76,00 Euro	
Fiat 500	594 ccm	152,16 Euro	
VW Käfer 1200	1300 ccm	329,68 Euro	Steuersatz beträgt pauschal 191,73 Euro
Ford Taunus 17m	1700 ccm	431,12 Euro	
Mercedes 200 D (W 110)	2000 ccm	765, 60 Euro	
Mercedes 250 SE Cabrio	3500 ccm	837,60 Euro	
Chevrlet Corvette Stingray V8	7400 ccm	1376,64 Euro	

* Steuersätze je angefangene 100 ccm:
Benziner 25,36 Euro, Diesel 38,78 Euro

Tabelle 13: Vergleich der Kosten für Kfz-Steuer in Deutschland – Auswahl von Oldtimern (nicht schadstoffarm), Stand: 2010.

Das reguläre Kfz-Kennzeichen

Das reguläre Kfz-Kennzeichen kommt auch für Oldtimer in Frage und bietet für Fahrzeuge mit niedrigem Hubraum zusätzlich finanzielle Vorteile. So beträgt beispielsweise die Jahressteuer trotz des hohen regulären Satzes bei einem Messerschmitt mit 250 ccm Hubraum nur 76,08 Euro (3 mal 25,36 Euro je angefangene 100 ccm Hubraum). Beim regulären Kennzeichen lässt sich außerdem der Zeitraum der vorübergehenden Stilllegung jedes Jahr individuell gestalten, unverhoffte Schönwetterperioden können noch genutzt werden. Die Steuer ist im Voraus zu entrichten. Die anteilige Kraftfahrzeugsteuer wird, auf Tage umgerechnet, zurückerstattet.

Die Wiederanmeldung stillgelegter Fahrzeuge ist seit dem 1. März 2007 erleichtert worden. Bislang war bei Fahrzeugen, die länger als 18 Monate stillgelegt waren, eine Vollabnahme gemäß § 21 StVZO für die Wiederanmeldung erforderlich. Mit der neuen Regelung gemäß § 14 Abs.2 FZV ist dies erst nach sieben Jahren Stilllegungszeit erforderlich, wenn keine Fahrzeugpapiere bzw. Übereinstimmungsbescheinigung mehr vorhanden sind.

Vorteile

- Günstiger Steuersatz bei Fahrzeugen mit Hubraum unter 750 ccm
- Keine Nutzungseinschränkungen im Gegensatz zu 07er-Kennzeichen
- Unverhoffte Schönwetterperioden können genutzt werden
- Keine Einschränkungen für Fahrten ins Ausland

Nachteile

- Höherer Steuersatz bei Fahrzeugen mit Hubraum über 750 ccm
- Gegebenenfalls ist An- und Abmelden erforderlich.

Das H-Kennzeichen

Die Zulassung mit H-Kennzeichen ist vergleichbar mit einer »normalen« Zulassung. Es ist allerdings nur für Oldtimer verfügbar und hat sich seit seiner Einführung im Juli 1997 mit mehr als 200.000 Kennzeichen für Pkw voll etabliert. Das Kennzeichenschild trägt am rechten Rand neben der üblichen Kombination aus Buchstaben und Ziffern den Großbuchstaben H für »Historisch«.

Die wesentlichen Voraussetzungen für die Zuteilung eines H-Kennzeichens sind, dass das Fahrzeug erstmalig vor mindestens 30 Jahren zugelassen worden ist und die Zulassung gleichzeitig zur Pflege des »kraftfahrzeugtechnischen Kulturguts« dient. Vorher muss das Gutachten eines amtlich anerkannten Sachverständigen oder Prüfingenieurs eingeholt werden, gemäß § 9 (1) der seit 1.3.2007 geltenden Fahrzeug-Zulassungsverordnung (FZV) und der »Richtlinie für die Begutachtung von Oldtimer-Fahrzeugen«. Wesentliche Bedingungen sind ein weitestgehend erhaltener Originalzustand in allen Komponenten wie Motor, Getriebe, Fahrwerk und Karosserie beziehungsweise eine professionelle Restaurierung sowie ein guter Erhaltungszustand; das bedeutet in der Regel nicht schlechter als die Zustandskategorie 3. Auch zeitgenössische Veränderungen sind zulässig.

Der »Anforderungskatalog für die Begutachtung von Oldtimern« mit einheitlichen Bewertungskriterien kann bei den bekannten Prüforganisationen angefordert werden (Download: www.tuev-sued.de). Darüber hinaus ist eine ergänzende Prüfung im Rahmen des Gutachtens erforderlich. Hat der Wagen noch eine gültige Betriebserlaubnis, genügt es, wenn sein verkehrssicherer Zustand mit einer Untersuchung im Umfang einer Hauptuntersuchung gemäß § 29 der StVZO geprüft wird. Fehlt eine gültige Betriebserlaubnis, muss sich der amtlich anerkannte Sachverständige mit der Frage befassen, ob der Veteran im Ganzen den Vorschriften auf der Basis von § 21 der StVZO (»Betriebserlaubnis für Einzelfahrzeuge«) entspricht. Sodann wird die Kfz-Zulassungsbehörde dem Veteranen das Oldtimer-Kennzeichen zuteilen.

Vorteile

- Günstiger Steuersatz (bei Fahrzeugen über 750 ccm) von 191 Euro im Jahr für Pkw und Lkw
- Keine Nutzungseinschränkungen, im Gegensatz zum 07er-Kennzeichen. Eine gewerbliche Nutzung beziehungsweise Vermietung des Fahrzeuges ist allerdings nicht gestattet.
- Keine Einschränkungen für Fahrten ins Ausland
- Kennzeichen gibt es in verschiedenen Größen
- In der Regel höherer Wiederverkaufswert erzielbar
- Nicht zu vergessen: Mit diesem Kennzeichen (neben dem 07-Kennzeichen) erfolgt die offizielle Anerkennung des Fahrzeuges als Oldtimer.
- Einfahrt in Umweltzonen uneingeschränkt erlaubt

Nachteile

- Fahrzeug muss von einem Gutachter als kraftfahrzeugtechnisches Kulturgut positiv bewertet werden.
- Hauptuntersuchungen und eventuelle Abgaschecks müssen wie bei regulärer Zulassung eingehalten werden.

Das rote 07er-Kennzeichen

Das rote Dauerkennzeichen für Oldtimer ist ein Wechselkennzeichen für ein oder mehrere Klassikfahrzeuge (Sammlungen). Allerdings umfasst eine solche Zulassung deutliche Einschränkungen. Erlaubt ist lediglich die Teilnahme an Veranstaltungen, die der Darstellung von Oldtimer-Fahrzeugen und der Pflege des »kraftfahrzeugtechnischen Kulturgutes« dienen. Dazu gehören Oldtimer-Korsos, Ausstellungen, Rallyes, Clubtreffen sowie Hin- und Rückfahrten, die mit Oldtimer-Veranstaltungen zusammenhängen. Probe-, Wartungs- und Überführungsfahrten und Fahrten zur Werkstatt mit dem Wagen sind ebenfalls zulässig.

Doch Vorsicht: Eine Fahrt ausschließlich zum Betanken des Fahrzeugs ist keine Wartungsfahrt im Sinne der Vorschriften des 07-Kennzeichens (OLG Dresden, Ss (Owi) 213/05). Anders jedoch, wenn an der Tankstelle zusätzlich zum Tanken der Reifendruck korrigiert oder Motoröl nachgefüllt wird. Beides dient der Vermeidung von Verschleiß und macht somit die Fahrt zulässig.

Vorteile

- Günstiger Steuersatz wie beim H-Kennzeichen von jährlich 191 Euro (Pkw und Lkw)
- Besonders interessant für Besitzer von Sammlungen. Wie viele Fahrzeuge pro roter 07er-Nummer

zugelassen werden können, teilt Ihnen die zuständige Zulassungsbehörde mit.
- Regelmäßige Haupt- und Abgasuntersuchungen entfallen (Ausnahmen sind je nach Zulassungsbehörde möglich)
- Fahrten ins Ausland sind eingeschränkt möglich, da das 07er-Kennzeichen nach internationalem Recht auch in einigen Ländern gültig ist. Es empfiehlt sich jedoch, ein Info-Blatt des DEUVET (dort erhältlich) in der jeweiligen Landessprache mitzuführen, um es gegebenenfalls den Ordnungskräften vor Ort zur Klärung vorzulegen.
- Mehrere Kennzeichen mit gleicher Nummer können ausgegeben werden (z. B. großes, längliches für Pkw und kleines, quadratisches für Motorrad).
- Einfahrt in Umweltzonen erlaubt

Nachteile
- Nur Fahrten zur Teilnahme an Veranstaltungen, die der Darstellung von Oldtimer-Fahrzeugen und der Pflege des »kraftfahrzeugtechnischen Kulturgutes« dienen sowie Probe- und Werkstattfahrten
- Als Nachweis ist für jedes Fahrzeug ein Fahrtenbuch zu führen. Aufgezeichnet werden müssen für jede Fahrt Datum, Beginn und Ende, Fahrstrecke, Fahrzeugführer und Fahrzeug-Identifikationsnummer.

Das Saison-Kennzeichen
Saison-Kennzeichen erlauben das Fahren auf öffentlichen Straßen über einen bestimmten Zeitraum. Hinter der Erkennungsnummer sind übereinander der erste und letzte Monat des Gültigkeitszeitraums angegeben.

Ansonsten gelten alle Details wie im Abschnitt »Reguläres Kennzeichen« dargestellt. Wesentlicher Vorteil ist, dass die An- und Abmeldung automatisch geschieht. Somit werden die Gebühren für das regelmäßige An- und Abmelden vermieden. Man findet diese Kennzeichen auf Fahrzeugen, die nicht das ganze Jahr genutzt werden, zum Beispiel auch bei Motorrädern, Cabrios und Wohnmobilen.

Vorteile
- Steuerersparnis, denn berechnet werden nur die anteiligen Steuerkosten
- Erspart das An- und Abmelden am Saisonanfang und -ende
- Eine vorhandene Teilkaskoversicherung bleibt als »Teilkasko-Ruheversicherung« erhalten
- Fahrten ins Ausland während der Gültigkeitsdauer sind ohne Einschränkungen zulässig.

Nachteile
- Im Stilllegungszeitraum sind die Nutzung und das Abstellen auf öffentlichem Grund unzulässig.

Das Kurzzeit-Kennzeichen
Kurzzeit-Kennzeichen mit dem Kürzel des Zulassungsbezirkes und einer Nummer, die mit »03« (seit 1. März 2007) oder »04« beginnt, sind hauptsächlich für Fahrzeugüberführungen vorgesehen.

Sie gelten für längstens fünf Tage, der Ablaufzeitpunkt ist auf dem Kennzeichen in einem gelben Feld am rechten Rand vermerkt. Mit dem Kennzeichen können mit abgemeldeten oder stillgelegten Oldtimern Probe-, Prüfungs- und Überführungsfahrten (in die Werkstatt, zum Restaurator etc.) vorgenommen werden.

Das Kurzzeit-Kennzeichen wird im Ausland nicht überall akzeptiert. Abkommen über die Anerkennung des Kurzzeit-Kennzeichens gibt es, soweit bekannt, nur mit Österreich und Italien. Für andere Länder sollte man sich bei den Zulassungsbehörden informieren.

Das rote 06er-Kennzeichen
Der Vollständigkeit halber sei auch das rote 06er-Kennzeichen (vereinfachte Zulassung gemäß §16 FZV) erwähnt. Gewerbliche Nutzer wie Händler, Hersteller

und Werkstätten können dieses für Probe-, Prüfungs- und Überführungsfahrten verwenden. Voraussetzungen für die Erteilung sind ein einschlägiger Gewerbeschein, Bedarfsnachweis, Versicherungsnachweis und »Zuverlässigkeit« des Antragstellers. Das Kennzeichen ist als Wechselkennzeichen nicht fahrzeuggebunden. Verboten sind jedoch die Durchführung von Privatfahrten und das Ausleihen an Dritte. Übrigens gelten »Fahrten zur Anregung der Kauflust von Privatpersonen durch Vorführung in der Öffentlichkeit« generell nicht als Probefahrt. Jede einzelne Fahrt muss in ein Fahrzeugscheinheft vom Nutzer eingetragen werden. Außerdem wird das 06er-Kennzeichen nicht überall im Ausland akzeptiert.

Tipps zur Zulassung als Oldtimer

Falls der Oldtimer mit Saisonkennzeichen, historischem oder regulärem Kennzeichen zugelassen ist und über eine gültige Hauptuntersuchung und gegebenenfalls Abgasuntersuchung (für Fahrzeuge mit Otto-Motor ab Erstzulassung vom 1. Juli 1969) verfügt, unterscheidet sich die Umschreibung oder Zulassung für den Straßenverkehr kaum von der für gewöhnliche Gebrauchtfahrzeuge. Für die Zulassung werden Kraftfahrzeugbrief und -schein (bzw. die Zulassungsbescheinigungen), die bisherigen Kennzeichen, Personalausweis, die Versicherungsbestätigung und eine Einzugsermächtigung für die Kfz-Steuer benötigt.

Will man ein Fahrzeug jedoch erstmals als Oldtimer mit H-Kennzeichen anmelden, sind in der Regel folgende Unterlagen zur Zulassung notwendig:

- Gutachten gemäß § 23 StVZO eines amtlich anerkannten Sachverständigen oder Prüfers oder Prüfingenieurs
- Fahrzeugbrief (alternativ als Inhaber/in der neuen Kfz-Papiere die Zulassungsbescheinigung Teil II)
- Bei angemeldeten Fahrzeugen: Fahrzeugschein (alternativ als Inhaber/in der neuen Kfz-Papiere die Zulassungsbescheinigung Teil I)
- Bei abgemeldeten Fahrzeugen: Abmeldebestätigung (alternativ als Inhaber/in der neuen Kfz-Papiere die Zulassungsbescheinigung Teil I)
- Bei abgemeldeten Fahrzeugen: Versicherungsbestätigung (§ 23 Abs. 1 FZV)
- Bei angemeldeten Fahrzeugen: Kennzeichenschilder
- Hauptuntersuchungsbericht (z. B. von TÜV, DEKRA, GTÜ, KÜS) und gegebenenfalls AU-Bescheinigung
- Personalausweis oder Reisepass des Fahrzeughalters
- Einzugsermächtigung für die Kfz-Steuer.

Für rote 07er-Kennzeichen sind darüber hinaus noch weitere Unterlagen erforderlich:

- Formloser schriftlicher Antrag mit Begründung
- Polizeiliches Führungszeugnis
- Auskunft aus dem Verkehrszentralregister des Kraftfahrt-Bundesamtes
- Versicherungsbestätigung (für ein rotes Kennzeichen)
- Alle Original-Fahrzeug-Briefe oder Zulassungsbescheinigungen Teil II
- Bei Fahrzeugen ohne Fahrzeugbrief: Vorlage des Eigentumsnachweises
- Gutachten gemäß § 23 StVZO eines amtlich anerkannten Sachverständigen oder Prüfers oder Prüfingenieurs für alle Fahrzeuge.

Tipp: Da die Zulassungsbedingungen in den einzelnen Bundesländern unterschiedlich sein können, sollte man sich im konkreten Fall direkt bei der örtlichen Zulassungsbehörde informieren. Lassen Sie sich außerdem den entwerteten Fahrzeugbrief immer aushändigen. Damit können Sie die Herkunft des Fahrzeuges und die Anzahl der Vorbesitzer nachweisen. Darüber hinaus stehen in der neuen Zulassungsbescheinigung Teil II weniger technische Daten als im alten Fahrzeugbrief.

Abschließend noch ein Tipp, falls Änderungen am Oldtimer erforderlich sind: Diese sollten vorher immer mit einem amtlich anerkannten Sachverständigen abgeklärt werden. Nur diese haben umfassende Befugnisse für hier nötige Begutachtungen nach § 19 und 21 StVZO; so ist etwa ein neue Betriebserlaubnis erforderlich, nachdem sicherheitsrelevante Änderungen an Bremsen vorgenommen worden sind. Das Oldtimer-Gutachten nach § 23 StVZO darf dagegen auch von Prüfingenieuren erstellt werden.

Info kompakt:
Übergangsvorschriften der StVZO

Im Folgenden finden Sie Übergangsvorschriften zu wichtigen Sicherheits- und Abgaseinrichtungen, die im Laufe der Zeit in den Fahrzeugen eingebaut wurden und maßgeblich zur Erhöhung der Sicherheit geführt haben.

Bei Erstzulassung vor April 1952
§ 45 Abs. 2 StVZO
Beliebige Lage des Tanks

Bei Erstzulassung ab Januar 1956
§ 35c StVZO
Heizung bei geschlossenen Fahrzeugen

Bei Erstzulassung vor dem 1. April 1957
§ 22a Abs. 1 Satz 17 StVZO
Winker/Blinker ohne Bauartgenehmigung

Bei Erstzulassung ab dem 1. April 1957
§ 22a Abs. 1 Satz 3 StVZO
Sicherheitsglas mit Bauartgenehmigung
(Sicherheitsglas ist grundsätzlich Pflicht)

Bei Erstzulassung vor dem 1. März 1976
§ 35a Abs. 10 StVZO
Vordersitze mit nichtselbstständiger Verriegelung

Bei Erstzulassung vor dem 1. Juli 1961
§ 39 StVZO
Fahrzeuge mit einem Leergewicht <= 400 kg
brauchen keinen Rückwärtsgang

Bei Erstzulassung vor dem 1. Juli 1961
§ 53 Abs. 2 StVZO
Einzelne Bremsleuchte am Fahrzeug

Bei Erstzulassung vor dem 1. Juli 1962
§ 38a Abs. 1 StVZO
Fahrzeug ohne feste Diebstahlsicherung
(Lenkradschloss) – Ausnahmegenehmigung
erforderlich

Bei Erstzulassung vor dem 1. Juli 1963
§ 35e Abs. 3 StVZO
Hinten angeschlagene Türen erlaubt (Selbstmördertüren)

Bei Erstzulassung vor dem 1. Juli 1969
§ 47a Abs. 1 StVZO
Befreiung von der Abgasuntersuchung für Otto-Motoren

Bei Erstzulassung vor dem 1. Oktober 1969
§ 59 Abs. 2 StVZO
Fahrgestellnummer auf separatem, genietetem
Blechschild

Bei Erstzulassung vor dem 1. Januar 1970
§ 54 Abs. 3 StVZO
Rotes hinteres Blinklicht/Warnblinklicht erlaubt

Bei Erstzulassung ab dem 1. April 1970
§ 35 Abs. 4 StVZO
Pkw brauchen Sicherheitsgurte an den Vordersitzen

Bei Erstzulassung vor dem 1. Oktober 1974
§ 43 Abs. 2 StVZO
Fahrzeug ohne Abschleppöse

Bei Erstzulassung vor dem 1. Januar 1977
§ 47a Abs. 1 StVZO
Befreiung von der Abgasuntersuchung

Bei Erstzulassung vor dem 1. Mai 1979
§ 35 Abs. 4 StVZO
Pkw ohne Sicherheitsgurte an den Rücksitzen

Bei Erstzulassung vor dem 1. Januar 1983
(wenn erste Zulassung in Deutschland vor dem
1. Januar 1999 erfolgt)
§ 53 Abs. 2 StVZO
Einkammer-Schlussleuchten

Bei Erstzulassung vor dem 1. Januar 1983
§ 53 Abs. 2 StVZO
Kombiniertes Brems-/Blinklicht mit Vorrangschaltung
des Bremslichts

Bei Erstzulassung vor dem 1. Januar 1983
§ 53 Abs. 2 StVZO
Gelbes Bremslicht

Bei Erstzulassung vor dem 1. Januar 1987
§ 52a Abs. 2 StVZO
Fahrzeug ohne Rückfahrscheinwerfer

Bei Erstzulassung ab dem 1. Januar 1988
§ 35 Abs. 4 StVZO
Pkw Dreipunktgurte an den Rücksitzen

Versicherung

Einen Oldtimer zu versichern ist in der Regel nicht teuer. Werden diese doch weit weniger bewegt als »normale« Alltagsfahrzeuge und dann natürlich auch viel rücksichtsvoller. Dennoch gibt es bei den Oldtimer-Versicherungen einige Unterschiede. Dieses Kapitel soll Ihnen die wichtigsten Fragen rund um die Versicherung Ihres Oldtimers am Beispiel der Allianz Versicherung beantworten und Ihnen bei der Auswahl des richtigen Versicherungsschutzes behilflich sein. Maßgeblich sind natürlich die aktuellen Versicherungsbedingungen, die Sie direkt bei Ihrer Versicherung erfragen können (Quelle: Andreas Glaubitz).

Zunächst gibt es einige Hürden, die Sie und Ihr Oldtimer nehmen müssen, um auch einen günstigen Oldtimer-Tarif zu erhalten. Günstige Beiträge in Deutschland gibt es beispielsweise bei der Allianz Versicherung, wenn

- die Erstzulassung des Oldtimers bei Versicherungsbeginn mindestens 25 Jahre (also auch manche Youngtimer) zurückliegt. Für Motorräder gelten 30 Jahre.
- ein Alltags-Pkw vorhanden ist
- das Fahrzeug sich im Originalzustand befindet
- die Zustandsnote nicht schlechter als drei ist
- der Oldtimer nur von Personen gefahren wird, die mindestens 25 Jahre alt sind
- der Oldtimer im Jahr nicht mehr als 9000 km gefahren wird (Motorräder maximal 4000 km)
- ein Wertgutachten vorliegt, sofern eine Kaskoversicherung gewünscht wird

Haftpflichtversicherung

Auch Oldtimer müssen die gesetzlich vorgeschriebene Kraftfahrzeug-Haftpflichtversicherung abschließen. Diese ist für Oldtimer aber besonders günstig. Bereits ab rund 50 Euro im Jahr ist sie für Oldtimer-Pkw bei der Allianz zu haben.

Bild 241: Spektakulär, aber zum Glück ohne Verletzte und gut versichert!?

Kaskoversicherung

Für Beschädigung, Zerstörung und Verlust des versicherten Oldtimers oder seiner Teile ist die Kaskoversicherung zuständig. Ein entscheidender Faktor bei der Berechnung einer Kaskoversicherung ist der Marktwert des Fahrzeugs. Dieser Marktwert stellt die Höchstentschädigung im Falle eines Totalschadens dar. Da der Marktwert für einen Oldtimer aber in der Regel schwankt und es im Verlaufe der Jahre zu Wertsteigerungen kommen kann, sorgt die prämienfreie Vorsorgeversicherung der Allianz für eine ausreichende Deckung. Wertsteigerungen des Oldtimers bis zu zehn Prozent sind dadurch mitversichert. Es empfiehlt sich, nach einigen Jahren ein neues Gutachten oder eine Kurzbewertung erstellen zu lassen und den aktualisierten Marktwert der Versicherung zu melden. So bleiben Sie stets richtig abgesichert und sind gleichzeitig über den Wert Ihres Schmuckstückes im Bilde.

Genügt eine Teilkaskoversicherung oder ist eine Vollkaskoversicherung notwendig? Dies ist nicht pauschal zu beantworten. Die Vollkaskoversicherung beinhaltet die Teilkaskoversicherung und stellt daher die bestmögliche Absicherung dar. Sie ist natürlich auch teurer. Hier gilt es also, die Art und Häufigkeit der Nutzung des Oldtimers, die Risiken und seinen Wert mit dem Preis der Kaskoversicherung abzuwägen.

Teilkaskoversicherung
Die Teilkaskoversicherung deckt Schäden, die durch

- Brand oder Explosion,
- Entwendung (Diebstahl, Raub, Unterschlagung),
- Sturm, Hagel, Blitzschlag, Überschwemmung,
- Glasbruch,
- Zusammenstoß mit Haarwild und mit Weidevieh (Pferde, Rinder, Schafe und Ziegen),
- Marderbiss und
- Kurzschluss an der Verkabelung verursacht werden.

Zusätzlich für Oldtimer zahlt beispielsweise die Allianz Oldtimer-Versicherung auch bei

- Schäden, die durch mut- oder böswillige Handlungen betriebsfremder Personen (Vandalismus) verursacht werden und
- Schäden am versicherten Fahrzeug, die während der Beförderung durch einen Unfall des Transportmittels, z. B. Anhänger, eintreten (Transportschäden).

Vollkaskoversicherung
In der Vollkaskoversicherung sind Schäden an Ihrem Fahrzeug durch Unfall, auch wenn Sie ihn selbst verursacht haben, mitversichert. Und das komplette Leistungspaket der Teilkasko ist natürlich auch eingeschlossen.

Besonderheiten bei Sammlungen
Wenn Sie mehrere Oldtimer haben, die mit einem roten Sammlungskennzeichen zugelassen sind, dann versichert Sie die Allianz folgendermaßen: Unabhängig davon, wie viele Fahrzeuge Ihre Sammlung umfasst, die Haftpflichtversicherung zahlen Sie nur für ein Fahrzeug. Auch eine Vollkaskoversicherung zahlen Sie nur für ein Fahrzeug, nämlich für Ihr wertvollstes. Die übrigen Fahrzeuge werden mit einer Teilkasko-Ruheversicherung versichert. Das ist eine Teilkaskoversicherung zum halben Preis.

Schutzbrief

Eine Panne mit dem Auto ist ärgerlich. Gut, wenn einem dann geholfen wird. Bei Pannen, Unfall, Krankheit, Naturkatastrophen oder anderen Notlagen im In- und Ausland gibt es den Schutzbrief AllianzMobil. Übrigens gilt dieser auch für Ihre weiteren Fahrzeuge, die von Ihnen und Ihren Familienangehörigen privat genutzt werden.

Fragen und Antworten zur Oldtimerversicherung

Wird mein Schadenfreiheitsrabatt berücksichtigt?
Nein, dieser wird bei der Allianz Oldtimer-Versicherung nicht benötigt und steht Ihnen daher für andere Fahrzeuge zur Verfügung.

Erfolgt eine Rückstufung im Schadenfall?
Da es bei der Allianz Oldtimer-Versicherung keinen Schadenfreiheitsrabatt gibt, kommt im Schadenfall auch keine Rückstufung zum Tragen. Die Beiträge bleiben sowohl in der Haftpflicht wie auch in der Kaskoversicherung nach einem Schadenfall gleich.

Wo und wozu darf ich meinen Oldtimer nutzen?
Zum einen müssen Sie eventuell Einschränkungen berücksichtigen, die durch die Art der Zulassung Ihres Oldtimers bedingt sind (siehe Seite 210 ff.). Die Allianz Oldtimer-Versicherung schränkt Sie darüber hinaus nicht ein. Der Versicherungsschutz gilt grundsätzlich

europaweit. Auch die Teilnahme an Gleichmäßigkeitsfahrten nach FIVA-Reglement ist ohne zusätzlichen Beitrag mitversichert.

Was ist der Marktwert?
Oldtimer werden zu dem nach Gutachten oder Kurzbewertung festgestellten Marktwert versichert. Der Marktwert beziffert den gegenwärtigen Wert des Fahrzeuges am Markt, das heißt für dieses Fahrzeug würde zum jetzigen Zeitpunkt der als Marktwert geschätzte Betrag beim An- oder Verkauf bezahlt beziehungsweise erzielt werden. Es handelt sich dabei in der Regel um den Durchschnittspreis am Privatmarkt und damit um den Endpreis, denn am Privatmarkt fällt keine Mehrwertsteuer an. Bei seltener gehandelten Fahrzeugmodellen fließt auch die internationale Marktsituation mit in den Marktwert ein.

Was ist der Wiederbeschaffungswert?
Der Wiederbeschaffungswert ist der Betrag, den der Geschädigte für ein gleichwertiges und gleichartiges Fahrzeug bei einem seriösen Händler aufwenden muss. Bei der Ermittlung des Wiederbeschaffungswertes, insbesondere im Haftpflichtschadenfall, berücksichtigt der Sachverständige alle den Fahrzeugwert beeinflussenden Faktoren wie z. B. den Grundwert, die Ausstattung, den Zustand, die Laufleistung, das Zubehör sowie die regionale Marktlage.

Was ist der Wiederherstellungswert?
Der Wiederherstellungswert eines Oldtimers beziffert die belegbaren Kosten, die aufgewendet werden müssen, um das Fahrzeug in den Zustand vor dem Schadenereignis zu versetzen. Der Begriff umfasst die Restaurations-/Reparaturkosten zuzüglich dem Anschaffungspreis des Fahrzeugs. Die Wiederherstellungskosten spiegeln in den seltensten Fällen die übliche Marktsituation wieder, denn bei einem Verkauf lassen sich die erbrachten Leistungen nur selten erzielen.

Kontaktadressen

Abschließend werden in diesem Kapitel Kontaktadressen zu Oldtimer-Zeitschriften, Verbänden und Sachverständigenorganisationen aufgeführt, die für das Oldtimer-Hobby und die Restaurierung besonders von Interesse sein können. Gerade in den letzten Jahren entwickelte sich der Oldtimer-Markt rasant. Da ist es wichtig, sich auf dem Laufenden zu halten mit Informationen aus den einschlägigen Zeitschriften und Fachblättern sowie Internetseiten der Oldtimer-Verbände. Außerdem helfen spezialisierte Sachverständigenorganisationen bei der Bewertung, Zulassung oder Spezialfragen zum Umbau von historischem Kulturgut. Eine Auswahl wichtiger Adressen finden Sie nachfolgend.

Zeitschriften

Die folgenden in alphabetischer Reihenfolge aufgeführten Zeitschriften können für Oldtimerliebhaber von Interesse sein und ihn bei der Restaurierung unterstützen. Einige von ihnen bieten einen recht ausführlichen Internet-Service, der zahlreiche wertvolle Informationen liefert. Wir wollen aber darauf hinweisen, dass hier eine Auswahl lediglich aus Gründen der Übersichtlichkeit getroffen wurde. Die Nichtberücksichtigung eines Magazins soll keine Aussage über dessen Qualität beinhalten.

Bild 242: Auswahl von Oldtimer- und Youngtimer-Magazinen.

Auto Bild Klassik
Axel Springer Auto Verlag GmbH
Axel-Springer-Platz 1
D-20350 Hamburg
www.autobildklassik.de

asp Klassik
Springer Fachmedien
München GmbH
Aschauer Straße 30
D-81549 München
www.autoservicepraxis.de

Austro Classic
Verein für Motorgeschichte
Lenaugasse 10
A-3412 Kierling
www.austroclassic.com

Auto Classic
GeraMond Verlag GmbH
Infanteriestr. 11a
D-80797 München
www.autoclassic.de

British Classic Cars
VF Verlagsgesellschaft mbH
Lise-Meitner-Straße 2
D-55129 Mainz
www.british-classic-cars-magazin.de

Classic Cars
Media House
Lynchwood
Peterborough
PE2 6EA
UK
www.classiccarsmagazine.co.uk

Classic Motors
MotoClassic-Verlag
Postfach 10
D-72394 Haigerloch
www.classicmotors-magazin.de

Classic & Sports Car
Teddington Studios
Broom Road
Teddington
Middlesex
TW11 9BE
UK
www.classicandsportscar.com

Gazoline
PO-Box No. 1
F-78870 Bailly
www.gazoline.net

Youngtimer
Motor Presse Stuttgart GmbH & Co. KG
Leuschnerstraße 1
D-70174 Stuttgart
www.motor-klassik.de

Motor Klassik
Motor Presse Stuttgart GmbH & Co. KG
Leuschnerstraße 1
D-70174 Stuttgart
www.motor-klassik.de

Oldtimer Markt/Oldtimer Praxis
VF Verlagsgesellschaft mbH
Lise-Meitner-Straße 2
D-55129 Mainz
www.oldtimer-markt.de

Besonders zu empfehlen sind die in unregelmäßigen Abständen erscheinenden Sonderhefte zu Spezialthemen wie Blech, Fahrwerk, Motor oder Elektrik. Sie enthalten eine Vielzahl von Informationen rund um die Restaurierung.

Bild 243: Auswahl von Oldtimer Markt Sonderhefte (www.oldtimer-markt.de)

Swiss Classics
Swiss Classics Publishing AG
Schlyffistraße 21
CH-8806 Bäch
www.swissclassics.com

Oldtimerverbände

Nachfolgend sind eine kleine Auswahl von Oldtimerverbänden aufgeführt, die nationale und internationale Interessen für ihre Mitglieder gegenüber Politik, Gesetzgeber und Wirtschaft vertreten.

FIVA – Fédération Internationale des Véhicules Anciens

Die FIVA ist der internationale Zusammenschluss der nationalen Oldtimerverbände (ANFs – Autorite Nationale de FIVA) und repräsentiert weltweit mehr als eine Millionen Mitglieder in über 50 Ländern. Aufgaben der FIVA sind vor allem die Sicherung der weltweiten Erhaltung und Nutzung von Oldtimern, die Bereitstellung historisch-technischer Informationen über historische Fahrzeuge, die Herstellung und Unterstützung des Kontaktes zwischen Oldtimerclubs, nationalen Verbänden (ANFs) und sonstigen Gruppierungen, die Förderung des Interesses der Allgemeinheit an der Erhaltung automobiler Tradition sowie die rechtliche Sicherstellung der Mobilität von Oldtimern auf öffentlichen Straßen.
www.fiva.org

DEUVET – Bundesverband für Clubs klassischer Fahrzeuge

Der DEUVET ist der Bundesverband für Clubs klassischer Fahrzeuge e. V. Er wird von den deutschen Oldtimerclubs getragen und vertritt die Interessen der gesamten Oldtimerszene gegenüber der Politik, dem Gesetzgeber, den Behörden, sonstigen Institutionen sowie gegenüber den Medien und der Öffentlichkeit. Der DEUVET ist als Interessenvertretung registriert beim Deutschen Bundestag.
www.deuvet.de

FSVA – Fédération Suisse des Véhicules Anciens

Die Schweizer Oldtimer- und Veteranen-Fahrzeugclubs und Museen haben sich in der FSVA vereinigt, um die Interessen von Liebhabern historischer Motorfahrzeuge, Zweiradfahrzeuge und Landwirtschaftsmaschinen gemeinsam und unkommerziell zu vertreten. Der Verband tritt im Besonderen dafür ein, dass technisches Kulturgut auch künftig nicht nur in Museen, sondern seiner Zweckbestimmung entsprechend, ohne Einschränkungen im normalen Straßenverkehr verwendet werden darf. Außerdem ist die FSVA die zuständige Nationale Autorität (ANF) für den Weltverband FIVA.
www.fsva.ch

ÖMVV – Österreichischer Motor-Veteranen-Verband

Der ÖMVV ist der Dachverband für das historische Fahrzeugwesen in Österreich und als solcher die Interessensvertretung der Oldtimerbesitzer gegenüber dem Gesetzgeber und Serviceorganisation für seine Verbandsmitglieder. Der ÖMVV ist gleichzeitig die nationale FIVA-Autorität (ANF) für Österreich und stimmberechtigtes Mitglied im Beirat für historische Kraftfahrzeuge beim Bundesministerium für Verkehr, Innovation und Technologie (BMVIT).
www.oemvv.at

ADAC – Oldtimersektion

Das Präsidium der Fédération Internationale des Véhicules Anciens (FIVA) hat den Status der nationalen Vertretung der FIVA in Deutschland am 18. Juli 2008 auf die Oldtimersektion im ADAC übertragen. Alle Rechte und Pflichten des Weltverbandes in Deutschland werden damit von Europas größtem Automobilclub wahrgenommen.

AvD – Automobilclub von Deutschland

Der Automobilclub von Deutschland (AvD) geht bereits auf das Jahr 1899 zurück. Vom ersten Tage an war es das erklärte Ziel des Clubs, die Geselligkeit zwischen Gleichgesinnten zu pflegen. Seit der ersten Hälfte des 19. Jahrhundert bis heute standen klassische Fahrzeuge und Traditionspflege im Fokus. So ist der AvD bei einer Vielzahl von Veranstaltungen aktiv, die das Bewusstsein der Bevölkerung für das technische Kulturgut "Automobil" schärfen sollen.

Oldtimerclubs

Nach einer Studie der Fédération Internationale des Véhicules Anciens (FIVA) gab es in der EU im Jahr 2006 etwa 786.000 Oldtimerfans, die größtenteils in den 2000 europäischen Oldtimerclubs organisiert waren. Die Interessengemeinschaften und Clubs sind je nach Ausrichtung auf lokaler, regionaler, bundesweiter und internationaler Ebene tätig. Ob Stammtisch, Marken- oder Typenclubs sowie herstellerübergreifende Vereine, alle widmen sich hauptsächlich dem Erfahrungsaustausch um das Thema traditionelle Fahrzeuge. Eine Auflistung von Clubs würde den Rahmen des Ratgebers sprengen. In einer umfangreichen Datenbank unter www.oldtimer-info.de mit knapp 3000 Einträgen kann der passende Club nach z. B. Marke, Land, Postleitzahl gesucht werden.

Sachverständigen-Organisationen

Classic Data GmbH
www.classic-data.de

DEKRA Automobil GmbH
www.dekra.de/automobil

GTÜ – Gesellschaft für Technische Überwachung GmbH
www.gtue.de

KÜS – Kraftfahrzeug-Überwachungsorganisation freiberuflicher Kfz-Sachverständiger e. V.
www.kues.de

Olditax Deutschland GmbH
www.olditax.de

TÜV Nord
www.tuev-nord.de

TÜV Süd
www.tuev-sued.de

Literatur

ADAC (Hrsg.): ADAC Oldtimer-Ratgeber. Infos und Tipps rund um historische und klassische Fahrzeuge. München 2006.

Bargel, H.-J.; Schulze G.: Werkstoffkunde. Springer Verlag, Berlin 2006.

Baxter L.: Oldtimer Restaurierungshandbuch. Grundlagen – Technik – Praxis. Heel Verlag, Königswinter 2003.

Berlak, J.: Methodik zur strukturierten Auswahl von Auftragsabwicklungssystemen. Herbert Utz Verlag, München 2003.

Blaschke, Rolf: Oldtimer-Rallye. Das Handbuch für Fahrer und Beifahrer. Motorbuch Verlag, Stuttgart 2007.

Böhm, U. u. a.: »Samstag ist das erledigt. Versprochen!« Unfallfrei Heimwerken, sicher basteln. Herausgegeben von der Aktion Das Sichere Haus, Deutsches Kuratorium für Sicherheit in Heim und Freizeit und dem Gesamtverband der Deutschen Versicherungswirtschaft e.V., o.O., o.Dt. Online im Internet unter: http://www.dassichere- haus.de/download/pdf/heimwerken.pdf (1.3.2008).

Brockhaus Universal Lexikon. Verlag Bibliographisches Institut & F.A. Brockhaus, Leipzig 2007.

Classic Data Datenverarbeitungs- und Verlagsgesellschaft (Hrsg.): Oldtimer Jahrbuch 2006. Castrop-Rauxel 2005.

Daimler-Benz: Produktinformation für Typ 190 SL: Ein Tourensportwagen, der sein Format überall beweist. Reprint 190 SL-Club e.V. 2009.

Daimler-Benz: Mercedes-Benz 190 SL Betriebsanleitung. Stuttgart. Rotaprintausgabe 1968.

Daimler-Benz: Werkstatt-Handbuch Pkw-Typen 180 bis 220 SE. Stuttgart.Nachdruck 1993.

Dingfelder, M.: Fahrzeugrestaurierung – Systematische Auftragsabwicklung. Vogel Buchverlag, Würzburg 2007

Dudenredaktion: Duden. Die deutsche Rechtschreibung. Dudenverlag. Mannheim, Leipzig, Wien und Zürich 2006.

Engelen, G.: Faszination SL 190 SL (W 121). 1. Auflage. Motorbuch Verlag, Stuttgart 2005.

Fédération Internationale des Véhicules Anciens (FIVA): The Historic Vehicle. Movement in Europe. Maintaining our mobile Transport Heritage. Research Report. Oxfordshire 2006.

Gscheidle, R.: Fachkunde Kraftfahrzeugtechnik. Verlag Europa-Lehrmittel, Haan-Gruiten, 28. Auflage 2004.

Gscheidle, R.: Tabellenbuch Kraftfahrzeugtechnik mit Formelsammlung. Verlag Europa-Lehrmittel, Haan-Gruiten, 11. Auflage 1996.

Gwehenberger, J.; Sporner, A.; Link, U.: Schadenfrei durch die Saison – Der große Ratgeber für Schadenverhütung und Werterhalt bei Oldtimern. AZT Automotive GmbH (Hrsg.), Motorbuch Verlag, Stuttgart 2008.

Hammill, D.: Praxishandbuch Zündanlagen. Heel Verlag, Königswinter 2005.

Heel F.-C.: 100 Jahre Mercedes. Heel Verlag, Königswinter 2001.

Litke, H.-D.: Projektmanagement. Gräfe und Unzer Verlag. München 2005.

Oldtimer Markt. Tipps und Tricks. Praktische Hilfe von Werkbank zu Werkbank. (2007) Sonderheft Nr. 39.

Oldtimer Markt. Blech-Praxis. (2006) Sonderheft Nr. 37.